陆上油气钻探安全环保监督技术手册

中国石油集团川庆钻探工程有限公司长庆石油工程监督公司　编

石油工业出版社

内容提要

本书面向陆上石油及天然气钻探企业的HSE监督管理现状,重点从"安全管理基础知识、油气田生态环保管理知识、油气田防火基础知识、安全监督检查技术"等方面进行了系统梳理和总结。围绕"安全生产管理理论、环境影响评价、消防知识及危害辨识、隐患排查、安全监督信息化建设"等方面进行了广泛探索,搜集了一批相关案例,结合作者团队多年的安全环保工作经验,归纳整理出系列简单、实用的现场监督工作方法。

本书可供广大安全监督管理人员学习借鉴。

图书在版编目(CIP)数据

陆上油气钻探安全环保监督技术手册 / 中国石油集团川庆钻探工程有限公司长庆石油工程监督公司编 . —北京:石油工业出版社,2023.12

ISBN 978-7-5183-6472-5

Ⅰ.①陆… Ⅱ.① 中… Ⅲ.①陆相油气田 – 油气钻井 – 安全生产 – 环境保护 – 技术手册 Ⅳ.① TE28-62 ② X741-62

中国国家版本馆 CIP 数据核字(2023)第 223594 号

出版发行:石油工业出版社

（北京安定门外安华里2区1号　100011）

网　　址:www.petropub.com

编辑部:（010）64523553　　图书营销中心:（010）64523633

经　销:全国新华书店

印　刷:北京晨旭印刷厂

2023 年 12 月第 1 版　2023 年 12 月第 1 次印刷

787×1092 毫米　开本:1/16　印张:18.25

字数:400 千字

定价:80.00 元

《陆上油气钻探安全环保监督技术手册》

编 委 会

主　　任：苏金柱

副 主 任：李　明

委　　员：张锁辉　杨　波　杨　雄　文化武　马　佳

　　　　　秦等社　米秀峰　苗庆宁

编 写 组

主　　编：秦等社

副 主 编：李　瑛

编写人员：（以姓氏笔画为序）

　　　　　田　伟　刘伟平　阮存寿　李　伟　李　鹏

　　　　　陈文博　陈耀军　周赟玺　星学平　高赛男

　　　　　覃冬冬　薛国梁

前 言

安全环保工作是企业管理的永恒主题和长远发展的基石。陆上石油及天然气钻探企业具有野外流动性强、大型特种设备多、多工种联合作业协调难度大、工艺技术复杂、危害暴露频率高、风险隐蔽性强等特点。施工中由于人的不安全行为、物的不安全状态、管理缺陷或者环境不良等因素，可能引发物体打击、机械伤害、起重伤害、高处坠落、车辆伤害、中毒、窒息、触电、火灾、爆炸、淹溺、灼烫、坍塌等生产安全事故和环境污染事件。

安全监督是企业管理系统的一个重要分支，是促进安全生产责任落实、强化安全生产双重预防机制和安全生产标准化建设、维护安全生产秩序、预防生产安全事故的一支重要力量。安全监督从业人员的技能素质逐渐成为制约企业安全管理绩效的瓶颈。

本书结合陆上油气钻探企业的 HSE 监督管理现状，重点从安全管理基础知识、油气田生态环保管理知识、油气田防火基础知识等方面进行了系统梳理和总结。围绕安全监督运行机制、隐患排查治理、危害辨识及安全评价、事故调查分析、安全监督信息化建设等方面进行了广泛探索，归纳整理了一些简单、实用的现场监督工作方法，可供广大安全监督管理人员学习借鉴。

由于水平有限，书中难免存在不足之处，恳请读者批评指正。

目 录

第一章　安全管理基础知识

第一节　安全生产管理理论

一、事故致因理论

事故致因理论是从大量典型事故的本质原因的分析中所提炼出的事故机理和事故模型。这些机理和模型反映了事故发生的规律性，能够为事故的定性定量分析、事故的预测预防、改进安全管理工作从理论上提供科学的、完整的依据。

（一）海因里希事故因果连锁理论

海因里希因果连锁论又称海因里希模型或多米诺骨牌理论。在该理论中，海因里希借助于多米诺骨牌形象地描述了事故的因果连锁关系，即事故的发生是一连串事件按一定顺序互为因果依次发生的结果。如一块骨牌倒下，则将发生连锁反应，使后面的骨牌依次倒下（图1-1）。

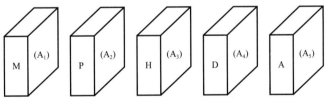

图1-1　海因里希模型

海因里希模型这5块骨牌依次是：

（1）遗传及社会环境（M）：遗传及社会环境是造成人的缺点的原因，遗传因素可能使人具有鲁莽、固执、粗心等不良性格，社会环境可能妨碍教育、助长不良性格的发展，这是事故因果链上最基本的因素。

（2）人的缺点（P）：人的缺点是由遗传和社会环境因素所造成，是使人产生不安全行为或使物产生不安全状态的主要原因，这些缺点既包括各类不良性格，也包括缺乏安全生产知识和技能等后天的不足。

（3）人的不安全行为和物的不安全状态（H）：即造成事故的直接原因。

（4）事故（D）：即由物体、物质或放射线等对人体发生作用，使人员受到伤害或可能受到伤害的、出乎意料的、失去控制的事件。

（5）伤害（A）：直接由于事故而产生的人身伤害。

该理论的积极意义在于，如果移去因果连锁中的任一块骨牌，则连锁被破坏，事故过程即被中止，达到控制事故的目的。海因里希还强调指出，企业安全工作的中心就是要移去中间的骨牌，即防止人的不安全行为和物的不安全状态，从而中断事故的进程，避免伤害的发生。当然，通过改善社会环境使人具有更为良好的安全意识，加强培训使人具有较好的安全技能，或者加强应急抢救措施，也都能在不同程度上移去事故连锁中的某一骨牌或增加该骨牌的稳定性，使事故得到预防和控制。

（二）事故频发倾向理论

该理论于 1919 年由英国 M.Greenwood 提出，指个别人容易发生事故的、稳定的、个人的内在倾向。认为事故频发倾向者的存在是工业事故发生的主要原因。事故频发倾向者往往有如下性格特征：感情冲动，容易兴奋；脾气暴躁；厌倦工作、没有耐心；慌慌张张、不沉着；动作生硬而工作效率低；喜怒无常、感情多变；理解能力低、判断和思考能力差；极度喜悦和悲伤；缺乏自制力；处理问题轻率、冒失；运动神经迟钝，动作不灵活等。

（三）能量意外释放理论

1961 年由 Gibson 和 Haddon 提出，认为事故是一种不正常的或不希望的能量释放。美国矿山局的扎别塔基斯（Michael Zabetakis）依据能量意外释放理论建立了新的事故因果连锁模型（图 1-2）。

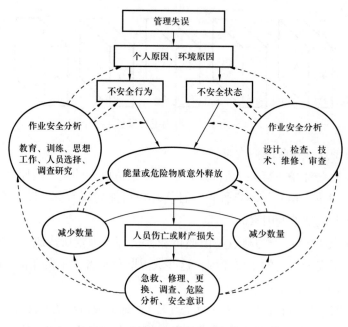

图 1-2　能量观点的事故因果连锁模型

能量或危险物质的意外释放是伤害的直接原因。为防止事故发生，可以通过技术改进防止能量意外释放，通过教育训练提高职工识别危险的能力，可佩戴个体防护用品来避免伤害。

（四）轨迹交叉论

轨迹交叉论是一种从事故的直接和间接原因出发研究事故致因的理论。其基本思想是：伤害事故是许多相互关联的事件顺序发展的结果。这些事件可分为人和物（包括环境）两个发展系列。当人的不安全行为和物的不安全状态在各自发展过程中，在一定时间、空间发生了接触，使能量逆流于人体时，伤害事故就会发生。而人的不安全行为和物的不安全状态之所以产生和发展，又是受多种因素作用的结果。轨迹交叉论的事故模型如图1-3所示。

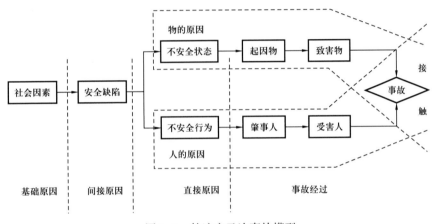

图1-3　轨迹交叉论事故模型

（五）系统安全理论

系统安全指在系统寿命周期内应用系统安全管理及系统安全工程原理，识别危险源（Hazard），并使其危险性（Risk）减至最小，从而使系统在规定的性能、时间和成本范围内达到最佳的安全程度。

系统安全理论的研究对象：系统安全理论把人、机械、环境和管理作为一个系统（整体），研究人、机械和环境之间的相互作用、反馈和调整，从中发现事故的致因，揭示预防事故的途径（图1-4）。事故是由系统内部若干相互影响的因素引起。

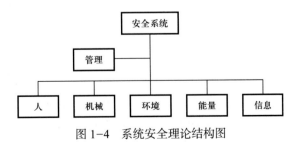

图1-4　系统安全理论结构图

系统安全理论是接受了控制论中的负反馈的概念发展起来的。机械和环境的信息不断地通过人的感官反馈到人的大脑，人若能正确地认识、理解、做出判断和采取行动，就能化险为夷，避免事故和伤亡；反之，如果未能察觉、认识所面临的危险，未能及时地做出正确的响应时，就会发生事故和伤亡。

二、安全管理原理

安全管理原理是从生产管理的共性出发，对生产管理中安全工作的实质内容进行科学分析、综合、抽象与概括所得出的安全生产管理规律。

（一）系统原理及原则

系统原理是指人们在从事管理工作时，运用系统的理论、观点和方法，对管理活动进行充分的分析，以达到管理的优化目的，即用系统的理论、观点和方法来认识和处理管理中出现的问题。

1. 动态相关性原则

动态相关性原则是指任何安全管理系统的正常运转，不仅要受到系统自身的条件和因素的制约，而且还要受到其他有关系统的影响，并随着时间、地点及人们的不同努力程度而发生变化。因此，要提高安全生产管理的效果，必须掌握各个管理对象要素之间的动态相关特征，充分利用各要素之间的相互作用。

2. 整分合原则

整分合原则是指首先在整体规划下，明确分工，在分工基础上再进行有效地综合。运用该原则，要求企业管理者在制订整体目标和进行宏观决策时，必须把安全生产纳入其中，在考虑资金、人员和体系时，都必须将安全生产作为一项重要内容考虑。

3. 反馈原则

反馈是指被控制过程对控制机构的反作用，即由控制系统把信息输送出去，又把其作用结果返送回来，并对信息的再输出发生影响，起到控制作用，以达到预定的目的。

4. 封闭原则

封闭原则是指在任何一个管理系统内部，管理手段、管理过程等必须构成一个连续封闭的回路，才能形成有效的管理活动。封闭，就是把管理手段、管理过程等加以分割，使各部、各环节相对独立、各行其是，充分发挥自己的功能；然而又互相衔接、互相制约并且首尾相连，形成一条封闭的管理链。

（二）人本原理及原则

人本原理是以人为中心的管理思想，人是管理的主体。人的积极性、主动性、创造性的发挥，是取得最佳管理效益的保证。因此管理者应该以调动被管理者的积极性、主动性、创造性，彼此沟通，采取一致行动作为其工作之根本。

1. 动力原则

动力原则是指推动管理活动的基本力量是人，管理必须有能激发人的工作能力的动力。动力的产生来自于物质、精神和信息，相应就有三类基本动力，即：

（1）物质动力：以适当的物质利益刺激人的行为动机。

（2）精神动力：运用理想、信念、鼓励等精神力量刺激人的行为动机。

（3）信息动力：通过信息的获取与交流产生奋起直追或领先他人的行为动机。

2. 能级原则

能级原则是指一个稳定而高效的管理系统必须是由若干分别具有不同能级的不同层次有规律地组合而成的。在运用能级原则时应该做到三点：一是能级的确定必须保证管理结构具有最大的稳定性，即管理三角形的顶角大小必须适当；二是人才的配备必须与能级对应，使人尽其才，各尽所能；三是责、权、利应做到能级对等，在赋予责任的同时授予权力和给予利益，才能使其能量得到相应能级的发挥。

3. 激励原则

激励原则是指利用某种外部诱因的刺激调动人的积极性和创造性，以科学的手段，激发人的内在潜力，使其充分发挥出积极性、主动性和创造性。

4. 行为原则

需要与动机是人的行为和基础，人类行为规律是需要决定动机，动机产生行为，行为指向目标，目标完成需要得到满足，于是又产生新的需要、动机、行为，以实现新的目标。安全生产工作重点是防治人的不安全行为。

（三）预防原理及原则

安全管理工作应当以预防为主，即通过有效的管理和技术手段，防止人的不安全行为和物的不安全状态出现从而使事故发生的概率降到最低。

1. 偶然损失原则

事故所产生的后果（人员伤亡、健康损害、物质损失、环境影响等），以及后果的大小如何，都是随机的，是难以预测的。反复发生的同类事故，并不一定产生相同的后果，这就是事故损失的偶然性。

2. 因果关系原则

事故是许多因素互为因果连续发生的最终结果。一个因素是前一因素的结果，而又是后一因素的原因，环环相扣，导致事故的发生。事故的因果关系决定了事故发生的必然性，即事故因素及其因果关系的存在决定了事故或迟或早必然要发生。从事故的因果关系中认识必然性，发现事故发生的规律，变不安全条件为安全条件，把事故消灭在早期起因阶段，这就是因果关系原则。

3. "3E" 原则

造成人的不安全行为和物的不安全状态的主要原因可归结为技术的原因、教育的原因、身体和态度的原因、管理的原因四个方面。针对这四个方面的原因，可以采取三种防止对策，即工程技术（Engineering）对策、教育（Education）对策和强化（Enforcement）对策。这三种对策就是 3E 原则。

4. 本质安全化原则

本质安全化原则是指从一开始和从本质上实现安全化，从根本上消除事故发生的可能性，从而达到预防事故发生的目的。

（四）强制原理及原则

采取强制管理的手段控制人的意愿和行动，使个人的活动、行为等受到安全管理要求的约束，从而实现有效的安全管理，这就是强制原理。

1. 安全第一原则

"安全第一、预防为主、综合治理"是我国安全生产的一贯方针。"安全第一"是指在看待和处理安全同生产和其他工作的关系上，要突出安全，要把安全放在一切工作的首要位置，要做到"不安全不生产、隐患不处理不生产、安全措施不落实不生产"。

2. 监督原则

为了促使各级生产管理部门严格执行安全法律法规、标准和规章制度，保护职工的安全与健康，实现安全生产，必须设置专门的部门和人员行使监督、检查和惩罚的职责，以揭露安全工作中的问题，督促问题的解决，追究和惩戒违章失职行为，这就是安全管理的监督原则。

第二节　安全生产法律法规

一、安全生产法律体系的概念和特征

（一）安全生产法律体系的概念

安全生产法律体系，是指我国全部现行的、不同的安全生产法律规范形成的有机联系的统一整体。

（二）安全生产法律体系的特征

1. 法律规范的调整对象和阶级意志具有统一性

加强安全生产监督管理，保障人民生命财产安全，预防和减少生产安全事故，促进经济发展，是党和国家各级人民政府的根本宗旨。生产经营活动中所发生的各种社会关系，需要通过一系列的法律规范加以调整。

2.法律规范的内容和形式具有多样性

安全生产贯穿于生产经营活动的各个行业、领域，各种社会关系非常复杂。这就需要针对不同生产经营单位的不同特点，针对各种突出的安全生产问题，制定各种内容不同、形式不同的安全生产法律规范，调整各级人民政府、各类生产经营单位、公民相互之间在安全生产领域中产生的社会关系。

3.法律规范的相互关系具有系统性

安全生产法律体系是由母系统与若干个子系统共同组成的。安全生产法律规范的层级、内容和形式虽然有所不同，但是它们之间存在着相互依存、相互联系、相互衔接、相互协调的辩证统一关系。

二、安全生产法律体系的基本框架

（一）从法的不同层级上，可以分为上位法与下位法

上位法是指法律地位、法律效力高于其他相关法的立法，下位法相对于上位法而言，是指法律地位、法律效力低于相关上位法的立法。

1.法律

法律是安全生产法律体系中的上位法，居于整个体系的最高层级，其法律地位和效力高于行政法规、地方性法规、部门规章、地方政府规章等下位法。国家现行的有关安全生产的专门法律有《中华人民共和国安全生产法》《中华人民共和国消防法》《中华人民共和国道路交通安全法》《中华人民共和国矿山安全法》；与安全生产相关的法律主要有《中华人民共和国劳动法》《中华人民共和国职业病防治法》《中华人民共和国工会法》《中华人民共和国矿产资源法》《中华人民共和国铁路法》《中华人民共和国公路法》等。

2.法规

安全生产法规分为行政法规和地方性法规。

（1）行政法规。安全生产行政法规的法律地位和法律效力低于有关安全生产的法律，高于地方性安全生产法规、地方政府安全生产规章等下位法。国家现有的安全生产行政法规有《安全生产许可证条例》《危险化学品安全管理条例》《建设工程安全生产管理条例》《煤矿安全监察条例》等。

（2）地方性法规。地方性安全生产法规的法律地位和法律效力低于有关安全生产的法律、行政法规，高于地方政府安全生产规章。经济特区安全生产法规和民族自治地方安全生产法规的法律地位和法律效力与地方性安全生产法规相同。安全生产地方性法规有《北京市安全生产条例》《天津市安全生产条例》《河南省安全生产条例》等。

3.规章

安全生产行政规章分为部门规章和地方政府规章。

（1）部门规章。国务院有关部门依照安全生产法律、行政法规的规定或者国务院的授权制定发布的安全生产规章。安全生产规章的法律地位和法律效力低于法律、行政法规，高于地方政府规章。

（2）地方政府规章。地方政府安全生产规章是最低层级的安全生产立法，其法律地位和法律效力低于其他上位法，不得与上位法相抵触。

4.安全生产标准

安全生产标准分为国家标准和行业标准，两者对生产经营单位的安全生产具有同样的约束力。

（1）国家标准。安全生产国家标准是指国家标准化行政主管部门依照《中华人民共和国标准化法》制定的在全国范围内适用的安全生产技术规范。

（2）行业标准。安全生产行业标准是指国务院有关部门和直属机构依照《中华人民共和国标准化法》制定的在安全生产领域内适用的安全生产技术规范。行业安全生产标准对同一安全生产事项的技术要求，可以高于国家安全生产标准，但不得与其相抵触。

（二）从同一层级的法的效力上，可以分为普通法与特殊法

普通法是适用于安全生产领域中普遍存在的基本问题、共性问题的法律规范，它们不解决某一领域存在的特殊性、专业性的法律问题。特殊法是适用于某些安全生产领域独立存在的特殊性、专业性问题的法律规范，它们往往比普通法更专业、更具体、更有可操作性。

（三）从法的内容上，可以分为综合性法与单行法

综合性法不受法律规范层级的限制，而是将各个层级的综合性法律规范作为整体来看待，适用于安全生产的主要领域或者某一领域的主要方面。单行法的内容只涉及某一领域或者某一方面的安全生产问题。

三、安全生产责任

（一）《中华人民共和国安全生产法》中的法律责任

第八十七条　负有安全生产监督管理职责的部门的工作人员，有下列行为之一的，给予降级或者撤职的处分；构成犯罪的，依照刑法有关规定追究刑事责任：

（1）对不符合法定安全生产条件的涉及安全生产的事项予以批准或者验收通过的；

（2）发现未依法取得批准、验收的单位擅自从事有关活动或者接到举报后不予取缔或者不依法予以处理的；

（3）对已经依法取得批准的单位不履行监督管理职责，发现其不再具备安全生产条件而不撤销原批准或者发现安全生产违法行为不予查处的；

（4）在监督检查中发现重大事故隐患，不依法及时处理的。

负有安全生产监督管理职责的部门的工作人员有前款规定以外的滥用职权、玩忽职

守、徇私舞弊行为的，依法给予处分；构成犯罪的，依照刑法有关规定追究刑事责任。

第八十八条 负有安全生产监督管理职责的部门，要求被审查、验收的单位购买其指定的安全设备、器材或者其他产品的，在对安全生产事项的审查、验收中收取费用的，由其上级机关或者监察机关责令改正，责令退还收取的费用；情节严重的，对直接负责的主管人员和其他直接责任人员依法给予处分。

第八十九条 承担安全评价、认证、检测、检验工作的机构，出具虚假证明的，没收违法所得；违法所得在十万元以上的，并处违法所得二倍以上五倍以下的罚款；没有违法所得或者违法所得不足十万元的，单处或者并处十万元以上二十万元以下的罚款；对其直接负责的主管人员和其他直接责任人员处二万元以上五万元以下的罚款；给他人造成损害的，与生产经营单位承担连带赔偿责任；构成犯罪的，依照刑法有关规定追究刑事责任。

对有前款违法行为的机构，吊销其相应资质。

第九十条 生产经营单位的决策机构、主要负责人或者个人经营的投资人不依照本法规定保证安全生产所必需的资金投入，致使生产经营单位不具备安全生产条件的，责令限期改正，提供必需的资金；逾期未改正的，责令生产经营单位停产停业整顿。

有前款违法行为，导致发生生产安全事故的，对生产经营单位的主要负责人给予撤职处分，对个人经营的投资人处二万元以上二十万元以下的罚款；构成犯罪的，依照刑法有关规定追究刑事责任。

第九十一条 生产经营单位的主要负责人未履行本法规定的安全生产管理职责的，责令限期改正；逾期未改正的，处二万元以上五万元以下的罚款，责令生产经营单位停产停业整顿。

生产经营单位的主要负责人有前款违法行为，导致发生生产安全事故的，给予撤职处分；构成犯罪的，依照刑法有关规定追究刑事责任。

生产经营单位的主要负责人依照前款规定受刑事处罚或者撤职处分的，自刑罚执行完毕或者受处分之日起，五年内不得担任任何生产经营单位的主要负责人；对重大、特别重大生产安全事故负有责任的，终身不得担任本行业生产经营单位的主要负责人。

第九十二条 生产经营单位的主要负责人未履行本法规定的安全生产管理职责，导致发生生产安全事故的，由安全生产监督管理部门依照下列规定处以罚款：

（1）发生一般事故的，处上一年年收入百分之三十的罚款；

（2）发生较大事故的，处上一年年收入百分之四十的罚款；

（3）发生重大事故的，处上一年年收入百分之六十的罚款；

（4）发生特别重大事故的，处上一年年收入百分之八十的罚款。

第九十三条 生产经营单位的安全生产管理人员未履行本法规定的安全生产管理职责的，责令限期改正；导致发生生产安全事故的，暂停或者撤销其与安全生产有关的资格；构成犯罪的，依照刑法有关规定追究刑事责任。

第九十四条 生产经营单位有下列行为之一的，责令限期改正，可以处五万元以下的罚款；逾期未改正的，责令停产停业整顿，并处五万元以上十万元以下的罚款，对其直接负责的主管人员和其他直接责任人员处一万元以上二万元以下的罚款：

（1）未按照规定设置安全生产管理机构或者配备安全生产管理人员的；

（2）危险物品的生产、经营、储存单位以及矿山、金属冶炼、建筑施工、道路运输单位的主要负责人和安全生产管理人员未按照规定经考核合格的；

（3）未按照规定对从业人员、被派遣劳动者、实习学生进行安全生产教育和培训，或者未按照规定如实告知有关的安全生产事项的；

（4）未如实记录安全生产教育和培训情况的；

（5）未将事故隐患排查治理情况如实记录或者未向从业人员通报的；

（6）未按照规定制定生产安全事故应急救援预案或者未定期组织演练的；

（7）特种作业人员未按照规定经专门的安全作业培训并取得相应资格，上岗作业的。

第九十五条　生产经营单位有下列行为之一的，责令停止建设或者停产停业整顿，限期改正；逾期未改正的，处五十万元以上一百万元以下的罚款，对其直接负责的主管人员和其他直接责任人员处二万元以上五万元以下的罚款；构成犯罪的，依照刑法有关规定追究刑事责任：

（1）未按照规定对矿山、金属冶炼建设项目或者用于生产、储存、装卸危险物品的建设项目进行安全评价的；

（2）矿山、金属冶炼建设项目或者用于生产、储存、装卸危险物品的建设项目没有安全设施设计或者安全设施设计未按照规定报经有关部门审查同意的；

（3）矿山、金属冶炼建设项目或者用于生产、储存、装卸危险物品的建设项目的施工单位未按照批准的安全设施设计施工的；

（4）矿山、金属冶炼建设项目或者用于生产、储存危险物品的建设项目竣工投入生产或者使用前，安全设施未经验收合格的。

第九十六条　生产经营单位有下列行为之一的，责令限期改正，可以处五万元以下的罚款；逾期未改正的，处五万元以上二十万元以下的罚款，对其直接负责的主管人员和其他直接责任人员处一万元以上二万元以下的罚款；情节严重的，责令停产停业整顿；构成犯罪的，依照刑法有关规定追究刑事责任：

（1）未在有较大危险因素的生产经营场所和有关设施、设备上设置明显的安全警示标志的；

（2）安全设备的安装、使用、检测、改造和报废不符合国家标准或者行业标准的；

（3）未对安全设备进行经常性维护、保养和定期检测的；

（4）未为从业人员提供符合国家标准或者行业标准的劳动防护用品的；

（5）危险物品的容器、运输工具，以及涉及人身安全、危险性较大的海洋石油开采特种设备和矿山井下特种设备未经具有专业资质的机构检测、检验合格，取得安全使用证或者安全标志，投入使用的；

（6）使用应当淘汰的危及生产安全的工艺、设备的。

第九十七条　未经依法批准，擅自生产、经营、运输、储存、使用危险物品或者处置废弃危险物品的，依照有关危险物品安全管理的法律、行政法规的规定予以处罚；构成犯罪的，依照刑法有关规定追究刑事责任。

第九十八条 生产经营单位有下列行为之一的，责令限期改正，可以处十万元以下的罚款；逾期未改正的，责令停产停业整顿，并处十万元以上二十万元以下的罚款，对其直接负责的主管人员和其他直接责任人员处二万元以上五万元以下的罚款；构成犯罪的，依照刑法有关规定追究刑事责任：

（1）生产、经营、运输、储存、使用危险物品或者处置废弃危险物品，未建立专门安全管理制度、未采取可靠的安全措施的；

（2）对重大危险源未登记建档，或者未进行评估、监控，或者未制定应急预案的；

（3）进行爆破、吊装以及国务院安全生产监督管理部门会同国务院有关部门规定的其他危险作业，未安排专门人员进行现场安全管理的；

（4）未建立事故隐患排查治理制度的。

第九十九条 生产经营单位未采取措施消除事故隐患的，责令立即消除或者限期消除；生产经营单位拒不执行的，责令停产停业整顿，并处十万元以上五十万元以下的罚款，对其直接负责的主管人员和其他直接责任人员处二万元以上五万元以下的罚款。

第一百条 生产经营单位将生产经营项目、场所、设备发包或者出租给不具备安全生产条件或者相应资质的单位或者个人的，责令限期改正，没收违法所得；违法所得十万元以上的，并处违法所得二倍以上五倍以下的罚款；没有违法所得或者违法所得不足十万元的，单处或者并处十万元以上二十万元以下的罚款；对其直接负责的主管人员和其他直接责任人员处一万元以上二万元以下的罚款；导致发生生产安全事故给他人造成损害的，与承包方、承租方承担连带赔偿责任。

生产经营单位未与承包单位、承租单位签订专门的安全生产管理协议或者未在承包合同、租赁合同中明确各自的安全生产管理职责，或者未对承包单位、承租单位的安全生产统一协调、管理的，责令限期改正，可以处五万元以下的罚款，对其直接负责的主管人员和其他直接责任人员可以处一万元以下的罚款；逾期未改正的，责令停产停业整顿。

第一百零一条 两个以上生产经营单位在同一作业区域内进行可能危及对方安全生产的生产经营活动，未签订安全生产管理协议或者未指定专职安全生产管理人员进行安全检查与协调的，责令限期改正，可以处五万元以下的罚款，对其直接负责的主管人员和其他直接责任人员可以处一万元以下的罚款；逾期未改正的，责令停产停业。

第一百零二条 生产经营单位有下列行为之一的，责令限期改正，可以处五万元以下的罚款，对其直接负责的主管人员和其他直接责任人员可以处一万元以下的罚款；逾期未改正的，责令停产停业整顿；构成犯罪的，依照刑法有关规定追究刑事责任：

（1）生产、经营、储存、使用危险物品的车间、商店、仓库与员工宿舍在同一座建筑内，或者与员工宿舍的距离不符合安全要求的；

（2）生产经营场所和员工宿舍未设有符合紧急疏散需要、标志明显、保持畅通的出口，或者锁闭、封堵生产经营场所或者员工宿舍出口的。

第一百零三条　生产经营单位与从业人员订立协议，免除或者减轻其对从业人员因生产安全事故伤亡依法应承担的责任的，该协议无效；对生产经营单位的主要负责人、个人经营的投资人处二万元以上十万元以下的罚款。

第一百零四条　生产经营单位的从业人员不服从管理，违反安全生产规章制度或者操作规程的，由生产经营单位给予批评教育，依照有关规章制度给予处分；构成犯罪的，依照刑法有关规定追究刑事责任。

第一百零五条　违反本法规定，生产经营单位拒绝、阻碍负有安全生产监督管理职责的部门依法实施监督检查的，责令改正；拒不改正的，处二万元以上二十万元以下的罚款；对其直接负责的主管人员和其他直接责任人员处一万元以上二万元以下的罚款；构成犯罪的，依照刑法有关规定追究刑事责任。

第一百零六条　生产经营单位的主要负责人在本单位发生生产安全事故时，不立即组织抢救或者在事故调查处理期间擅离职守或者逃匿的，给予降级、撤职的处分，并由安全生产监督管理部门处上一年年收入百分之六十至百分之一百的罚款；对逃匿的处十五日以下拘留；构成犯罪的，依照刑法有关规定追究刑事责任。

生产经营单位的主要负责人对生产安全事故隐瞒不报、谎报或者迟报的，依照前款规定处罚。

第一百零七条　有关地方人民政府、负有安全生产监督管理职责的部门，对生产安全事故隐瞒不报、谎报或者迟报的，对直接负责的主管人员和其他直接责任人员依法给予处分；构成犯罪的，依照刑法有关规定追究刑事责任。

第一百零八条　生产经营单位不具备本法和其他有关法律、行政法规和国家标准或者行业标准规定的安全生产条件，经停产停业整顿仍不具备安全生产条件的，予以关闭；有关部门应当依法吊销其有关证照。

第一百零九条　发生生产安全事故，对负有责任的生产经营单位除要求其依法承担相应的赔偿等责任外，由安全生产监督管理部门依照下列规定处以罚款：

（1）发生一般事故的，处二十万元以上五十万元以下的罚款；

（2）发生较大事故的，处五十万元以上一百万元以下的罚款；

（3）发生重大事故的，处一百万元以上五百万元以下的罚款；

（4）发生特别重大事故的，处五百万元以上一千万元以下的罚款；情节特别严重的，处一千万元以上二千万元以下的罚款。

第一百一十条　本法规定的行政处罚，由安全生产监督管理部门和其他负有安全生产监督管理职责的部门按照职责分工决定。予以关闭的行政处罚由负有安全生产监督管理职责的部门报请县级以上人民政府按照国务院规定的权限决定；给予拘留的行政处罚由公安机关依照治安管理处罚法的规定决定。

第一百一十一条　生产经营单位发生生产安全事故造成人员伤亡、他人财产损失的，应当依法承担赔偿责任；拒不承担或者其负责人逃匿的，由人民法院依法强制执行。

生产安全事故的责任人未依法承担赔偿责任，经人民法院依法采取执行措施后，仍不能对受害人给予足额赔偿的，应当继续履行赔偿义务；受害人发现责任人有其他财产的，可以随时请求人民法院执行。

（二）《中华人民共和国环境保护法》中的法律责任

第五十九条 企业事业单位和其他生产经营者违法排放污染物，受到罚款处罚，被责令改正，拒不改正的，依法作出处罚决定的行政机关可以自责令改正之日的次日起，按照原处罚数额按日连续处罚。

前款规定的罚款处罚，依照有关法律法规按照防治污染设施的运行成本、违法行为造成的直接损失或者违法所得等因素确定的规定执行。

地方性法规可以根据环境保护的实际需要，增加第一款规定的按日连续处罚的违法行为的种类。

第六十条 企业事业单位和其他生产经营者超过污染物排放标准或者超过重点污染物排放总量控制指标排放污染物的，县级以上人民政府环境保护主管部门可以责令其采取限制生产、停产整治等措施；情节严重的，报经有批准权的人民政府批准，责令停业、关闭。

第六十一条 建设单位未依法提交建设项目环境影响评价文件或者环境影响评价文件未经批准，擅自开工建设的，由负有环境保护监督管理职责的部门责令停止建设，处以罚款，并可以责令恢复原状。

第六十二条 违反本法规定，重点排污单位不公开或者不如实公开环境信息的，由县级以上地方人民政府环境保护主管部门责令公开，处以罚款，并予以公告。

第六十三条 企业事业单位和其他生产经营者有下列行为之一，尚不构成犯罪的，除依照有关法律法规规定予以处罚外，由县级以上人民政府环境保护主管部门或者其他有关部门将案件移送公安机关，对其直接负责的主管人员和其他直接责任人员，处十日以上十五日以下拘留；情节较轻的，处五日以上十日以下拘留：

（1）建设项目未依法进行环境影响评价，被责令停止建设，拒不执行的；

（2）违反法律规定，未取得排污许可证排放污染物，被责令停止排污，拒不执行的；

（3）通过暗管、渗井、渗坑、灌注或者篡改、伪造监测数据，或者不正常运行防治污染设施等逃避监管的方式违法排放污染物的；

（4）生产、使用国家明令禁止生产、使用的农药，被责令改正，拒不改正的。

第六十四条 因污染环境和破坏生态造成损害的，应当依照《中华人民共和国侵权责任法》的有关规定承担侵权责任。

第六十五条 环境影响评价机构、环境监测机构以及从事环境监测设备和防治污染设施维护、运营的机构，在有关环境服务活动中弄虚作假，对造成的环境污染和生态破坏负有责任的，除依照有关法律法规规定予以处罚外，还应当与造成环境污染和生态破坏的其他责任者承担连带责任。

第六十六条 提起环境损害赔偿诉讼的时效期间为三年，从当事人知道或者应当知道其受到损害时起计算。

第六十七条　上级人民政府及其环境保护主管部门应当加强对下级人民政府及其有关部门环境保护工作的监督。发现有关工作人员有违法行为，依法应当给予处分的，应当向其任免机关或者监察机关提出处分建议。

依法应当给予行政处罚，而有关环境保护主管部门不给予行政处罚的，上级人民政府环境保护主管部门可以直接作出行政处罚的决定。

第六十八条　地方各级人民政府、县级以上人民政府环境保护主管部门和其他负有环境保护监督管理职责的部门有下列行为之一的，对直接负责的主管人员和其他直接责任人员给予记过、记大过或者降级处分；造成严重后果的，给予撤职或者开除处分，其主要负责人应当引咎辞职：

（1）不符合行政许可条件准予行政许可的；

（2）对环境违法行为进行包庇的；

（3）依法应当作出责令停业、关闭的决定而未作出的；

（4）对超标排放污染物、采用逃避监管的方式排放污染物、造成环境事故以及不落实生态保护措施造成生态破坏等行为，发现或者接到举报未及时查处的；

（5）违反本法规定，查封、扣押企业事业单位和其他生产经营者的设施、设备的；

（6）篡改、伪造或者指使篡改、伪造监测数据的；

（7）应当依法公开环境信息而未公开的；

（8）将征收的排污费截留、挤占或者挪作他用的；

（9）法律法规规定的其他违法行为。

第六十九条　违反本法规定，构成犯罪的，依法追究刑事责任。

（三）《中华人民共和国消防法》中的法律责任

第五十八条　违反本法规定，有下列行为之一的，由住房和城乡建设主管部门、消防救援机构按照各自职权责令停止施工、停止使用或者停产停业，并处三万元以上三十万元以下罚款：

（1）依法应当进行消防设计审查的建设工程，未经依法审查或者审查不合格，擅自施工的；

（2）依法应当进行消防验收的建设工程，未经消防验收或者消防验收不合格，擅自投入使用的；

（3）本法第十三条规定的其他建设工程验收后经依法抽查不合格，不停止使用的；

（4）公众聚集场所未经消防安全检查或者经检查不符合消防安全要求，擅自投入使用、营业的。

建设单位未依照本法规定在验收后报住房和城乡建设主管部门备案的，由住房和城乡建设主管部门责令改正，处五千元以下罚款。

第五十九条　违反本法规定，有下列行为之一的，由住房和城乡建设主管部门责令改正或者停止施工，并处一万元以上十万元以下罚款：

（1）建设单位要求建筑设计单位或者建筑施工企业降低消防技术标准设计、施工的；

（2）建筑设计单位不按照消防技术标准强制性要求进行消防设计的；

（3）建筑施工企业不按照消防设计文件和消防技术标准施工，降低消防施工质量的；

（4）工程监理单位与建设单位或者建筑施工企业串通，弄虚作假，降低消防施工质量的。

第六十条　单位违反本法规定，有下列行为之一的，责令改正，处五千元以上五万元以下罚款：

（1）消防设施、器材或者消防安全标志的配置、设置不符合国家标准、行业标准，或者未保持完好有效的；

（2）损坏、挪用或者擅自拆除、停用消防设施、器材的；

（3）占用、堵塞、封闭疏散通道、安全出口或者有其他妨碍安全疏散行为的；

（4）埋压、圈占、遮挡消火栓或者占用防火间距的；

（5）占用、堵塞、封闭消防车通道，妨碍消防车通行的；

（6）人员密集场所在门窗上设置影响逃生和灭火救援的障碍物的；

（7）对火灾隐患经消防救援机构通知后不及时采取措施消除的。

个人有前款第二项、第三项、第四项、第五项行为之一的，处警告或者五百元以下罚款。

有本条第一款第三项、第四项、第五项、第六项行为，经责令改正拒不改正的，强制执行，所需费用由违法行为人承担。

第六十一条　生产、储存、经营易燃易爆危险品的场所与居住场所设置在同一建筑物内，或者未与居住场所保持安全距离的，责令停产停业，并处五千元以上五万元以下罚款。

生产、储存、经营其他物品的场所与居住场所设置在同一建筑物内，不符合消防技术标准的，依照前款规定处罚。

第六十二条　有下列行为之一的，依照《中华人民共和国治安管理处罚法》的规定处罚：

（1）违反有关消防技术标准和管理规定生产、储存、运输、销售、使用、销毁易燃易爆危险品的；

（2）非法携带易燃易爆危险品进入公共场所或者乘坐公共交通工具的；

（3）谎报火警的；

（4）阻碍消防车、消防艇执行任务的；

（5）阻碍消防救援机构的工作人员依法执行职务的。

第六十三条　违反本法规定，有下列行为之一的，处警告或者五百元以下罚款；情节严重的，处五日以下拘留：

（1）违反消防安全规定进入生产、储存易燃易爆危险品场所的；

（2）违反规定使用明火作业或者在具有火灾、爆炸危险的场所吸烟、使用明火的。

第六十四条　违反本法规定，有下列行为之一，尚不构成犯罪的，处十日以上十五日以下拘留，可以并处五百元以下罚款；情节较轻的，处警告或者五百元以下罚款：

（1）指使或者强令他人违反消防安全规定，冒险作业的；

（2）过失引起火灾的；

（3）在火灾发生后阻拦报警，或者负有报告职责的人员不及时报警的；

（4）扰乱火灾现场秩序，或者拒不执行火灾现场指挥员指挥，影响灭火救援的；

（5）故意破坏或者伪造火灾现场的；

（6）擅自拆封或者使用被消防救援机构查封的场所、部位的。

第六十五条　违反本法规定，生产、销售不合格的消防产品或者国家明令淘汰的消防产品的，由产品质量监督部门或者工商行政管理部门依照《中华人民共和国产品质量法》的规定从重处罚。

人员密集场所使用不合格的消防产品或者国家明令淘汰的消防产品的，责令限期改正；逾期不改正的，处五千元以上五万元以下罚款，并对其直接负责的主管人员和其他直接责任人员处五百元以上二千元以下罚款；情节严重的，责令停产停业。

消防救援机构对于本条第二款规定的情形，除依法对使用者予以处罚外，应当将发现不合格的消防产品和国家明令淘汰的消防产品的情况通报产品质量监督部门、工商行政管理部门。产品质量监督部门、工商行政管理部门应当对生产者、销售者依法及时查处。

第六十六条　电器产品、燃气用具的安装、使用及其线路、管路的设计、敷设、维护保养、检测不符合消防技术标准和管理规定的，责令限期改正；逾期不改正的，责令停止使用，可以并处一千元以上五千元以下罚款。

第六十七条　机关、团体、企业、事业等单位违反本法第十六条、第十七条、第十八条、第二十一条第二款规定的，责令限期改正；逾期不改正的，对其直接负责的主管人员和其他直接责任人员依法给予处分或者给予警告处罚。

第六十八条　人员密集场所发生火灾，该场所的现场工作人员不履行组织、引导在场人员疏散的义务，情节严重，尚不构成犯罪的，处五日以上十日以下拘留。

第六十九条　消防产品质量认证、消防设施检测等消防技术服务机构出具虚假文件的，责令改正，处五万元以上十万元以下罚款，并对直接负责的主管人员和其他直接责任人员处一万元以上五万元以下罚款；有违法所得的，并处没收违法所得；给他人造成损失的，依法承担赔偿责任；情节严重的，由原许可机关依法责令停止执业或者吊销相应资质、资格。

前款规定的机构出具失实文件，给他人造成损失的，依法承担赔偿责任；造成重大损失的，由原许可机关依法责令停止执业或者吊销相应资质、资格。

第七十条　本法规定的行政处罚，除应当由公安机关依照《中华人民共和国治安管理处罚法》的有关规定决定的外，由住房和城乡建设主管部门、消防救援机构按照各自职权决定。

被责令停止施工、停止使用、停产停业的，应当在整改后向作出决定的部门或者机构报告，经检查合格，方可恢复施工、使用、生产、经营。

当事人逾期不执行停产停业、停止使用、停止施工决定的，由作出决定的部门或者机构强制执行。

责令停产停业，对经济和社会生活影响较大的，由住房和城乡建设主管部门或者应急管理部门报请本级人民政府依法决定。

第七十一条　住房和城乡建设主管部门、消防救援机构的工作人员滥用职权、玩忽职守、徇私舞弊，有下列行为之一，尚不构成犯罪的，依法给予处分：

（1）对不符合消防安全要求的消防设计文件、建设工程、场所准予审查合格、消防验收合格、消防安全检查合格的；

（2）无故拖延消防设计审查、消防验收、消防安全检查，不在法定期限内履行职责的；

（3）发现火灾隐患不及时通知有关单位或者个人整改的；

（4）利用职务为用户、建设单位指定或者变相指定消防产品的品牌、销售单位或者消防技术服务机构、消防设施施工单位的；

（5）将消防车、消防艇以及消防器材、装备和设施用于与消防和应急救援无关的事项的；

（6）其他滥用职权、玩忽职守、徇私舞弊的行为。

产品质量监督、工商行政管理等其他有关行政主管部门的工作人员在消防工作中滥用职权、玩忽职守、徇私舞弊，尚不构成犯罪的，依法给予处分。

第七十二条　违反本法规定，构成犯罪的，依法追究刑事责任。

（四）《刑法》中有关安全生产的定罪量刑

第一百三十四条　（重大责任事故罪；强令违章冒险作业罪）在生产、作业中违反有关安全管理的规定，因而发生重大伤亡事故或者造成其他严重后果的，处三年以下有期徒刑或者拘役；情节特别恶劣的，处三年以上七年以下有期徒刑。

（强令、组织他人违章冒险作业罪）强令他人违章冒险作业，或者明知存在重大事故隐患而不排除，仍冒险组织作业，因而发生重大伤亡事故或者造成其他严重后果的，处五年以下有期徒刑或者拘役；情节特别恶劣的，处五年以上有期徒刑。

第一百三十四条之一　（危险作业罪）在生产、作业中违反有关安全管理的规定，有下列情形之一，具有发生重大伤亡事故或者其他严重后果的现实危险的，处一年以下有期徒刑、拘役或者管制：

（1）关闭、破坏直接关系生产安全的监控、报警、防护、救生设备、设施，或者篡改、隐瞒、销毁其相关数据、信息的；

（2）因存在重大事故隐患被依法责令停产停业、停止施工、停止使用有关设备、设施、场所或者立即采取排除危险的整改措施，而拒不执行的；

（3）涉及安全生产的事项未经依法批准或者许可，擅自从事矿山开采、金属冶炼、建筑施工，以及危险物品生产、经营、储存等高度危险的生产作业活动的。

第一百三十五条 （重大劳动安全事故罪；大型群众性活动重大安全事故罪）安全生产设施或者安全生产条件不符合国家规定，因而发生重大伤亡事故或者造成其他严重后果的，对直接负责的主管人员和其他直接责任人员，处三年以下有期徒刑或者拘役；情节特别恶劣的，处三年以上七年以下有期徒刑。

第一百三十五条之一 举办大型群众性活动违反安全管理规定，因而发生重大伤亡事故或者造成其他严重后果的，对直接负责的主管人员和其他直接责任人员，处三年以下有期徒刑或者拘役；情节特别恶劣的，处三年以上七年以下有期徒刑。

第一百三十六条 （危险物品肇事罪）违反爆炸性、易燃性、放射性、毒害性、腐蚀性物品的管理规定，在生产、储存、运输、使用中发生重大事故，造成严重后果的，处三年以下有期徒刑或者拘役；后果特别严重的，处三年以上七年以下有期徒刑。

第一百三十七条 （工程重大安全事故罪）建设单位、设计单位、施工单位、工程监理单位违反国家规定，降低工程质量标准，造成重大安全事故的，对直接责任人员，处五年以下有期徒刑或者拘役，并处罚金；后果特别严重的，处五年以上十年以下有期徒刑，并处罚金。

第一百三十八条 （教育设施重大安全事故罪）明知校舍或者教育教学设施有危险，而不采取措施或者不及时报告，致使发生重大伤亡事故的，对直接责任人员，处三年以下有期徒刑或者拘役；后果特别严重的，处三年以上七年以下有期徒刑。

第一百三十九条 （消防责任事故罪；不报、谎报安全事故罪）违反消防管理法规，经消防监督机构通知采取改正措施而拒绝执行，造成严重后果的，对直接责任人员，处三年以下有期徒刑或者拘役；后果特别严重的，处三年以上七年以下有期徒刑。

第一百三十九条之一 在安全事故发生后，负有报告职责的人员不报或者谎报事故情况，贻误事故抢救，情节严重的，处三年以下有期徒刑或者拘役；情节特别严重的，处三年以上七年以下有期徒刑。

第三节　安全设施管理常识

一、安全设施的定义及概念

安全设施是指在生产经营活动中用于消除、预防和减少危害，将风险控制在安全范围内的装置和设施。

二、安全设施的分类

（一）预防事故设施（事前）

（1）检测、报警设施：压力、温度、液位、流量、组分等报警设施，可燃气体、有毒有害气体、氧气等检测和报警设施，用于安全检查和安全数据分析等的检验检测设备、仪器。

（2）设备安全防护设施：防护罩、防护屏、负荷限制器、行程限制器，制动、限速、防雷、防潮、防晒、防冻、防腐、防渗漏等设施，传动设备安全锁闭设施，电器过载保护设施，静电接地设施。

（3）防爆设施：各种电气、仪表的防爆设施，抑制助燃物品混入（如氮封）、易燃易爆气体和粉尘形成等的设施，阻隔防爆器材，防爆工器具。

（4）作业场所防护设施：作业场所的防辐射、防静电、防噪声、通风（除尘、排毒）、防护栏（网）、防滑、防灼烫等设施。

（5）安全警示标志：包括各种指示、警示作业安全和逃生避难及风向等警示标志。

（二）控制事故设施（事中）

（1）泄压和止逆设施：用于泄压的阀门、爆破片、放空管等设施，用于止逆的阀门等设施，真空系统的密封设施。

（2）紧急处理设施：紧急备用电源，紧急切断、分流、排放（火炬）、吸收、中和、冷却等设施，通入或者加入惰性气体、反应抑制剂等设施，紧急停车、仪表联锁等设施。

（三）减少与消除事故影响设施（事后）

（1）防止火灾蔓延设施：阻火器、安全水封、回火防止器、防油（火）堤，防爆墙、防爆门等隔爆设施，防火墙、防火门、蒸汽幕、水幕等设施，防火材料涂层。

（2）灭火设施：水喷淋、惰性气体、蒸汽、泡沫释放等灭火设施，消火栓、高压水枪（炮）、消防车、消防水管网、消防站等。

（3）紧急个体处置设施：洗眼器、喷淋器、逃生器、逃生索、应急照明等设施。

（4）应急救援设施：堵漏、工程抢险装备和现场受伤人员医疗抢救装备。

（5）逃生避难设施：逃生和避难的安全通道（梯）、安全避难所（带空气呼吸系统）、避难信号等。

（6）劳动防护用品和装备：包括头部、面部、视觉器官、呼吸器官、听觉器官、四肢、躯干的防火、防毒、防灼烫、防腐蚀、防噪声、防光射、防高处坠落、防砸击、防刺伤等免受作业场所物理、化学因素伤害的劳动防护用品和装备。

三、钻试修现场安全设施管理要求

钻井、试修现场的防坠落装置、气体安全防护设施、消防设施、应急逃生设施、安全锁具等安全设施的配置，在正常情况下应满足日常安全生产需求，并按照相关规范储备足量周转和应急救援物品。配备的安全设施的品牌、规格型号宜保持一致，其备品配件应相互兼容。

钻井、试修现场在井架、屋顶、储罐、人孔、临边等处作业时，应该使用防坠落装置。超过5m的固定式直梯应安装防坠落装置，并配合全身式安全带使用。带缓冲器的安全带不应在坠落高度低于 5m 的作业平台上使用。

气体安全防护设施指在有毒有害作业环境中用于气体检测、防护、报警的设备，钻井、试修现场按硫化氢环境和其他区域，分别配置正压式空气呼吸器、气体检测仪和空气压缩机，并按规范分点设置。

钻井、试修现场应配置消防室、消防水泵、消防水罐、并按要求分点设置灭火器、消防栓等消防设施。

钻井、试修现场应设置"安全紧急集合点"、风向标，应安装钻台逃生滑道、井架逃生装置和手摇式报警器，应配置紧急洗眼器、急救箱和担架等急救设施。

钻井、试修现场应配置静电释放装置，在上钻台、循环罐和扶梯阶梯入口处应设置人体静电消除器，并安装油罐车导除静电接地装置。

钻井、试修现场应根据现场作业许可、能量隔离与上锁挂签要求配置安全锁具。

第四节 起重作业安全管理

起重作业是指利用起重机械或工具，移动重物的操作活动。

一、起重机械分类

（一）轻小型起重设备

轻小型起重设备一般只有一个升降机构，常见的有千斤顶、电动或手拉葫芦、绞车、滑车等，有的电动葫芦配有可沿单轨运动的运行机构。

（二）升降机

常见的升降机有垂直升降机、电梯等。它虽也只有一个升降机构，但由于配有完善的安全装置及其他附属装置，故单独分为一类。

（三）起重机

除了起升机构以外还有其他运动机构的起重设备。

1. 桥架类型起重机

（1）桥式起重机：主梁和两个端梁组成桥架，整个起重机直接运行在建筑物高架结构的轨道上。

（2）门式起重机：主梁通过支撑在地面轨道上的两个刚性支腿或刚性－柔性支腿，形成一个可横跨铁路轨道或货场的门架，外伸到支腿外侧的主梁悬臂部分可扩大作业面积。

（3）绳索起重机：适用于跨度大、地形复杂的货场、水库或工地作业。由于跨度大，固定在两个塔架顶部的缆索取代了桥形主梁。悬挂在起重小车上的取物装置被牵引索高速牵引，沿承载索往返运行，两塔架分别在相距较远的两岸轨道上，可以低速运行。

2. 臂架类型起重机

（1）流动式起重机：包括汽车起重机、轮胎起重机、履带起重机，采用充气轮胎或履带作为运行装置，可以在无轨路面长距离移动。

（2）塔式起重机：其结构特点是悬架长（服务范围大）、塔身高（增加升降高度）、设计精巧，可以快速安装、拆卸。轨道临时铺设在工地上，以适应经常搬迁的需要。

（3）门座式起重机：回转臂架安装在门形座架上的起重机，沿地面轨道运行的座架下可通过铁路车辆或其他车辆，多用于港口装卸作业，或造船厂进行船体与设备装配。

二、起重机械安全装置

（一）位置限制与调整装置

位置限制装置是用来限制机构在一定空间范围内运行的安全防护装置。包括上升极限位置限制器、运行极限位置限制器、偏斜调整和显示装置、缓冲器。

（二）防风防爬装置

起重机防风防爬装置主要有三类：夹轨器、锚定装置和铁鞋。

（三）安全钩、防后倾装置和回转锁定装置

（1）安全钩。单主梁起重机，由于起吊重物是在主梁的一侧进行，重物等对小车产生一个倾翻力矩，由垂直反轨轮或水平反轨轮产生的抗倾翻力矩使小车保持平衡，不能倾翻。但是，只靠这种方式不能保证在风灾、意外冲击、车轮破碎、检修等情况时的安全。因此，这种类型的起重机应安装安全钩。安全钩根据小车和轨轮形式的不同设计成不同的结构。

（2）防后倾装置。用柔性钢丝绳牵引吊臂进行变幅的起重机，当遇到突然卸载等情况时，会产生使吊臂后倾的力，从而造成吊臂超过最小幅度，发生吊臂后倾的事故。因此，这类起重机应安装防后倾装置。吊臂后倾主要由几种原因造成：起升用的吊具、索具或起升用钢丝绳存在缺陷，在起吊过程中突然断裂，使重物突然坠落；或者由于起重工绑挂不当，起吊过程中重物散落、脱钩。这些情况都会造成突然卸载，导致吊臂反弹后倾事故。为了防止这类事故，流动式起重机和动臂式塔式起重机上应安装防后倾装置。

（3）回转锁定装置。回转锁定装置是指臂架起重机处于运输、行驶或非工作状态时，锁住回转部分，使之不能转动的装置。回转锁定器常见形式有机械锁定器和液压锁定器两种。其结构比较简单，通常是用锁销插入方法、压板顶压方法或螺栓紧定方式等。液压式锁定器通常用双作用活塞式油缸对转台进行锁定。回转锁定装置的原理基本相同。

（四）起重量限制器

起重量限制器也称超载限制器，它是用来限制起重机的起升机构起重量的安全防护装置。工作原理是：当起升机构吊起的质量超过预警质量时，装置能发出报警信号；当吊起的质量超过允许的起重量时，能切断起升机构的工作电源，使起重机停止运行。

超载限制器按其功能形式可以分为自动停止型、报警型、综合型等三大类型。按结构可以分为机械式、电子式和液压式等。

（五）力矩限制器

常用的起重力矩限制器有机械式和电子式等。臂架式起重机的工作特点是它的工作幅度可以改变，工作幅度是臂架式起重机的一个重要参数。起重量与工作幅度的乘积称为起重力矩。当起重力矩大于允许的极限力矩时，会造成臂架折弯或折断，甚至还会造成起重机整机失稳而倾覆或倾翻。臂架式起重机在设计时，已为其起重量与工作幅度之间求出了一条力矩极限关系曲线，即起重机特性曲线。起重量与工作幅度的对应点在该曲线以下时，该点为安全点；对应点在该曲线以上时，该点为超载点；对应点在该曲线上时，该点为极限点。起重机械设置力矩限制器后，应根据其性能和精良情况进行调整或标定，当载荷力矩达到额定起重力矩时，能自动切断起升动力源，并发出禁止性报警信号，其综合误差不应大于额定力矩的 10%。

（六）防坠安全器

防坠安全器是非电气、气动和手动控制的防止吊笼或对重坠落的机械式安全保护装置，主要用于施工升降机等起重设备上，其作用是限制吊笼的运行速度，防止吊笼坠落，保证人员设备安全。安全器在使用过程中必须按规定进行定期坠落实验及周期检定。设备正常工作时，防坠安全器不应动作。当吊笼超速运行，其速度达到防坠安全器的动作速度时，防坠安全器应立即动作，并可靠地制停吊笼。

（七）导电滑线防护措施

桥式起重机采用裸露导电滑线供电时，在以下部位应设置导电滑线防护板。

（1）司机室位于起重机电源引入滑线端时，通向起重机的梯子和走台与滑线间应设防护板，以防司机通过时发生触电事故。

（2）起重机导电滑线端的起重机端梁上应设置防护板（通常称为挡电架），以防止吊具或钢丝绳等摆动与导电滑线接触而发生意外触电事故。

（3）多层布置的桥式起重机，下层起重机应在导电滑线全长设置防电保护设施。其他使用滑线引入电源的起重机，对于易发生触电危险的部位都应设置防护装置。

（八）防撞装置

防撞装置通常采用红外线、超声波、微波等无触点式开关与起重机电气控制系统相配合，当某台起重机运行到距离另一台起重机达到一定长度时，防撞装置的无触点式开关会及时发出警号或直接切断运行机构的动力源，由起重机的操作员操作或由机构自动停止工作，达到确保起重机安全运行的目的。这些防撞装置具有可同时设定多个报警距离、精度高、功能全、环境适应能力强的特点。

（九）登机信号按钮

对于司机室设置在运动部分（与起重机自身有相对运动的部位）的起重机，应在起重机上容易触及的安全位置安装登机信号按钮。对于司机室安装在塔式起重机上部或安装架设在有相对运动部位的门座起重机及特大型桥式起重机，必要时也应安装登机信号按钮。登机信号按钮是用于司机和维修人员在登机时，按钮按动后在司机室明显部位显示信号，使同机能注意到有人登机，防止意外事故发生。

（十）危险电压报警器

臂架型起重机在输电线附近作业时，应配置危险电压报警器，避免因操作不当，臂架、钢丝绳接近甚至碰触电线造成感电或触电事故。

三、典型起重机械事故

（一）挤撞打击事故

通过事故树分析（图1-5），汽车吊装作业中，导致挤撞打击事故的主要原因包括：吊车司机操作不平稳、斜拉歪拽、未使用牵引绳、吊运线路选择不合理、吊物放置方式不当、吊车下有异物或放置不平、地面松软不平整、吊物未放稳提前摘钩、物件码放太高不平稳、进入吊车旋转范围内、检修设备防护不当、进入吊车起重臂下方、进入物件之间狭小空间等。

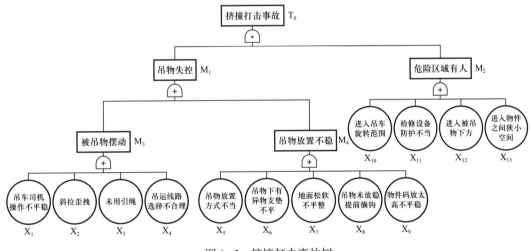

图1-5 挤撞打击事故树

（二）触电事故

通过事故树分析（图1-6），汽车吊装作业中，导致触电伤害事故的主要原因包括：作业现场有高压线、与输电线路安全距离不够、斜拉歪拽、无人指挥或指挥失误、作业人员防护不当、线路连接未拆除、操作失误触及带电体、吊车电气设备漏电、操作室无防护板、司机带电操作未使用绝缘防护等。

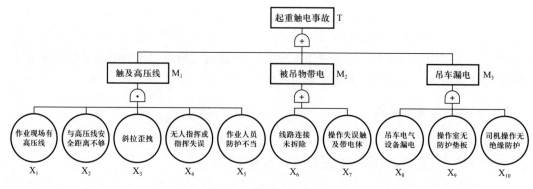

图 1-6　触电事故树分析

（三）吊物坠落事故

通过事故树分析（图 1-7），汽车吊装作业中，导致吊物坠落的原因主要包括：吊车设计存在缺陷、吊物捆绑吊挂不当、吊绳未挂入吊耳、牵引绳拴系在吊绳上、吊绳与被吊物载荷不匹配、吊绳夹角大于 120°、吊绳疲劳损伤、吊车限位装置失效、吊车司机操作失误、吊装作业无人指挥、吊点设计不合理、尖锐棱角未加衬垫、吊绳太短、吊钩锁舌缺失或损坏、吊绳未挂入吊钩、吊钩材质缺陷、超出吊钩载荷、吊钩疲劳损伤、吊耳焊接不牢靠、作业前检查不认真、设备附件未拆除、附着物捆绑不牢靠、人员在吊物下穿行、吊装作业无人指挥等。

（四）吊车倾翻事故

通过事故树分析（图 1-8），汽车吊装作业中，导致吊车倾翻的原因主要包括：斜拉歪拽、吊臂伸出长度过长、吊臂仰角小于 30°、起重臂未全部伸出、设备质量不明起吊、连接和固定未消除起吊、吊车轮胎未离地作业、斜坡作业支腿不平、吊物吊起后离开控制室、控制系统故障失灵、下放过快紧急制动、违章翻转较大物件、多台吊车配合不当、液压管线漏油、水平支腿未锁定、千斤支撑不牢靠、地基松软、遇到六级以上大风、指挥不当、引绳太短、冒险进入等。

四、起重机械事故的预防措施

（一）加强对起重机械的管理

认真执行起重机械各项管理制度和安全检查制度，做好起重机械的定期检查、维护、保养，及时消除隐患，使起重机械始终处于良好的工作状态。

（二）加强教育和培训

严格执行安全操作规程，提高操作技术能力和处理紧急情况的能力。起重作业前组织对吊车司机、司索工及吊装指挥人员进行能力评价（评价表见表 1-1、表 1-2、表 1-3）。

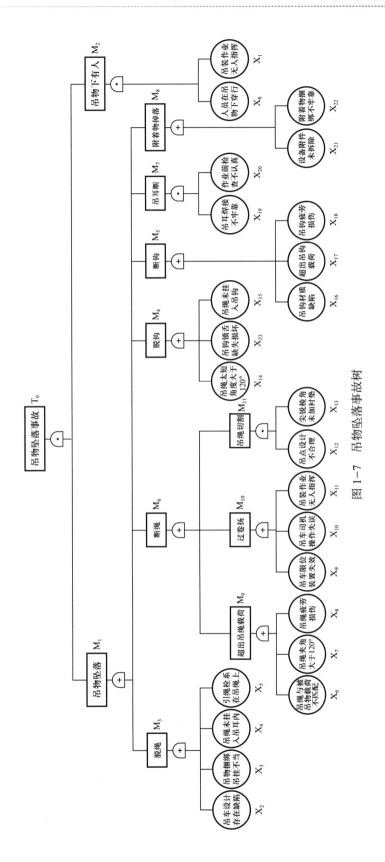

图 1-7 吊物坠落事故树

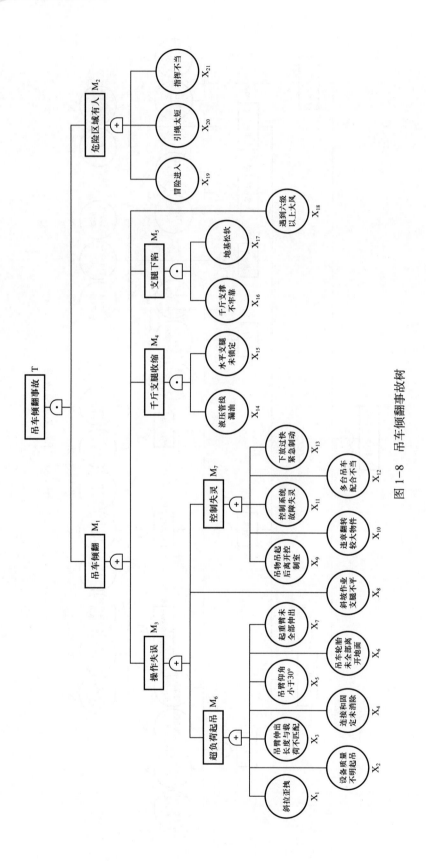

图 1-8 吊车倾翻事故树

表1-1 吊车司机评价表

驾驶员姓名：　　　　车牌号：　　　　作业内容：

评价人：

评价项目					
作业前评价	一、资质条件：	工作年限：		1. 操作失误□ 2. 技能不足□ 3. 条件受限□ 4. 沟通不够□	通过资质审查□ 不通过资质审查□
		操作证号：			
	二、健康状况：	有无病史：有□无□	心脏病□ 精神病□ 癫痫病□ 震颤麻痹症□		
		听力情况：正常□ 不正常□	偏戴助听器□		通过健康评价□ 不通过健康评价□
		有无眼疾：有□无□	反应情况：正常□ 迟钝□		
	天气情况：		视力情况：正常□ 色盲□ 花眼□		
	事故事件：有□无□				

	评价内容	熟悉（2分）	了解（1分）	不清楚（0分）
三、专业知识	1　起重机的基本性能、参数、基本构造及工作原理			
	2　液压传动基础知识和力学基本知识			
	3　起重机安全防护装置的结构、性能及其工作原理			
	4　起重机主要零部件的安全技术要求及其报废标准			
	5　起重机常见故障分析判断及排除			
	6　质量、幅度、起重高度、起重速度与机械稳定性的关系			
	7　指示、限位和保护装置的调整使用知识			
	8　起重机的安全技术操作规程			
	9　防火救火知识、灭火器材的使用			
	10　起重机常见事故类型及案例分析			
	11　起重机的维护与保养知识			
	12　起重机械安全管理规程			
	13　起重作业"十不吊""五确认"			

续表

		评价内容	熟悉（2分）	了解（1分）	不清楚（0分）
作业前评价	三、专业知识	14 电气安全常识，包括安全电压、安全距离、触电急救等			
		15 起重吊运指挥信号			
		16 起重钢丝绳检查、保养知识及报废标准			

		评价内容	熟悉（2分）	了解（1分）	不清楚（0分）
作业前评价	四、应急能力	1 风险辨识和危害分析相关知识			
		2 起重伤害事故应急行动内容			
		3 车辆伤害及交通事故应急行动内容			
		4 初级火灾应急行动内容			
		5 自救互救知识			
		6 起重伤害事故急救要点			
		7 紧急情况应急避险方法			
		8 急救电话拨打方法			

作业前评价得分：　同意现场作业（48～30分）□　同意现场作业但需重点监督（30～17分）□　现场清退（17分以下）□

		总体要求	优秀（4分）	合格（3分）	不合格（0分）
作业中评价	五、操作技能	1 稳：操作做到启动、制动平稳，吊钩、吊具和吊物不游摆			
		2 准：吊钩、吊具和吊物应准确地在指定位置上方降落			
		3 快：保证起重机连续工作，提高作业效率			
		4 安全：确保起重机在完好的情况下可靠工作，操作中严格执行起重作业安全技术操作规程，不发生人身和设备事故			
		5 合理：根据吊物情况，正确操作控制器并做到合理控制			

续表

		具体操作要求	优秀（2分）	合格（1分）	不合格（0分）
五、操作技能	1	劳保穿戴齐全，服从吊装指挥人员安排，坚守岗位，不准吊物悬空情况下中断工作			
	2	作业时精力要集中，不准有吃零食、接打手机、闲谈、吸烟等妨碍起重作业的行为			
	3	严禁吊车司机酒后上岗和身体状况不佳的情况下上岗			
	4	作业前对起重机全面安全检查，确认各机构运转正常、安全联锁和限位开关动作灵敏可靠			
	5	禁止用限位器作断电停车手段			
	6	吊装搬运前进行试起吊			
	7	起重、回转、变幅、行走吊钩升降等动作前，鸣笛示意			
	8	正确识别吊装指挥信号			
	9	禁止斜拉、斜吊和起重地下埋设或凝结在地面上的重物			
	10	起重机卷筒上钢丝绳应连接牢固，排列整齐			
	11	放出钢丝绳时卷筒上保留三圈以上			
	12	禁止带负荷伸缩臂杆			
	13	支腿完全伸开作业			
	14	禁止吊车在斜坡地方负载回转			
	15	禁止带负荷下，急速回转转盘、升降臂杆或急速紧急制动			
	16	严格执行"十不吊"的规定，禁止一切违章作业、特殊作业安全措施采取得当			
作业中评价得分：		□技能娴熟，可靠性高（100～90分） □满足作业要求，可靠性较高（90～70分） □基本满足操作技能（70分以下）			

表 1-2 司索工评价表

姓名：		岗位：		作业工况：	
评价人：		评价日期：		天气情况：	
				总分：	

评价项目		序号	实际情况	合格	清退
作业前评价	一、否决项目（评价出现否决项后，不再进行后续评价，禁止作业）	1	年龄不满 18 周岁，或超过国家法定退休年龄		
		2	有心脏病、癫痫病、眩晕症、美尼尔氏病、震颤麻痹症等疾病		
		3	文化程度不满初中以上		
		4	参加国家或单位安全培训考试和实际操作考试不合格		
		5	双眼裸视力均不低于 0.7，无色盲，视觉障碍或听觉障碍		
		6	反应水平低于正常人，反应呆滞迟缓		
		7	特种作业无有效操作证		
		8	曾因操作失误、技能不足等造成事故后继续从事相应工作不满 2 年		

		序号	评价内容	熟悉（2分）	了解（1分）	不清楚（0分）
	二、专业知识	1	基本力学常识、机械常识			
		2	索具、吊具、钢丝绳的技术性能、报废标准			
		3	索具、吊具、钢丝绳的使用、保养方法			
		4	一般物件的绑、挂技术			
		5	一般吊物重量的估算			
		6	一般吊物起吊点的选择原则			
		7	各种旗语和指挥吊装信号			
		8	司索作业安全技术规程			

续表

评价内容	熟悉（2分）	了解（1分）	不清楚（0分）
9　起重作业安全技术规程			
10　常见故障及处理措施			
11　危险化学品相关知识			
12　起重作业中危险因素及控制措施			
13　典型事故案例解析			
评价内容	熟悉（2分）	了解（1分）	不清楚（0分）
1　风险辨识和危害分析相关知识			
2　紧急情况应急避险方法			
3　紧急情况的处置原则			
4　自救互救知识，急救电话拨打方法			
5　起重伤害事故急救要点和应急措施			
6　急救电话拨打方法			

二、专业知识（作业前评价）／三、应急反应能力（作业前评价）

基本要求	优秀（4分）	合格（3分）	不合格（0分）
1　正确使用劳动防护用品，高处作业正确采取安全措施			
2　服从吊装指挥人员的指挥，发现不安全状况时，立即告知指挥人员			
3　合理站位，做好安全观察与沟通，落实作业"三不伤害"原则			
4　能够根据吊物选择相适应的吊索具，对吊索具、工具、辅助件检查			
5　挂钩坚持"五不挂"：超重或吊物重量不明不挂；重心位置不清楚不挂；有棱刃或吊索具有隐患未消除或报废不挂；吊物内脏未清理或清除捆绑不良不挂；易滑物件无衬垫不挂			

四、操作技能（作业中评价）

续表

		具体操作要求	优秀（2分）	合格（1分）	不合格（0分）
作业中评价	四、操作技能	1 检查清理场地，确定搬运路线，清除各类障碍物，落实特殊气候下作业的风险控制			
		2 起吊前检查吊物连接点是否牢固可靠，有无棱刃，内腔有无杂物，表面是否光滑，捆绑方法是否正确，无隐患			
		3 不规则物件、成批零散件捆绑正确，处理措施得当			
		4 吊物处于平稳状态，周围无阻碍物，带电体和危险地形			
		5 选择吊点与吊钩及吊物重心在同一铅垂线上，吊物处于稳定状态			
		6 挂钩需要高处作业时，采取防滑、防坠落、防坑洞措施得当			
		7 作业过程中遵守起重作业"十不吊"			
		8 拉紧钢丝绳时，手扶钢丝绳方法正确			
		9 试吊时，吊物离地不高于0.5m，及时离开危险区域，观察周边人动态			
		10 正式起吊时，使用引绳牵引并与吊物保持一定安全距离，观察并消除有摩擦、碰、钩挂情况			
		11 多人吊挂同一吊物，应有专人统一负责指挥			
		12 吊物就位时，不得压在电气线路及管道或支撑不良物件上			
		13 起重物件定位固定前，不离开岗位，不在吊物悬空情况下中断工作			
		14 起重危险区域应设置标志，吊物搬运路线上严禁其他人员通行			
		15 针对不同的吊物加以不同的支撑，不准混放，悬空摆放或处于其他危险状态下			
		16 摘钩时等钢丝绳完全松弛，起钩前确认所有吊钩被摘下，人员处于安全位置，不准利用起重机抽索			

作业过程评价得分：
□优秀、技能娴熟、可靠性高（100～90分）
□合格，满足作业要求，可靠性较高（90～70分）
□不合格，基本满足操作技能（70分以下）

表1-3　吊装指挥评价表

姓名：	岗位：	作业工况：	总分：
评价人：	评价日期：	天气情况：	

评价项目			实际情况	合格	清退
作业前评价	一、否决项目（符合否决项清退后，不再进行后续评价）	1	年龄不满18周岁，或超过国家法定退休年龄		
		2	高处指挥吊装作业时眩晕		
		3	文化程度不满初中以上		
		4	参加国家或单位安全培训考试和实际操作考试不合格		
		5	双眼裸视力均不低于0.7，无色盲，视觉障碍或听觉障碍		
		6	反应水平正常人，自我控制和判断力欠缺		
		7	特种作业无有效操作证		
		8	曾因违章指挥、技能不足等原因造成事故后继续从事相应工作不满2年		

评价项目			评价内容	熟悉（2分）	了解（1分）	不清楚（0分）
作业前评价	二、专业知识	1	起重机相关知识，包括额定重量、起重能力、动作、安全装置及附件			
		2	吊挂装置的知识，包括分类及优点、使用范围、检查项目、报废标准、维护保养、异常辨识等			
		3	吊装方法的知识，包括重心的确定和载荷质量的估算、不同的外形选择不同的吊装方法和吊装索具、悬吊时搬运路线的选择等			
		4	一般吊物起吊点的选择原则			
		5	各种旗语和指挥吊装信号			
		6	起重作业"十不吊"内容			

续表

		评价内容	熟悉（2分）	了解（1分）	不清楚（0分）
作业前评价	二、专业知识	7	起吊前"五个确认"：确认危险区域无人，确认吊具选择正确，确认吊挂安全可靠，确认物件固定牢靠，确认吊物未被连接			
		8	吊装作业的安全措施内容			
		9	吊装作业人员行为规范			
		10	起重作业中危险因素及控制措施			
		11	对典型事故案例解析			
			评价内容	熟悉（2分）	了解（1分）	不清楚（0分）
	三、应急反应能力	1	危险因素确认和防控措施			
		2	紧急情况应急避险方法			
		3	紧急情况的处置原则			
		4	自救互救知识，急救电话拨打方法			
		5	起重伤害事故急救要点和应急措施			
		6	急救电话拨打方法			
			基本要求	优秀（4分）	合格（3分）	不合格（0分）
作业中评价	四、操作技能	1	正确使用劳动防护用品，吊装标志、指挥哨、指挥旗、通信器材携带齐全			
		2	指挥时人员站位合理，利于自我保护又能正常指挥作业			
		3	正确使用起重吊运信号，与吊车司机、作业人员保持良好的信息交流			
		4	坚持起吊前"五个确认"原则，发现隐患及时制止，风险消除在起吊前			
		5	坚持"十不吊"原则，坚决拒绝违章指令，制止他人违章			

续表

		具体操作要求	优秀（2分）	合格（1分）	不合格（0分）
作业中评价	四、操作技能	1	指挥人员佩戴指挥信号服或特殊标志			
		2	熟悉起重机基本性能，向司机、作业人员进行指挥信号交底约定			
		3	明确吊装物件形状重量、吊运方法、搬运路线、周围环境、人员动态等			
		4	起吊前确认吊物未被连接			
		5	起吊前确认危险区无人			
		6	起吊前确认吊具选择正确			
		7	起吊前确认物件固定牢靠			
		8	起吊前确认物件安全可靠			
		9	吊装作业整个过程中，随时确认吊装状况的安全性，合理运用安全沟通与观察，关注作业环境和人员动态，做好危险因素确认和风险识别辨识			
		10	遇危险、紧急情况立即叫停制止			
作业过程评价得分：		□优秀、技能娴熟、可靠性高（100～90分） □合格、满足作业要求、可靠性较高（90～70分） □不合格、基本满足作业技能、加强操作技能（70分以下）			

（三）起重作业"十不吊"原则

（1）无专人指挥、指挥信号不明不吊。

（2）设施有安全缺陷、支撑不安全不吊。

（3）吊物固定状态未消除、有附着物不吊。

（4）吊物未拴引绳、无人牵引不吊。

（5）吊物上站人、危险区域有人不吊。

（6）吊物内盛装过多液体不吊。

（7）斜拉不平、超载不吊。

（8）吊物棱刃未加衬垫不吊。

（9）与输电线路无安全距离不吊。

（10）环境恶劣、光线不足不吊。

五、起重作业安全管理

（一）作业准备

（1）正确佩戴个人防护用品，包括安全帽、工作服、工作鞋和手套；高处作业还必须佩戴安全带和工具包。

（2）检查清理作业场地，确定搬运路线，清除障碍物。

（3）务必打好安全伸出的支腿，使起重机呈水平状态，不允许只在作业一侧使用支腿。一个支腿的最大载荷有时能达到起重机自重和吊物之和的70%～80%。打支腿时必须选择垫实地面，支腿不应靠地基挖方边缘，支腿不应支在地下埋设物上方，防止作业中地基沉陷。

（4）起重作业面应平整，起重机工作时务必保持水平，由于倾斜会使翻倾力矩增大，从而造成翻车事故。当地面有1°倾角时起重能力降低7.4%，有2°倾角时起重能力降低14.3%，有3°倾角时起重能力降低19.8%。

（5）对使用的起重机进行安全检查（检查表见表1-4），熟悉被吊物品的种类、数量，准确估计吊物重量，不超载，不使用报废元件，不留安全隐患。

（6）根据有关技术数据，进行最大受力计算，确定吊点位置和捆绑方式。

（7）预测可能出现的事故，采取有效的预防措施，选择安全通道，制订应急对策。

（二）起重机司机安全操作要点

（1）开机作业前：所有控制器置于零位；起重机上和作业区内无关人员、作业人员撤离到安全区；清除起重机运行范围内的障碍物；起重机与其他设备或固定建筑物的最小距离在0.5m以上；电源断路装置加锁或有警示标牌；流动式起重机场地平整，支脚牢固可靠。

（2）开车前：必须鸣铃或示警；操作中接近人时，应给断续铃声或示警。

表1-4 移动式起重机安全检查表

车 号： 车 型： 驾驶员姓名：
检查人： 检查日期：

序 号	检 查 内 容	检 查 结 果	
1	额定起重能力是否满足现场需要	是□	否□
2	操作室雨刮器、窗户、喇叭、踏板是否完好有效	是□	否□
3	操作室操作杆是否完好有效	是□	否□
4	轮胎螺栓是否完整，是否拧紧，气压是否符合要求	是□	否□
5	刹车系统操作是否完好有效	是□	否□
6	倒车报警器是否完好	是□	否□
7	支腿固定销是否完好	是□	否□
8	支腿垫板是否符合要求	是□	否□
9	液压油面高度是否符合标准要求	是□	否□
10	油缸是否有渗漏	是□	否□
11	液压系统运动部件是否抖动	是□	否□
12	液压管线是否渗漏、擦挂、磨损	是□	否□
13	转盘轴承间距，螺栓、螺母安装是否到位	是□	否□
14	平台和走道是否符合防滑要求	是□	否□
15	起重臂中心销是否有裂缝、润滑是否到位	是□	否□
16	绳鼓总成是否有裂缝、润滑是否到位	是□	否□
17	导向滑轮、滑轮组是否有裂缝、润滑是否到位	是□	否□
18	吊钩、辅钩是否完好、是否有保险装置	是□	否□
19	起重臂是否完好	是□	否□
20	主辅钩钢丝绳直径及滑轮是否符合要求	是□	否□
21	主辅钩钢丝绳末端连接是否符合要求	是□	否□
22	主辅钩钢丝绳楔座尺寸是否符合要求	是□	否□
23	主辅钩钢丝绳长短是否符合要求	是□	否□
24	主辅钩钢丝绳是否完好	是□	否□
25	当起重臂伸长到最大长度，臂角为最大，吊钩在最低工作点时，绳鼓上的钢丝绳是否有2圈以上	是□	否□

序　号	检查内容	检查结果	
26	转动部件是否有防护罩	是□	否□
27	力矩限制器是否完好	是□	否□
28	上升极限位置限制器、上限位开关是否完好	是□	否□
29	下降极限位置限制器是否完好	是□	否□
30	幅度指示器、水平仪是否完好	是□	否□
31	消防器材是否齐全有效	是□	否□

（3）司机在正常操作过程中：不得利用极限位置限制器停车；不得利用打反车进行制动；不得在起重作业过程中进行检查和维修；不得带载调整起升、变幅机构的制动器，或带载增大作业幅度；吊物不得从人头顶上通过，吊物和起重臂下不得站人。

（4）严格按指挥信号操作，对紧急停止信号，无论何人发出，都必须立即执行。

（5）吊载接近或达到额定值，或起吊危险器具时，吊运前认真检查制动器，并用小高度、短行程试吊，确认无问题后再吊运。

（6）起重机各部位、吊载及辅助用具与输电线的最小距离应满足安全要求。

（7）有下述情况时，司机不应操作起重机：结构或零部件有影响安全工作的缺陷和损伤；吊物超载或有超载可能，吊物质量不清；吊物被埋置或冻结在地下、被其他物体挤压；吊物捆绑不牢，或吊挂不稳，被吊重物棱角与吊索之间未加衬垫；被吊物上有人或浮置物；作业场地昏暗，看不清场地、吊物情况或指挥信号；在操作中不得歪拉斜吊。

（8）工作中突然断电时，应将所有控制器置零，关闭总电源。重新工作前，应先检查起重机工作是否正常，确认安全后方可正常操作。

（9）有主、副两套起升机构的，不许同时用主、副钩工作；

（10）联合起吊：每台起重机都不得超载；吊运过程应保持钢丝绳垂直，保持运行同步；吊运时，有关负责人员和安全技术人员应在场指导。

（11）露天作业的轨道起重机，当风力大于6级时，应停止作业。

（12）当工作结束时，应锚定住起重机。

（三）司索工安全操作要点

1. 准备吊具

对吊物的质量和重心估计要准确。

（1）如果是目测估算，应增大20%来选择吊具，每次吊装都要对吊具认真地进行安全检查（吊索具检查表见表1-5）。

（2）如果是旧吊索应根据情况降级使用，绝不可侥幸超载或使用已报废的吊具。

表 1-5 吊索具检查表

被检查单位： 吊索具管理人员：
检查人： 检查日期： 检查表编号：

序 号	检 查 内 容	检 查 结 果
1	吊索具是否与被吊物载荷相匹配	是□ 否□
2	钢丝绳是否存在断丝、腐蚀、磨损超标、打结、扭曲、挤压变形	是□ 否□
3	插编索扣钢丝绳吊索是否符合设计规范	是□ 否□
4	绳夹固定钢丝绳吊索是否符合设计规范，绳夹有无裂纹、变形	是□ 否□
5	金属套管压制接头钢丝绳吊索金属套管是否有裂纹、变形、松动	是□ 否□
6	吊链、吊环是否存在裂纹、扭曲、变形、腐蚀、塑性变形	是□ 否□
7	起重横梁本体及辅助吊具是否存在缺陷，布置是否均匀	是□ 否□
8	吊带有无断裂、腐蚀、破损	是□ 否□
9	吊钩是否存在裂纹、腐蚀、磨损、塑性变形，自锁装置是否完好	是□ 否□
10	卸扣、吊钩上销轴、螺栓等连接是否可靠	是□ 否□
11	吊索具有无严重弯曲、挤压变形	是□ 否□
12	吊索具有无起重量标识	是□ 否□
13	吊索具是否上架、定置管理	是□ 否□
14	吊索具是否专人管理，定期检查、保养	是□ 否□
15	吊索具维修是否由专人进行	是□ 否□
16	是否存在其他影响吊装安全的缺陷	是□ 否□

2. 吊点设计

在吊运各种物体时，为避免物体的倾斜、翻倒、变形损坏，应根据物体的形状特点、重心位置，正确选择起吊点，使物体在吊运过程中有足够的稳定性，以免发生事故。

（1）试吊法选择吊点：在一般吊装工作中，多数起重作业并不需用计算法来准确计算物体的重心位置，而是估计物体重心位置，采用低位试吊的方法来逐步找到重心，确定吊点的绑扎位置。

（2）有起吊耳环的物件：对于有起吊耳环的物件，其耳环的位置及耳环强度是经过计算确定的，因此在吊装过程中，应使用耳环作为连接物体的吊点。在吊装前应检查耳环是否完好，必要时可加保护性辅助吊索。

（3）长形物体吊点的选择：对于长形物体，若采用竖吊，则吊点应在重心之上。

用一个吊点时，吊点位置应在距离起吊端 $0.3l$（l 为物体长度）处，起吊时，吊钩应向长形物体下支承点方向移动，以保持吊点垂直，避免形成拖拽，产生碰撞，如图 1-9（a）所示。

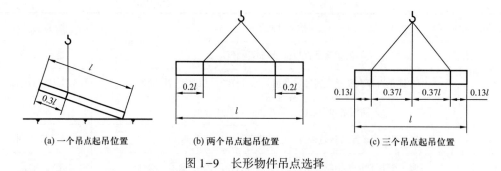

(a) 一个吊点起吊位置　　　(b) 两个吊点起吊位置　　　(c) 三个吊点起吊位置

图 1-9　长形物件吊点选择

如采用两个吊点时，吊点距物体两端距离为 0.2*l*，如图 1-9（b）所示。

采用三个吊点时，其中两端的吊点距两端的距离为 0.13*l*，而中间吊点的位置应在物体中心，如图 1-9（c）所示。

在吊运长形刚性物体时（如预制构件）应注意，由于物体变形小或允许变形小，采用多吊点时，必须使各吊索受力尽可能均匀，避免发生物体和吊索的损坏。

（4）方形物体吊点的选择：吊装方形物体一般采用四个吊点，四个吊点位置应选择在四边对称的位置上。

（5）机械设备安装平衡辅助吊点：在机械设备安装精度要求较高时，为了保证安全顺利地装配，可采用辅助吊点配合简易吊具调节机件所需位置的吊装法。通常多采用环链手拉葫芦（注意载荷选择要匹配）来调节机体的位置，如图 1-10 所示。

（6）物体翻转吊运的选择：物体翻转常见的方法有兜翻，将吊点选择在物体重心之下，如图 1-11（a）所示，或将吊点选择在物体重心一侧，如图 1-11（b）所示。

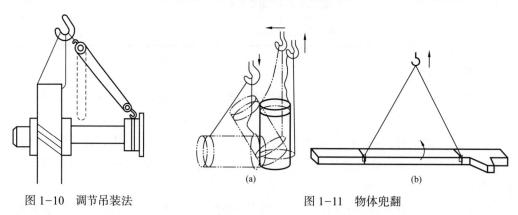

图 1-10　调节吊装法　　　　　(a)　　　　　　(b)　　图 1-11　物体兜翻

物体兜翻时应根据需要加护绳，护绳的长度应略长于物体不稳定状态时的长度，同时应指挥吊车，使吊钩顺翻倒方向移动，避免物体倾倒后的碰撞冲击。

对于大型物体翻转，一般采用绑扎后利用几组滑车或主副钩或两台起重机在空中完成翻转作业。翻转绑扎时，应根据物体的重心位置、形状特点选择吊点，使物体在空中能顺利安全翻转。

例如，用主副钩对大型封头的空中翻转，在略高于封头重心相隔180°位置选两个吊装点 A 和 B，在略低于封头重心与 A、B 中线垂直位置选一吊点 C。主钩吊 A、B 两点，副钩吊 C 点，起升主钩使封头处在翻转作业空间内。副钩上升，用改变其重心的方法使封头开始翻转，直至封头重心越过 A、B 点，翻转完成135°时，副钩再下降，使封头水平完成180°空中翻转作业，如图1-12所示。

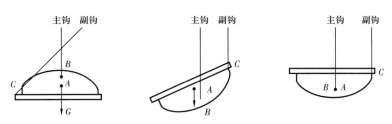

图1-12　封头翻转180°

物体翻转或吊运时，每个吊环、节点承受的力应满足物体的总质量。对大直径薄壁型物体和大型桁架构件吊装，应特别注意所选择吊点是否满足被吊物体整体刚度或构件结构的局部强度、刚度要求，避免起吊后发生整体变形或局部变形而造成的构件损坏。必要时应采用临时加固辅助吊具法，如图1-13所示。

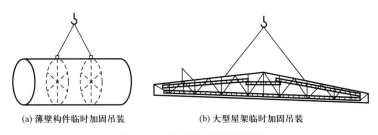

(a) 薄壁构件临时加固吊装　　　　　(b) 大型屋架临时加固吊装

图1-13　临时加固辅助吊具

3. 捆绑吊物

（1）对吊物进行必要的归类、清理和检查，吊物不能被其他物体挤压，被埋或被冻的物体要完全挖出。

（2）切断与周围管、线的一切联系，防止造成超载。

（3）清除吊物表面或空腔内杂物，将可移动的零件锁紧或捆牢，形状或尺寸不同的物品无特殊捆绑不得混吊，防止坠落伤人。

（4）吊物捆扎部位的毛刺要打磨平滑，尖棱利角应加垫物，防止起吊吃力后损坏吊索。

（5）表面光滑的吊物应采取措施来防止起吊后吊索滑动或吊物滑脱。

（6）吊运大而重的物体应加诱导绳，诱导绳长应能使司索工既可握住绳头，同时又能避开吊物正下方，以便发生意外时司索工可利用该绳控制吊物。

4. 挂钩起钩

（1）吊钩要位于被吊物重心的正上方，不准斜拉吊钩硬挂，防止提升后吊物翻转、摆动。

（2）吊物高大需要垫物攀高挂钩、摘钩时，脚踏物一定要稳固垫实，禁止使用易滚动物体作脚踏物。攀高必须佩戴安全带，防止人员坠落跌伤。

（3）挂钩要坚持"五不挂"：起重或吊物质量不明不挂；重心位置不清楚不挂；尖棱利角和易滑工件无衬垫物不挂；吊具及配套工具不合格或报废不挂；包装松散捆绑不良不挂。

（4）当多人吊挂同一吊物时，由一专人负责指挥，在确认吊挂完备，所有人员都离开站在安全位置以后，才可发出起钩信号。

（5）起钩时，地面人员不应站在吊物倾翻、坠落可波及地方。

（6）如果作业场地为斜面，则应站在斜面上方（不可在死角），防止吊物坠落后继续沿斜面滚移伤人。

5. 摘钩卸载

（1）吊物运输到位前，应选择好安置位置，卸载不要挤压电气线路和其他管线，不要阻塞通道。

（2）不同吊物应采取不同措施加以支撑、垫稳、归类摆放，不得混码、互相挤压、悬空摆放，防止吊物滚落、侧倒、塌垛。

（3）摘钩时应等所有吊索完全松弛再进行，确认所有绳索从钩上卸下再起钩，不允许抖绳摘索，更不许利用起重机抽索。

6. 高处作业的安全防护

在起重机上，凡是高度不低于 2m 的一切合理作业点均应予以防护，如高处的通行走台、休息平台、转向用的中间平台，以及高处作业平台等。

（四）吊装作业指挥

1. 使用信号的基本规定

（1）指挥人员使用手势信号均以本人的手心，手指或手臂表示吊钩、臂杆和机械位移的运动方向。

（2）指挥人员使用旗语信号均以指挥旗的旗头表示吊钩、臂杆和机械位移的运动方向。

（3）在同时指挥臂杆和吊钩时，指挥人员必须分别用左手指挥臂杆，右手指挥吊钩。当持旗指挥时，一般左手持红旗指挥臂杆，右手持绿旗指挥吊钩。

（4）当两台或两台以上起重机同时在距离较近的工作区域内工作时，指挥人员使用音响信号的音调应有明显区别，并要配合手势或旗语指挥，严禁单独使用相同音调的音响指挥。

（5）当两台或两台以上起重机同时在距离较近的工作区域内工作时，司机发出的音响应有明显区别。

（6）指挥人员用"起重吊运指挥语言"指挥时，应讲普通话。

2. 指挥人员的职责及其要求

（1）指挥人员应根据信号要求与起重机司机进行联系。

（2）指挥人员发出的指挥信号必须清晰、准确。

（3）指挥人员应站在使司机看清指挥信号的安全位置上。当跟随负载运行指挥时，应随时指挥负载避开人员和障碍物。

（4）指挥人员不能同时看清司机和负载时。必须增设中间指挥人员以便逐级传递信号，当发现错传信号时，应立即发出停止信号。

（5）负载降落前，指挥人员必须确认降落区域安全时，方可发出降落信号。

（6）当多人绑挂同一负载时，起吊前，应先做好呼唤应答，确认绑挂无误后，方可由一人负责指挥。

（7）同时用两台起重机吊运同一负载时，指挥人员应双手分别指挥各台起重机，以确保同步吊运。

（8）在开始起吊负载时，应先用"微动"信号指挥。待负载离开地面100～200mm稳妥后，再用正常速度指挥。必要时，在负载降落前，也应使用"微动"信号指挥。

（9）指挥人员应佩戴鲜明的标志，如标有"指挥"字样的臂章、特殊颜色的安全帽、工作服等。

（10）指挥人员所戴手套的手心和手背要易于辨别。

3. 起重机司机的职责及其要求

（1）司机必须听从指挥人员的指挥，当指挥信号不明时，司机应发出"重复"信号询问，明确指挥意图后，方可开车。

（2）司机必须熟练掌握规定的通用手势信号和有关的各种指挥信号，并与指挥人员密切配合。

（3）当指挥人员所发信号违反本书的规定时，司机有权拒绝执行。

（4）司机在开车前必须鸣铃示警，必要时，在吊运中也要鸣铃，通知受负载威胁的地面人员撤离。

（5）在吊运过程中，司机对任何人发出的"紧急停止"信号都应服从。

4. 起重吊运指挥手势信号（示例）

起重吊运指挥手势信号（示例）见表1-6。

表 1-6 起重吊运指挥手势信号（示例）

手势信号					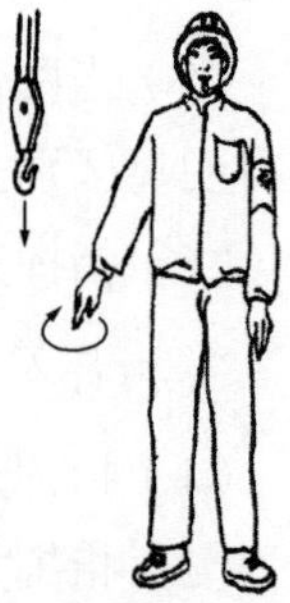
含义	预备	要主钩	要副钩	吊钩上升	吊钩下降

手势信号	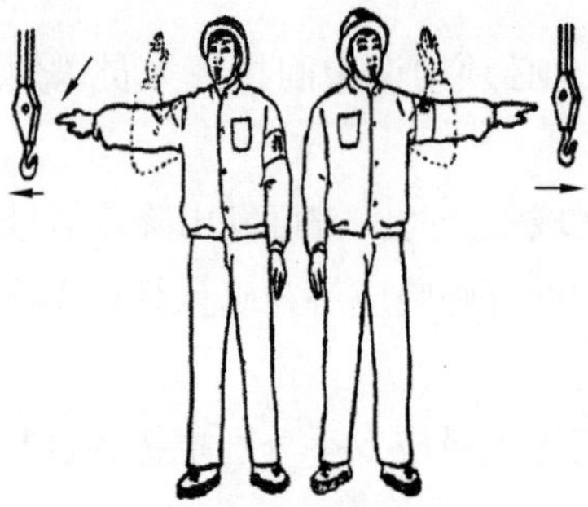		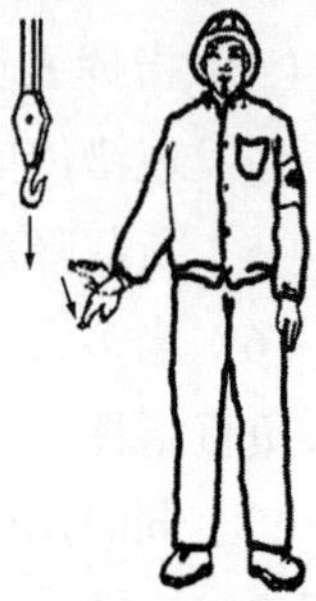
含义	吊钩水平移动	吊钩微微上升	吊钩微微下落

手势信号	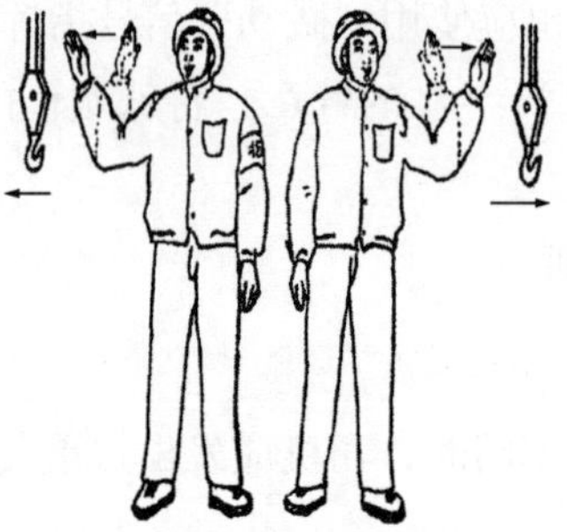	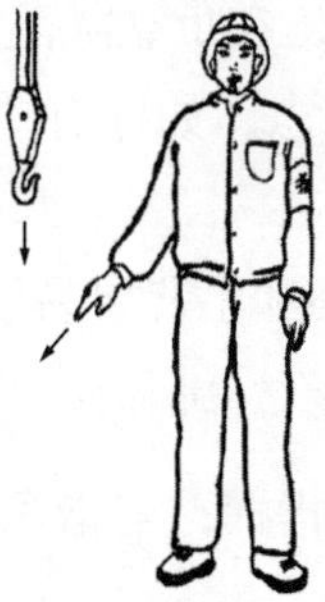		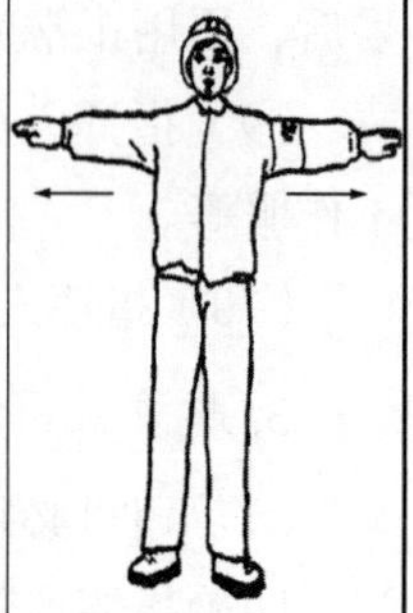
含义	吊钩水平微微移动	指示降落位置	停止	紧急停止

手势信号		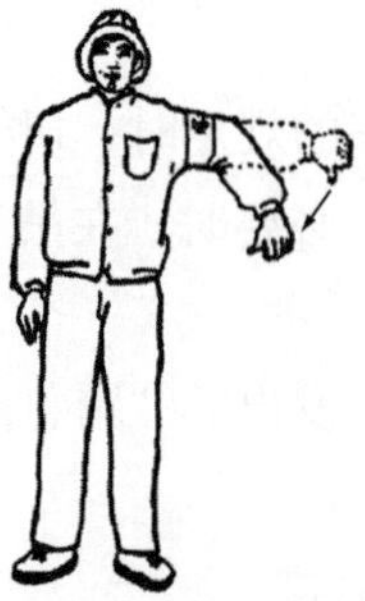		
含义	伸臂	降臂	微微伸臂	微微降臂

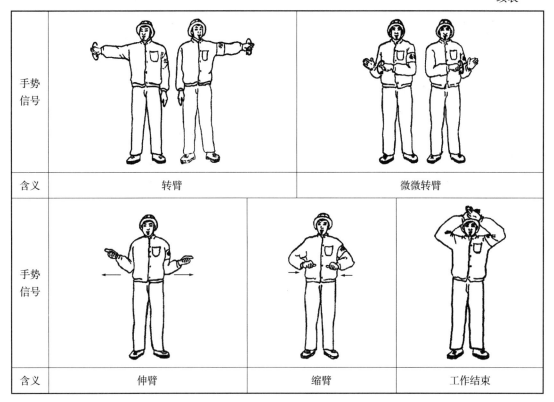

手势信号			
含义	转臂		微微转臂
手势信号			
含义	伸臂	缩臂	工作结束

第五节　特种设备安全管理

一、特种设备概述

特种设备是指涉及生命安全、危险性较大的锅炉、压力容器（含气瓶，下同）、压力管道、电梯、起重机械、客运索道、大型游乐设施和场（厂）内专用机动车辆。其中锅炉、压力容器（含气瓶）、压力管道为承压类特种设备；电梯、起重机械、客运索道、大型游乐设施为机电类特种设备。

二、特种设备的分类

特种设备依据其主要工作特点，分为承压类特种设备和机电类特种设备。

（一）承压类特种设备

承压类特种设备是指承载一定压力的密闭设备或管状设备，包括锅炉、压力容器（含气瓶）、压力管道。

（1）锅炉：是指利用各种燃料、电能或者其他能源，将所盛装的液体加热到一定的参数，并对外输出热能的设备，其范围规定为容积大于或等于 30L 的承压蒸汽锅炉，出口水压大于或等于 0.1MPa（表压）且额定功率大于或等于 0.1MW 的承压热水锅炉，有机热载体锅炉。

（2）压力容器：是指盛装气体或者液体，承载一定压力的密闭设备，其范围规定为最高工作压力大于或等于 0.1MPa（表压）且压力与容积的乘积大于或等于 2.5MPa·L 的气体、液化气体和最高工作温度高于或等于标准沸点的液体的固定式容器和移动式容器；盛装公称工作压力大于或等于 0.2MPa（表压）且压力与容积的乘积大于或等于 1.0MPa·L 的气体、液化气体和标准沸点等于或低于 60℃液体的气瓶、氧舱等。

（3）压力管道：是指利用一定的压力，用于输送气体或者液体的管状设备，其范围规定为最高工作压力大于或等于 0.1MPa（表压）的气体、液化气体、蒸汽介质或者可燃、易爆、有毒、有腐蚀性、最高工作温度高于或等于标准沸点的液体介质且公称直径大于 25mm 的管道。

（二）机电类特种设备

机电类特种设备是指必须由电力牵引或驱动的设备，包括电梯、起重机械、客运索道、大型游乐设施、场（厂）内专用机动车辆。

（1）电梯：是指动力驱动，利用沿刚性导轨运行的箱体或者沿固定线路运行的梯级（踏步），进行升降或者平行运送人、货物的机电设备，包括载人（货）电梯、自动扶梯、自动人行道等。

（2）起重机械：是指用于垂直升降或者垂直升降并水平移动重物的机电设备，其范围规定为额定起质量大于或等于 0.5t 的升降机，额定起质量大于或等于 1t 且提升高度大于或等于 2m 的起重机和承重形式固定的电动葫芦等。

（3）客运索道：是指由动力驱动，利用柔性绳索牵引箱体等运载工具运送人员的机电设备，包括客运架空索道、客运缆车、客运拖牵索道等。

（4）大型游乐设施：是指用于经营目的并承载乘客游乐的设施，其范围规定为设计最大运行线速度大于或等于 2m/s，或运行高度距地面高于或等于 2m 的载人大型游乐设施。

（5）场（厂）内专用机动车辆：是指除道路交通、农用车辆以外，仅在工厂厂区、旅游景区、游乐场所等特定区域使用的专用机动车辆。

三、特种设备管理

从事特种设备的租赁、安拆、使用工作的单位应当依法办理工商登记注册，取得相应资质和安全生产许可证，并向建设行政主管部门备案。

（一）租赁单位的管理

租赁单位应当出租符合安全技术标准要求的设备，并与承租单位签订设备使用合同，明确各自的安全责任。租赁单位应当建立工地起重机械及其安全保护装置的安全技术档案。安全技术档案应当包括以下内容：质量合格证明、安装使用说明书、交接验收等原始资料文件、历次安装验收资料、日常维护保养记录、维修和技术改造资料、运行故障和事故记录、累计运转记录。

（二）安拆单位的管理

安拆单位应具有与安拆资质相应的实力和管理能力，在资质允许的范围内从事安拆业务。安拆单位从事特种设备安拆业务，进入施工现场作业必须取得建设行政主管部门颁发的安全生产许可证，严禁无证安拆。安拆单位应与委托其安装的单位签订合同，明确各自的安全责任。安拆单位在安装前必须进行如下工作：特种设备安装前使用单位应提供地基基础情况证明文件，交监理单位审查。工地特种设备安装后，必须经检验检测机构检验合格并办理移交手续后方可投入使用。使用单位应严格执行有关安全生产的法律、法规的规定，制订特种设备安全管理制度、岗位责任制度和操作规程。做好安全培训工作，严禁无证人员上岗。使用单位应建立特种设备安全技术档案，对在用特种设备进行经常性维护保养和定期检查并做出记录。记录应当包括以下内容：

（1）日常的维修保养。每月至少进行一次检查，对设备的安全保护装置进行定期保养、校验、检修。

（2）特种设备使用单位应当制订特种设备的事故应急措施和救援预案。

（3）特种设备在使用中发生事故或存在严重事故隐患时，特种设备使用单位应及时向管理部门报告。

（三）特一级、一级施工企业的管理

无专业安装特种设备资质的特一级、一级施工企业，可在本单位施工的工地上安装属本单位产权的特种设备，对其管理视为安拆和使用单位。安全管理单位应依法对施工现场特种设备实施安全管理。在安装特种设备之前，安全管理单位应认真审查安装单位或使用单位送来的有关特种设备安拆资料，对违反安全法律法规和安全技术规范的行为，有权提出否决意见。在施工现场监理单位负有施工现场安全监督管理的责任，其有关监管人员应随时注意观察特种设备的使用情况，发现安全隐患应及时制止，并书面通知使用单位。

（四）检验检测单位的管理

检验检测机构应当经国务院特种设备安全监督管理部门核准。应有健全的检验检测管理制度，按照安全技术规范的要求从事检验检测工作。检验检测单位应客观、公正、及时地出具检验检测结果。检验检测单位应建立健全的特种设备安全技术档案。安全监督管理部门定期或不定期地组织专项监督抽查，对特种设备生产、租赁、安装、使用和检验检测单位实施安全监督。管理部门对特种设备生产、租赁、安装、使用和检验检测单位实施安全检查时人员不少于2人，并出示有效证件。特种设备安全监督管理部门对特种设备生产、租赁、安装、使用和检验检测单位实施安全检查，对每次安全检查的内容、发现的问

题及处理情况做出记录，并由参加安全检查的特种设备安全检查人员和被检查的有关负责人签字后归档。被检查单位的有关负责人拒绝签字的，特种设备安全检查人员应当将情况记录在案。安全监督管理部门实施安全检查时，发现违反《特种设备安全监察条例》和安全技术规范的行为或者在用的特种设备存在事故隐患的，应当以书面形式发出特种设备安全检查指令，责令有关单位及时采取措施，予以改正或者消除事故隐患。紧急情况下需要采取紧急处置措施的，应当随后补发书面通知。

（五）特种设备的监督管理

（1）设计审查。设计单位要具有与其设计的设备类别、品种相适应的技术力量和设计手段，具有健全的设计管理制度和技术责任制度。

（2）制造审查。在设计合理的前提下，审查制造产品的单位应具有与其产品相适应的制造资质和技术能力。

（3）检验审查。制造审核和设计合理的前提下，从材料验收，加工产品到设计出厂的各个环节严格检验。

（4）安装审查。安装单位要经过审批，以保证质量。安装单位除应具有必要的技术力量、施工程序和安装机具外，还必须有完整的质量验收制度。

（5）使用登记发证。使用单位使用特种设备前必须进行登记并取得使用证。

（6）修理和改造审查。对锅炉压力容器的重大修理和改造方案，要报安全监察机构审查批准，损坏严重难以保证运行的设备要做报废处理。

第六节　电气设备安全管理

一、管理机构和人员

电气工作人员的从业条件如下：

（1）电气工作人员具有的精神素质，坚持岗位的责任制，工作中头脑清醒，对不安全的因素时刻保持警惕。

（2）对电气工作人员要每隔两年进行一次体检，经医生鉴定身体健康、无妨碍电气工作的病症者方可继续工作。凡有高血压、心脏病、气喘、癫痫、神经病、精神病，以及耳聋、失明、色盲、高度近视（裸眼视力：一只眼低于0.7，另一只眼低于0.4）和肢体残缺者，都不宜从事电气工作。对一时身体不适、情绪欠佳、精神不振、思想不良的电工，也应临时停止其参加重要的电气工作。这是由电气工作的特殊性所决定的。

（3）熟悉《电工安全工作规程》及相应的现场规程的有关内容，经考试合格，才允许上岗。

（4）电气工作人员必须掌握触电急救知识，学会人工呼吸法和胸外心脏按压法。一旦有人发生触电事故，能够快速、正确地实施救护。

（5）熟悉有关用电的规章、条例和制度，能主动配合做好安全用电、计划用电、节约用电工作。

（6）电气工作人员应具备必要的电工理论知识和专业技能及其相关的知识和技能，熟悉本部门电气设备和线路的运行方式、装设地点位置、编号、名称、各主要电气设备的运行维修缺陷、事故记录。

二、安全检查

电气安全检查包括以下内容：

（1）电气设备的绝缘是否老化、是否受潮或破损，绝缘电阻是否合格。

（2）电气设备裸露带电部分是否有防护，屏护装置是否符合安全要求。

（3）安全距离是否足够。

（4）保护接地或保护接零是否正确和可靠。

（5）携带式照明灯和局部照明灯是否采用了安全电压或其他安全措施。

（6）安全用具和防火器材是否齐全。

（7）电气设备选型是否正确，安装是否合格，安装位置是否合理。

（8）电气连接部位是否完好。

（9）电气设备和电气线路温度是否适宜。

（10）对于使用中的电气设备，应定期测定其绝缘电阻。

（11）对于各种接地装置，应定期测定其接地电阻等。

三、上锁挂签

（一）定义

（1）上锁（Lockout）：隔离危险能源，包括释放可能存在的任何残留危险能源，并用锁定它来确保隔离（主要目的是防止误操作）。

（2）挂签（Tag-out）：每个隔离点挂上"危险—不得操作"标签（起提示、警告作用）。

（3）清理（Clear）：清除现场的所有危险物品，电气设备的污染物、排空压缩空气、电容等储存能量或机械能量（必要时设置路障，并让不必要的人员离开现场）。

（4）试验（Try）：检查作业内确已无人，然后试着开启电动电气设备，确认上锁、挂牌和清场工作全部有效，在电气设备上工作完全安全（确认危险能量传递的途径隔离有效、残余能量是否得到释放）。

（5）危险能量：不加控制，可能造成人员伤害或财产损失的电、机械、水力、气动、化学、热或任何其他形式的能量。

（6）隔离：将阀件、电器开关、蓄能配件等设定在合适的位置或借助特定的设施使电气设备不能运转或危险能量和物料不能释放。

（7）安全锁：用来锁住隔离装置的器具。按使用功能分为两类，个人锁（只供个人专用的安全锁）和集体锁（现场共用的安全锁，并包含有锁箱）。

（8）试验/测试：验证系统或电气设备隔离的有效性（该验证应排除联锁装置或其他会妨碍验证有效性的因素）。

（二）上锁挂签基本原则

（1）在进行非常规作业时，对所有危险能量和物料的隔离设施均应上锁挂签。

（2）作业前，作业负责人及每个作业人员有责任确认隔离、释放到位。

（3）作业负责人执行上锁挂签（随锁附上"危险禁止操作"标签）。

（4）上锁挂签应由本人操作。特殊情形下，本人上锁挂签有困难时，应在本人目视下由他人代为上锁挂签。

（5）在无法上锁的情况下，挂"危险禁止操作"标签，并安排专人监护。

（6）锁、签应由本人或在本人目视下由他人解除。如本人不在场，则应按"非正常解锁"规定执行。

（7）如需跨班作业，接班人员应重新执行上锁挂签程序，工作期间应始终保持上锁挂签。

（三）停电检修口诀

停电验电挂地线，操作程序要记清；
先断开关后拉闸，送电反序操作它；
电气线路要检修，技术措施开先路；
检修线路要停电，断电还要把电验；
人体周边有线路，先验近处后验远；
开关器件验两侧，杆上验电先下边；
确无电压装地线，地线应该挂两端。

（四）上锁挂签步骤

第一步：辨识。上锁挂签前，辨识所有危险能量和物料的来源。

工作前必须对危险能量进行识别，包括机械能、电能、化学能、热能、辐射能。

第二步：隔离。对辨识出的危险能量明确隔离点，并实施隔离。

隔离措施选择应考虑以下内容：

（1）电气设备本身的按钮、开关和不能作为危险能量隔离装置；

（2）将阀件、电器开关、蓄能配件等设定在合适的位置或借助特定的扣件使电气设备不能运转；

（3）动力电气设备应用可靠的方法使其不能运转；

（4）系统或电气设备贮存的能量（如弹簧、飞轮、重力效应或电容器）应被释放或使用组件阻塞；

（5）电力系统应有防护性接地装置；

（6）盲法兰、盲板和物理断开；

（7）防止能量可能再积聚，如有高电容量的长电缆。

第三步：上锁挂签。根据隔离方案选择合适的锁具和标签。

（1）按隔离方案选择合适的锁具并填写"危险禁止操作"标签；

（2）上锁同时应挂签，标签上应有上锁者姓名、日期、单位、简短说明，必要时可以加上联络方式；

（3）作业负责人上锁、挂签，作业人员在隔离方案上签字确认。

第四步：测试确认。确认危险能量或物料被隔离并进行沟通。

上锁挂签后要确认以下内容。

（1）目视检查：

①阀门是否关闭，打开放尽；

②转动电气设备已停止转动，确认组件已断开并确认；

③贮存的危险能源已被去除或已适当地阻塞。

（2）测试方法：

①正常启动方式；

②其他非常规的运转方式；

③试验前，清理该电气设备周围区域内的人员和电气设备；

④试验时，屏蔽所有可能会阻止电气设备启动或移动的限制条件（如联锁）；

⑤有测试按钮的电气设备，应在切断电源箱开关之前，先按测试按钮以确认按钮正常，上锁后，再进行确认测试，以确保电源被确实切断。

第五步：解锁。按照一定顺序解锁取签。

作业完成后，由作业负责人、作业人员确认设施符合运行要求，签字确认后由作业负责人解锁、拆签。

四、电气设备作业许可管理

（1）在生产区域或施工作业现场，电气设备进行下列作业均应实行许可管理，办理作业许可证：

①非计划性维修工作（未列入日常维护计划或无程序指导的维修工作）；

②可能造成火灾、爆炸、中毒、窒息、能量意外释放风险的电气设备检维修作业；

③屏蔽报警或移除其他安全应急装置的检维修作业；

④涉及承压或带电电气设备的检维修作业；

⑤涉及"四新"、科研项目、试验、试用、技术升级、新（式）型的电气设备首次启用；

⑥"一级"目录电气设备维修后的首次启用；

⑦"电代油"电气设备现场安装后的首次启用；

⑧安全隐患治理项目涉及电气设备的首次启用；

⑨缺乏或偏离安全标准、规则、程序要求的电气设备作业；

⑩其他需要控制风险的电气设备作业。

（2）如果工作中包含下列工作，还应同时办理专项作业许可证：进入受限空间、挖掘作业、高处作业、移动式吊装作业、管线打开、临时用电、动火作业。

（3）电气设备作业许可管理流程如图1-14所示。

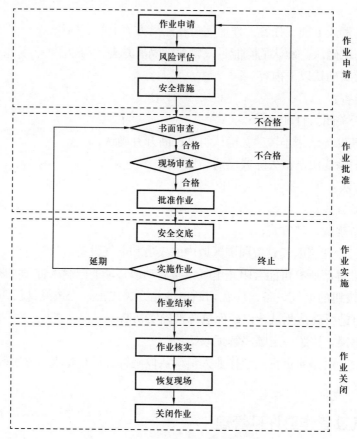

图1-14 电气设备作业许可管理流程

（4）当发生下列任何一种情况时，生产单位和作业单位都有责任立即终止作业，取消（相关）作业许可证，并告知批准人许可证被取消的原因，若要继续作业应重新办理许可证：

①作业环境和条件发生变化；

②作业内容发生改变；

③实际作业与作业计划的要求发生重大偏离；

④发现有可能发生危及生命的违章行为；

⑤现场作业人员发现重大安全隐患；

⑥事故状态下。

风险评估和安全措施只适用于特定区域的系统、电气设备和指定的时间段，如果工作时间超出许可证有效时限或工作地点改变，风险评估失去其效力，应停止作业，重新办理电气设备作业许可证。

五、通用安全管理要求

（1）施工现场必须健全电气安全管理和责任制度，各级动力电气设备部门负责电气安全管理，各队级均应设一名专职（或兼职）人员负责电气安全；各级安全部门负责监督检查；施工现场的各类电工在动力电气设备部门的指导下，负责管辖范围内的电气安全。

（2）各单位编制工程施工组织设计（施工方案），必须有专项电气安全设计，包括输电线路的走向，固定配电装置的设置点及其配电容量，大型电气设备、集中用电电气设备的平面布置，有针对性的电气安全技术措施，并严格按设计要求安装。

（3）施工现场的电气设备必须有有效的安全技术措施。电气线路和电气设备安装完工后，由动力电气设备部门会同安全部门、施工单位进行验收，合格后方可投入运行。凡是触及或接近带电体的地方，均应采取绝缘、屏护及保持安全距离等措施。

（4）电力线路和电气设备的选型必须按国家标准限定安全载流量。所有电气设备的金属外壳必须具备良好的接地或接零保护。所有的临时电源和移动电具必须设置有效的漏电保护开关。在十分潮湿的场所或金属构架等导体性能良好的作业场所，宜使用安全电压（12V）。有醒目的电气安全标志。无有效安全技术措施的电气设备，不准使用。

六、电气设备管理升级管控

（1）升级电气设备检维修作业许可管理。评估为较大及以上风险的电气设备检维修作业，作业审批升级为由川庆钻探工程有限公司（以下简称"公司"）电气设备处进行审批，二级单位在做好检维修作业方案、风险控制工作后，申请人（二级单位分管领导）向公司电气设备处提出作业申请。经公司电气设备处批准的维修作业，现场应由副科级及以上领导现场监督，涉及交叉作业的，应分别指派安全监督进行现场监督。

（2）升级新型电气设备试用管理。原则上在特殊敏感时期，不开展新型电气设备试用，因生产急需，确需开展新型电气设备试用的，由二级单位组织本单位相关部门和专家对试用方案和风险评估报告进行评审，本单位评审通过后报公司电气设备处组织审查，由公司领导审批。经公司批准试用的新型电气设备，试用现场应由副科级及以上领导进行监督和管理。

（3）升级电气设备变更管理。评估为较大风险的电气设备变更，升级为重大变更，由公司领导审批。二级单位应针对电气设备重要参数、结构型式、使用条件、安装方式发生的改变，认真分析电气设备变更风险，制订相应的风险控制措施，严格执行变更管理流程。经公司批准的电气设备重大变更，二级单位应安排专人跟踪电气设备变更实施进度，施工现场进行电气设备变更期间，应由副科级及以上领导进行监督和管理。

（4）升级停用电气设备启用管理。电气设备启用评估为较大及以上风险，电气设备启用审批升级为由公司电气设备处进行审批。应对电气设备设施性能、关键参数和安全附件进行评估和论证，全面识别电气设备设施内可能留存的各类介质和压力，重点辨识能量意外释放、防护措施失效，以及启动程序、操作行为等方面存在的风险，并制订风险防范措施。经公司电气设备处批准的电气设备启用，现场应由副科级及以上领导现场督导，督促执行电气设备启用前检查和各项风险管控措施落实。

第七节　危险化学品安全管理

危险化学品是指具有毒害、腐蚀、爆炸、燃烧、助燃等性质，对人体、设施、环境具有危害的剧毒化学品和其他化学品，包括国家《危险化学品目录》中的化学品，以及主要成分均为危险化学品且质量或体积比之和不小于 70% 的混合物（经鉴定不属于危险化学品的除外）。

一、危险化学品安全管理的责任主体及职责

所属企业是本单位危险化学品安全管理的责任主体，履行以下主要职责：

（1）组织贯彻落实国家和地方人民政府危险化学品安全法律、法规和标准，以及中国石油天然气集团公司（以下简称集团公司）危险化学品安全管理制度和标准；负责制（修）订危险化学品安全管理制度和操作规程并执行。

（2）负责危险化学品生产、储存、使用、经营、运输、废弃处置等环节管理。

（3）负责危险化学品建设项目的"三同时"工作，以及危险化学品新工艺、新技术、新材料、新设备风险评估和技术论证。

（4）负责危险化学品行政许可、登记、鉴定、分类等管理。

（5）负责员工危险化学品安全培训、职业技能鉴定及持证上岗工作。

（6）负责危险化学品风险分级管控、事故隐患排查治理和重大危险源分级、评估、监测监控等工作。

（7）负责危险化学品及其包装物、容器的产品质量和废弃处置。

（8）负责危险化学品职业病防治工作。

（9）负责危险化学品事故应急预案制（修）订、应急演练与培训、应急物资储备、应急处置等应急管理工作。

（10）组织并参与危险化学品事故、事件的调查和分析。

（11）所属企业实行全员安全生产责任制，主要负责人是本单位危险化学品安全管理工作的第一责任人，对本单位的危险化学品安全管理工作全面负责。

（12）所属企业应当结合实际设置满足本单位危险化学品管理的安全组织机构，配备专（兼）职危险化学品管理人员，明确危险化学品安全监督管理职责。

二、危险化学品管理一般规定

（1）所属企业应当具备国家法律、行政法规有关规定和国家标准、行业标准要求的安全条件，建立健全危险化学品生产、储存、使用、经营、运输、废弃处置等环节的相关管理制度和规程，每年对管理制度和规程的适应性和有效性进行评估，并至少每3年组织评审和修订一次，必要时应进行修订。当工艺技术、设备设施等发生重大变更时应当对操作规程等及时修订。

所属企业应当对相关人员开展危险化学品管理制度和操作规程的培训，并督促严格执行。

（2）所属企业应当建立健全危险化学品风险分级管控机制，定期开展危险化学品危害辨识和风险评估，落实风险防控责任及措施。

新、改、扩建的危险化学品建设项目应当在初步设计完成之后、初步设计审查之前开展危险与可操作性分析（HAZOP）。涉及重点监管危险化学品、重点监管危险化工工艺和危险化学品重大危险源（以下简称"两重点一重大"）的生产、储存装置HAZOP分析，原则上应当每3年进行一次，其他在役装置的HAZOP分析原则上应当每5年开展一次。

所属企业应当按照国家有关规定和危险化学品生产、储存设施及装置可接受风险标准相关要求，进行可接受风险评估，控制危险化学品生产、储存设施及装置的外部安全防护距离，制订并落实风险管控措施，将风险控制在可接受的范围。

（3）所属企业应当建立危险化学品重大危险源安全管理制度，对危险化学品重大危险源进行辨识、分级和登记建档，开展定期检测、评估和监控，设置警示标识，制订应急预案，向相关人员告知紧急情况下的应急措施。

所属企业应当按照国家和地方人民政府有关规定将危险化学品重大危险源及有关安全措施、应急措施报所在地安全生产监督管理部门和有关部门备案。

（4）所属企业应当建立危险化学品事故隐患排查治理机制，结合日常检查、专项检查、监督检查、HSE体系审核等工作定期开展事故隐患排查，制订落实事故隐患监控和治理措施，及时消除事故隐患。事故隐患排查治理情况应当如实记录，并向相关人员告知。重大事故隐患治理情况还应当定期向负有安全生产监督管理职责的部门和企业职代会报告。

（5）所属企业应当按照国家和地方人民政府有关规定，建立健全危险化学品作业关键岗位人员的上岗安全培训、警示教育、继续教育和考核制度，明确文化程度、专业素质、年龄、身体状况等方面安全准入要求。

所属企业应当对相关人员进行危险化学品安全教育和安全技能培训，使其具备与岗位相适应的能力。对有资格要求的岗位人员应当经过专业培训并取得相应资格。未经安全教育合格、未取得相应资格的人员不得从事相关作业活动。

所属企业应当向危险化学品相关人员提供化学品安全技术说明书（中文），并对相关人员教育培训，熟悉危险化学品危险特性，掌握安全防护和应急处置措施等。

（6）所属企业应当建立承包商安全管理制度，明确承包商资质准入、招标选择、合同签订、专项培训、施工作业、绩效评估等管理流程和监督内容，落实承包商全过程安全监督管理责任，将承包商作业活动中涉及的危险化学品纳入本单位危险化学品管理范围统一管理，预防承包商生产安全事故。

所属企业应当建立承包商施工作业安全准入评估机制，在承包商进入作业现场前开展承包商施工队伍人员资格能力评估、设备设施安全性能评估、安全组织架构和管理制度评估，按规定开展承包商作业过程监督检查和承包商项目竣工后的安全绩效评估。

（7）所属企业应当落实作业许可制度，对危险作业实行作业许可管理，并按国家和集团公司有关规定对有关危险作业实行升级管理。

危险作业实施前应当开展作业前安全分析和安全技术交底，办理相应的作业许可。指派安全监督人员对危险作业过程进行监督。

（8）所属企业应当建立变更管理制度，将本单位所涉及的工艺、设备、仪表、电气、公用工程、备件、材料、化学品、生产组织方式和人员等方面发生的所有变化纳入变更管理，明确变更的申请、风险评估、审批、效果验证和告知等管理流程和监督责任。

变更结束后，所属企业应当及时更新变更信息，并向相关人员告知变更信息和变更后的风险，建立并保存变更管理档案。

（9）所属企业应当建立新工艺、新技术、新材料、新设备的使用等方面的管理制度，在采用新工艺、新技术、新材料、新设备前应当进行安全性能论证，掌握其安全技术特性，采取有效的安全防护措施，并对员工进行专门的安全教育和培训。

所属企业在改变化学品产品配方、使用新配方时，应当开展化学品反应风险评估和安全可靠性论证。国内首次使用的化工工艺应当向当地政府有关部门申请安全可靠性论证。

所属企业应当优先采用有利于防治职业病和保护劳动者健康的新工艺、新技术、新材料、新设备，逐步替代职业病危害严重的工艺、技术、材料、设备。

（10）所属企业应当按照目视化管理要求，通过安全色、标签、标线、标牌、图示等方式，明确人员的资质和身份、工器具和设备设施的使用状态，以及生产作业区域的危险状态。在有较大危险因素的生产经营场所和有关设备设施上，设置明显的安全警示标志。

（11）所属企业应当按照国家、地方人民政府和集团公司要求，建立并实施职业健康安全环境管理体系，推进安全生产标准化建设。

（12）所属企业应当建立职业健康管理制度，组织开展工作场所职业危害因素识别、日常监测、定期检测，加强个体防护用品管理，告知员工工作场所存在的职业病危害因素和防护措施，公示职业病危害因素检测结果，在产生职业病危害的作业岗位设置警示标识。

所属企业应当建立企业职业卫生档案和员工职业健康监护档案，对从事接触职业病危害因素的岗位人员进行上岗前、在岗期间、离岗时的职业健康检查，并将检查结果书面告知岗位人员。

（13）所属企业应当建立劳动防护用品管理制度，明确劳动防护用品采购、验收、保管、发放、使用、报废等环节管理要求，针对危险化学品特性为员工配备相适应的劳动防护用品，教育并监督员工正确使用。

（14）集团公司实行危险化学品内部登记和准入管理，规范危险化学品登记、备案与评估管理，建立危险化学品安全监管信息平台，为危险化学品安全管理及危险化学品事故预防和应急救援提供技术、信息支持。

所属企业应当向集团公司危险化学品安全技术中心办理危险化学品登记备案，并分级建立危险化学品管理档案。涉及危险化学品生产、进口的所属企业还应当按照国家危险化学品登记有关规定办理危险化学品登记。

（15）所属企业生产的危险特性尚未确定的化学品，应当委托具有相应资质的机构进行物理危险性、环境危害性、毒理特性鉴定，根据鉴定结果确定是否纳入危险化学品安全管理。

（16）所属企业应根据本单位危险化学品危害辨识和风险评估结论，针对可能发生的危险化学品事故制订专项应急预案、现场应急处置方案和岗位应急处置卡，配备应急救援人员和必要的应急救援器材、装备，并按计划组织应急演练。所属企业应当将其危险化学品事故应急预案报当地政府安全生产监督管理部门备案。

（17）发生危险化学品事故的所属企业，应当按照集团公司事故信息报送和事故管理相关规定及时报告事故信息，组织开展应急处置救援。按照"四不放过"原则，查明事故原因，严肃责任追究，开展警示教育，落实整改措施。

三、生产、储存、使用安全监管

（1）从事危险化学品生产的所属企业，应当依照国家有关规定取得危险化学品安全生产许可证。

使用危险化学品从事生产并且使用量达到规定数量的化工企业（属于危险化学品生产企业的除外）应当按照规定取得危险化学品安全使用许可证。

生产列入国家实行生产许可证制度的工业产品目录的危险化学品及其包装物、容器的所属企业，应当依照国家有关规定取得工业产品生产许可证；其生产的危险化学品包装物、容器应当经具有相应资质的专业机构检验合格。

（2）涉及危险化学品生产、储存的所属企业，应当建立健全危险化学品管道巡护制度，对其所属的危险化学品输送管道及附属设施设置明显标志，定期检验、检测和维护，如实记录；对可能危及危险化学品管道安全的施工，应当派专人进行现场安全指导；对安全风险较大的区段和场所，应当进行重点监测、监控；对不符合安全标准的危险化学品管道，应当及时更新、改造或者停止使用，并向相关部门报告。

（3）涉及危险化学品生产的所属企业，应当提供与其生产的危险化学品相符的化学品安全技术说明书，并在危险化学品包装（包括外包装件）上粘贴或者拴挂与包装内危险化学品相符的化学品安全标签。化学品安全技术说明书和化学品安全标签（以下简称"一书一签"）所载明的内容应当符合国家标准的要求。

涉及危险化学品生产的所属企业发现其生产的危险化学品有新的危害特性时，应当立即公告，并及时修订"一书一签"。

（4）危险化学品包装物、容器的材质及危险化学品包装的型式、规格、方法和单件质量（重量），应当与所包装的危险化学品的性质和用途相适应。

对重复使用的危险化学品包装物、容器，所属企业在重复使用前应当进行检查，发现存在安全隐患的，应当维修或者更换。所属企业应当对检查情况作出记录，记录的保存期限不得少于2年。

（5）从事危险化学品生产、储存以及使用危险化学品从事生产的所属企业应当组织进行开停工安全条件检查确认，开展启动前安全检查（PSSR），明晰责任，严格生产交检修、检修交生产两个界面的交接，按生产受控要求执行开停工方案。

（6）涉及危险化学品生产、储存、使用的所属企业，应当在作业场所设置通信、报警装置，并根据其生产、储存的危险化学品的种类和危险特性，设置相应的监测、监控、通风、防晒、调温、防火、灭火、防爆、泄压、防毒、中和、防潮、防雷、防静电、防腐、防泄漏及防护围堤或者隔离操作等安全设备设施。安全设备设施应当按照有关规定进行定期维护、保养和检测，如实记录。

（7）涉及重点监管危险化工工艺和重点监管危险化学品的生产装置，应当按照安全控制要求设置自动化控制系统、安全联锁或紧急停车系统和可燃及有毒气体泄漏检测报警系统。

危险化学品储存设施应当采取液位报警、联锁、紧急切断等相应的安全技术措施，构成重大危险源储存设施设置温度、压力、液位等信息的不间断采集和监测系统及可燃、有毒气体泄漏检测报警装置；危险化学品重大危险源中储存剧毒物质的场所或者设施，应当设置视频监控系统；涉及毒性气体、液化气体、剧毒液体的一级或者二级重大危险源，应当配备独立的安全仪表系统（SIS）。

（8）从事危险化学品生产、储存和使用危险化学品从事生产的所属企业应当委托具有相应资质的安全评价机构，对本单位的安全生产条件每3年进行一次安全评价，并将安全评价报告及整改方案落实情况报所在地安全生产监督管理部门备案。

（9）涉及生产、储存、使用剧毒化学品或者易制爆、易制毒危险化学品的所属企业，应当如实记录其生产、储存的剧毒化学品及易制爆、易制毒危险化学品的品种、数量、流向，并采取必要的安全防范措施，防止丢失或者被盗；发现丢失或者被盗的，应当立即向当地公安机关报告，并依照规定向有关主管部门报告。

涉及生产、储存、使用剧毒化学品或者易制爆、易制毒危险化学品的所属企业应当设置治安保卫机构，配备专职治安保卫人员。

（10）危险化学品应当储存在专用仓库、专用场地或者专用储存室（以下统称"专用仓库"）内，并由专人负责管理；危险化学品专用仓库的设计、建设应当符合国家法律、行政法规和标准的有关规定，并设置明显标志。

危险化学品的储存方式、方法及储存数量应当符合国家标准或者国家有关规定。

储存危险化学品的所属企业应当对其危险化学品专用仓库的安全设备设施定期进行检测、检验，如实记录。

危险化学品储存场所应当实行封闭化管理，设置防止人员非法侵入的设施。危险化学品的储罐区和装卸区应当设置视频监控。危险化学品储存场所（罐区、仓库等）和设施不得随意变更储存的物质，不得超量储存。

（11）危险化学品储罐及其安全附件应当满足工艺安全技术要求。储罐的储存介质发生变更时，应当重新进行安全论证。

（12）危险化学品露天堆放场所，应当符合国家和行业有关标准关于防火、防爆的安全技术要求，设置明显标识，并由专人负责管理。爆炸物品、一级易燃物品、遇湿燃烧物品及剧毒物品应当储存在远离热源、阴凉、通风、干燥的专用仓库，禁止露天堆放。

（13）储存剧毒化学品、易制爆危险化学品的专用仓库，应当设置入侵报警系统、视频监控系统、出入口控制系统等技术防范设施。

剧毒化学品应当在专用仓库或储存室内单独存放，实行剧毒化学品双人验收、双人保管、双人发货、双把锁、双本账等管理制度。

采用仓库储存的数量构成重大危险源的其他危险化学品，应当在专用仓库内单独存放，并实行双人收发、双人保管制度。

（14）危险化学品出入库应当进行核查、登记，定期盘库，账物相符；入库前应进行外观、质量、数量等检查验收，如实记录。

对剧毒化学品及储存数量构成重大危险源的其他危险化学品，储存单位应当将其储存数量、储存地点以及管理人员情况，报所在地安全生产监督管理部门和公安机关备案。

（15）所属企业应当根据危险化学品性能分区、分类、分库储存，禁忌物不得混合贮存，并编制危险化学品活性反应矩阵表。

（16）涉及危险化学品生产、储存、使用的所属企业转产、停产、停业或者解散的，应当采取有效措施，及时、妥善处置其危险化学品生产装置、储存设施及库存的危险化学品，不得丢弃危险化学品；处置方案应当报所在地政府主管部门备案。

（17）使用危险化学品的科研院所、医院等单位应当建立危险化学品购买、储存、使用、废弃处置管理制度和危险化学品使用操作规程，以及危险化学品台账和使用记录，并严格执行。

（18）涉及危险化学品的实验室、化验室应当符合国家和行业标准有关防火防爆、防止职业危害和环境污染的设计要求，配备必要的通风设施、消防器材、有毒有害物报警装置、视频监控系统、冲洗设施及个人劳动防护等设备设施。

实验室、化验室的危险化学品应当按照危险化学品特性和有关规定，采取隔离、隔开和分离等方式储存在相应的储存室或者库房。按照使用需要控制危险化学品储存量，明确危险化学品申请、领取、使用、交回、废弃等管理要求，账物相符。

四、运输安全监管

（1）从事危险化学品道路运输、水路运输的所属企业（包括从事危险化学品道路运输、水路运输的下属单位，下同），应当分别依照有关法律和行政法规的规定取得危险货物道路运输许可、危险货物水路运输许可，并按规定向政府有关部门办理登记手续。从事经营性危险化学品道路运输的所属企业不得承担剧毒化学品道路运输业务。

委托开展危险化学品道路运输、水路运输的所属企业，应当委托依法取得危险货物道路运输、水路运输许可相应资质的单位承运。通过道路运输剧毒化学品的，还应当向运输始发地或者目的地县级公安机关申请剧毒化学品道路运输通行证。

（2）从事危险化学品道路运输的驾驶、装卸管理、押运等人员应当按国家有关规定取得相应的从业资格，掌握所运输的危险化学品的危险特性及其包装物、容器的使用要求和出现危险情况时的应急处置方法。驾驶人员或者押运人员应当随车携带"道路运输危险货物安全卡"。

从事危险化学品道路运输的所属企业应当实施危险化学品运输驾驶人员内部准驾证管理制度，未取得内部准驾资格和定期考核不合格的驾驶人员不得从事危险化学品运输作业。

（3）承担危险化学品道路运输的车辆应当符合国家、行业标准要求，配备与运输的危险化学品性质相适应的安全防护、环境保护、消防和应急设备设施，安装卫星定位系统车载终端，悬挂或者喷涂符合国家标准要求的警示标志，定期维护保养。

压力罐车应当装设紧急切断装置，常压罐式危险化学品运输车辆应当按照规定要求装设紧急切断装置。

（4）从事危险化学品道路运输的所属企业的危险化学品槽罐及其他容器应当封口严密，防止危险化学品在运输过程中因温度、湿度或者压力的变化发生渗漏、洒漏，槽罐及其他容器的溢流和泄压装置应当设置准确、启闭灵活。

罐式专用车辆的罐体应当经质量检验部门检验合格，且罐体载货后总质量与专用车辆核定载质量相匹配。

（5）危险化学品的装卸作业应当遵守作业安全标准、规程和制度，并在装卸管理人员的现场指挥或者监控下进行。

委托开展危险化学品运输的单位和承运单位应当按照合同约定指派装卸现场负责人，对装卸作业的安全防护设施可靠性进行验证；若合同未予约定，则由负责装卸作业的一方指派装卸管理人员。

（6）从事危险化学品道路运输的所属企业应当实行运输路线风险警示制，编制运输风险路段警示图表，配备危险化学品押运人员，保证所运输的危险化学品处于押运人员监控之下；应当对驾驶人员和押运人员在出车前进行风险告知，在行驶中进行风险提示。

（7）承运危险化学品道路运输的所属企业在实施危险化学品运输作业时，应当携带相应的有效证明材料，查验托运单位的危险化学品许可证件。在装载前核对危险化学品相关信息及检查包装情况，并根据国家有关规定和相关技术标准进行装载。

道路运输危险化学品的车辆在运输过程中应当遵守国家道路交通安全法律法规和地方人民政府有关要求，不得进入未经公安机关批准的限制通行区域；因住宿或者发生影响正常运输的情况，需要长时间停车的，应当采取相应的安全防范措施。

（8）托运危险化学品的所属企业应当查验运输单位危险货物运输资质，向运输单位提供危险化学品安全技术说明书，并书面告知品名、数量、危害特性、应急处置措施、应急电话等相关信息；不得将危险化学品作为普通货物托运。

运输危险化学品需要添加抑制剂或者稳定剂的，托运危险化学品的所属企业应当添加，并将有关情况告知运输单位。托运剧毒化学品的，还应当向运输单位提供公安机关核发的剧毒化学品道路运输通行证。

（9）危险化学品水路运输应当遵守国家关于危险货物水路运输安全的规定。运输船舶应当悬挂专用的警示标志，按照规定显示专用信号，在符合国家有关船舶安全和防治船舶污染规定或者标准的码头、泊位、装卸站从事危险化学品装卸作业。水上危险化学品过驳应当在海事主管部门确定的水域进行。

从事危险化学品水路运输的所属企业禁止通过内河运输剧毒化学品和国家规定禁止通过内河运输的其他危险化学品。

从事危险化学品水路运输的所属企业应当针对所运输的危险化学品的危险特性，制订运输船舶危险化学品事故应急救援预案，并为运输船舶配备应急救援器材和设备。

（10）所属企业通过铁路、航空等方式运输危险化学品，应当执行国家有关规定。

五、废弃处置安全监管

（1）所属企业对其产生的废弃危险化学品依法承担污染防治责任，应当按照有关规定对废弃危险化学品进行排查与判定，登记建档，对废弃危险化学品贮存、运输、处置等环节全过程管理。

（2）所属企业应当建立危险化学品报废处置程序，制订废弃危险化学品管理计划并依法报当地环境保护部门备案。

（3）所属企业应当按照废弃危险化学品的特性分类收集、贮存废弃危险化学品，禁止将废弃危险化学品混入非危险废物中贮存，禁止混合收集、贮存、运输、处置性质不相容而未经安全性处置的废弃危险化学品。废弃危险化学品及其包装物、容器的贮存场所应当采取符合国家环境保护标准的防护措施。

（4）所属企业应当对废弃危险化学品的容器和包装物及收集、贮存、运输、处置废弃危险化学品的设施、场所，设置明显的危险废物识别标志。

（5）所属企业应当规范处置废弃危险化学品及其包装物、容器，不得擅自丢弃、倾倒、堆放、掩埋、焚烧。禁止将废弃危险化学品及其包装物、容器提供或者委托给无危险废物处置资质的单位。

第八节　井控安全管理

一、溢流原因分析及预防

发生溢流时，地层流体大量进入井眼，为了保证井眼的安全，必须立即停止正常作业，采取关井的办法来控制地层流体的流动。在正常钻进或起下钻作业中，地层流体向井眼内流动必须具备下面两个条件：

（1）井底压力小于地层流体压力；

（2）地层具有允许流体流动的条件。

当井底压力比地层流体压力小时，就存在着负压差值，这种负压差值在遇到高孔隙度、高渗透率或裂缝连通性好的地层，就可能发生溢流。所以要维持一口井处于有控状态，就必须保证适当的井底压力。而在不同工况下，井底压力是由一种或多种压力构成的一个合力。因此，任何一个或多个引起井底压力降低的因素，都有可能最终导致溢流发生。其中最主要的原因是：

（1）钻时井内未灌满钻井液；

（2）钻井液漏失；

（3）钻井液密度低；

（4）抽汲；

（5）地层压力异常。

钻井液密度偏低，发生在起下钻是造成溢流最常见原因。根据统计，溢流和井喷事故多发生在起下钻作业过程中。

（一）起钻时井内未灌满钻井液

起钻过程中，由于钻柱的起出，钻柱在井内的体积减小，井内的钻井液液面下降，静液压力就会减少。在裸眼井段，只要静液压力低于地层压力，溢流就可能发生。

（二）井眼漏失

由于钻井液密度过高或下钻时的压力激动，使得作用于地层上的压力超过地层的破裂压力或漏失压力而发生漏失。在深井、小井眼里使用高黏度的钻井液钻进时，环空压耗过高也可能引起循环漏失。另外，在压力衰竭的砂层、疏松的砂岩及天然裂缝的碳酸岩中漏失也是很普遍的。由于大量钻井液漏入地层，引起井内液柱高度下降，从而使静液压力和井底压力降低，由此导致溢流发生。

减少漏失的一般原则是：

（1）设计好井身结构，正确确定套管下深。

（2）做地层破裂压力试验和地层承压能力试验，提高地层承压能力。地层承压能力试验一般是在即将钻开目的层之前进行的，其目的就是检验上部裸眼井段的地层承压能力，保证钻开目的层提高钻井液密度后不会出现井漏。若地层承压能力过低，可通过堵漏等措施来提高地层承压能力，直到满足钻开油气层所需的承压能力要求。

（3）在下钻时控制下钻速度，将激动压力减至最小，并分段循环，缓慢开泵，降低由于钻井液由静止到流动所引起的过高循环压力损失。

（4）保持好钻井液性能，使其黏度和静切力维持在最佳值上，同时提高钻井液对岩屑的悬浮携带能力。

（三）钻井液密度低

钻井液密度下降是导致溢流的一个最常见的原因。钻井液密度下降通常是由以下几种原因引起的：

（1）钻开异常高压油气层时，油气侵入钻井液，引起钻井液密度下降、静液压力降低。发现此情况，应及时除气，不要把气侵钻井液再重复循环到井内，同时调整钻井液密度，平衡产层压力，防止发生溢流。

（2）处理事故时，向井内泵入原油或柴油，使静液压力减小。因此，在处理事故向井内注油时，应进行压力校核，若原油不能平衡产层压力时，应注解卡剂。

（3）钻井液混油造成静液压力下降。向井内钻井液混油以减小摩阻时，要控制混油速度，并校核压力是否平衡。

（4）钻井液性能做大处理时，未能做好压力平衡计算并按设计程序处理，造成钻井液密度下降。

（5）岗位人员责任心不强，未及时发现清水或胶液混入钻井液罐内等。

（四）起钻抽汲

起钻抽汲会降低井底压力，当井底压力低于地层压力时，就会造成溢流。这是由于钻井液黏附在钻具外壁上并随钻具上移，同时，钻井液要向下流动，填补钻具上提后下部空间，由于钻井液的流动没有钻具上提得快，这样就在钻头下方造成一个抽汲空间并产生压力降，从而产生抽汲作用。

（五）地层压力异常

钻遇异常压力地层并不一定会直接引起溢流。如果钻井液密度低或其他原因造成井底压力小于地层压力，则会引起溢流发生。

因此，在钻进过程中特别是在探井的钻进过程中，要做好随钻压力监测，准确判断地层压力。现场可根据监测结果，及时调整钻井液密度和有关技术措施。

其次，井控装备选择、安装要符合 SY/T 5964《钻井井控装置组合配套、安装调试与使用规范》和石油与天然气钻井井控相关规定的要求，并按规定进行日常的维护、检查和试压，保证井控装备处于良好的工作状态。

另外，现场的作业人员要具备进行二次井控的技术能力。严格执行坐岗制度以保证及时发现溢流。通过平时的防喷演习熟练掌握关井程序，确保在发现溢流后能正确地关井。掌握基本的常规压井方法，保证关井后能及时恢复井内的压力平衡。

二、溢流显示

有溢流必定有溢流的显示，在钻井现场可观察到一些由井下反映到地面的信号，识别这些信号对及时发现溢流十分重要。有些显示并不能确切证明是溢流，但它却可警告可能发生了溢流。现根据一些现象信号对监测溢流的重要性和可靠性，分为告警信号（间接显示）和告急信号（直接显示）两类。

（一）告警信号（间接显示）

1. 钻速突然加快或放空

这是可能钻遇到异常高压油气层的征兆。当钻遇异常高压地层过渡带时，地层孔隙度增大，破碎单位体积岩石所需能量减小，同时井底正压差减小也有利于井底清岩，此时钻速会突然加快。钻遇碳酸盐岩裂缝发育层段或钻遇溶洞时，往往发生蹩跳钻或钻进放空现象，所以，钻速突然加快或放空是可能发生溢流的前奏，但钻速突然加快也可能是所钻地层岩性发生变化导致的，因此并不能肯定要发生溢流。

一般情况下，钻时比正常钻时快 1/3 时，即为钻速突快。钻遇到钻速突快地层，进尺不能超过 1m，地质承井人员应及时通知司钻停钻观察，如放空到底后，停钻上提钻柱，检测是否发生溢流。

2. 泵压下降，泵速增加

发生这种现象，应立即检查出口流量和钻井泵，如泵无问题，出口流量增加则是溢流顶替井内钻井液上返；如果返出量正常则可能是钻具刺坏。

井内发生溢流后，若侵入流体密度小于钻井液密度，钻柱内液柱压力就会大于环空液柱压力，由于"U"形管效应使钻具内的钻井液向环空流动，故泵压下降。气体沿环空上返时体积膨胀，使环空压耗减小，也会使泵压下降。泵压下降后，泵负荷减小，则泵速增加。

3. 钻具悬重发生变化

天然气侵入井内后，使环空钻井液平均密度下降，钻具所受浮力减小而悬重增加。若溢流为盐水时，其密度小于钻井液密度则悬重增加，其密度大于钻井液密度则悬重减小。地层的油气流体通常会使钻井液密度减小，因而悬重增加。

4. 钻井液性能发生变化

井口返出的钻井液性能发生变化，也表示有可能发生了溢流。油或气侵入钻井液，会使钻井液密度下降，黏度升高；地层水侵入钻井液，会使钻井液密度和黏度都下降。钻井液中还有油花、气泡、油味或硫化氢味等。但应注意，有时钻井泵吸入了空气，或加水处理钻井液，也会使井内钻井液密度下降。

5. 气测烃类含量升高或氯根含量增高

在钻井过程中，气测烃类含量升高，说明有油气进入井内；如氯根含量增高，可能是地层水进入井筒。

6. dc 指数减小

正常情况下，随着井深的增加，*dc* 指数越来越大。如果 *dc* 指数减小，则可能是钻遇到异常高压地层的显示。

7. 岩屑尺寸加大

随着正压差减少，大块页岩将开始坍塌，这些坍塌造成的岩屑比正常岩屑大一些，多呈长条状，带棱角。

（二）告急信号（直接显示）

1. 出口管线内钻井液流速增加，返出量增加

地层压力大于井底压力时，地层流体流入井内，增加了环空上返速度。天然气临近井口时因压力降低而快速膨胀，使出口管线内的钻井液流速加快，流量增加。

2. 停泵后井口钻井液外溢

停止循环后，井口钻井液外溢，说明发生了溢流。但应注意井筒中钻柱内外钻井液密度不一致，钻柱内钻井液密度比环空钻井液密度高时，停泵钻井液也会外溢。

3. 钻井液罐液面上升

钻井液罐液面升高是发现溢流的一个可靠信号。罐内钻井液的增量，就是井内已侵入的地层流体量，即溢流量，其大小取决于地层的渗透率、孔隙度和井底压差。地层渗透性高、孔隙度好，地层流体向井内流动快；反之流动慢。井底欠平衡量越大，溢流越严重。地层流体进入井内的条件不同，液面升高的速度也不同。钻井液罐液面升高有五种形式。

（1）钻开高渗透性的高压油气层时，井底压力欠平衡量较大，钻井液从井内快速流出，钻井液罐液面快速升高。从井内返出大量钻井液之前，钻井液并无油气侵显示，通常会有钻进放空现象。这是最危险的溢流。

（2）钻开高渗透性的油气层时，井底压力欠平衡量小，地层流体进入井内的速度开始很小，钻井液罐液面升高也很慢，但随着井内侵入的地层流体增加，欠平衡量增大，钻井液快速从井内流出，钻井液罐液面迅速升高。

（3）钻开低渗透性的高压层时，井底压力处于欠平衡状态，地层流体向井内流动时，受到的阻力大，因而钻井液罐液面升高缓慢。如果压差很小，常有气侵显示。

（4）钻开高压气层后，井底处于欠平衡，高压气体侵入井筒。开始时罐内液面上升很慢，随着气体被循环至井口附近时，由于气体体积急剧膨胀，罐内液面快速升高。

（5）起钻过程中，因抽汲导致天然气进入井内，天然气在井内滑脱上升并逐渐膨胀，临近井口体积迅速膨胀，引起钻井液罐液面变化。这种情况也是非常危险的。

4. 提钻时灌入的钻井液量小于提出钻具体积

起钻时，井内钻井液液面会随起出钻具而相应的下降。如果经计量发现应灌入量减小，说明地层流体进入井筒，填补了部分起出钻具的空间，当进入井内的流体使全井液柱压力小于地层压力时就会出现溢流。

5. 下钻时返出的钻井液体积大于下入钻具的体积

进入井筒内的气体，在井眼深部时体积增加较小，或受钻井液性能等因素的影响，滑脱上升速度较慢，因此提钻时有可能并未注意到它的影响。到了下钻时，气体有可能已经逐渐上升到井眼上部，其体积膨胀得越来越快，导致溢流现象越来越明显。

对溢流显示的监测应贯穿在井的整个施工过程中。切记，判断溢流一个最明显的信号是：停泵的情况下井口钻井液自动外溢。

三、溢流的及早发现与处理

尽可能早地发现溢流显示，并迅速实现控制井口，是做好井控工作的关键环节。

（一）及早发现溢流的重要性

1. 及时发现溢流并迅速控制井口是防止井喷的关键

井喷或井喷失控大多是溢流发现不及时或井口控制失误造成的。在钻遇气层时，由于天然气密度小、可膨胀、易滑脱等物理特性，从溢流到井喷的时间间隔短。若发现不及时或控制不正确，就容易造成井喷，甚至失控着火。

2. 及早发现溢流可减少关井和压井作业的复杂情况

溢流发现得越早，关井时进入井筒的地层流体越少，关井套压和压井最高套压就越低，越不易在关井和压井过程中发生复杂情况，有利于关井及压井安全，使二次井控处于主动。进入井筒的地层流体越少，对钻井液性能破坏越小，井壁越不易失稳，压井作业越简单。所以及早发现溢流，直接关系到排除溢流、恢复和重建井内压力平衡时能否处于主动。

3. 防止有毒气体的释放

在钻遇含硫化氢、二氧化碳的地层时，及时处理溢流可以防止这类气体造成更大的危害。

4. 防止造成更大的污染

溢流发生后，为了不使井口承受过高的压力，必要时要通过放喷管线放喷，这样就使施工井附近的环境造成严重污染，危及农田水利、渔场、牧场、林场等。

（二）及早发现溢流的基本措施

1. 严格执行坐岗制度

坐岗人员负有监测溢流的岗位职责，要充分认识到及早发现溢流的重要性，它关系到溢流是否会发展成为井喷、井喷失控或着火。因此，在一口井的各个施工环节，都要坚持坐岗，严密注意以下几种情况：

（1）钻井液出口流量变化；

（2）循环罐液面变化；

（3）钻井液性能变化；

（4）起钻钻井液的灌入量；

（5）录井全烃值的变化。

2. 做好地层压力监测工作（特别是在探井的钻井过程中）

当 dc 指数偏离正常趋势线时，要及时校核井底压力能否平衡地层压力，调整钻井液密度。

3. 做好起下钻作业时的溢流监测工作

起钻前要测油气上窜速度，进行短程起下钻，判断抽汲压力的影响。

4. 钻进过程中密切观察参数的变化

遇到钻速突快、放空、悬重和泵压等发生变化，都要及时停钻，根据情况判断是否发生了溢流。

四、关井方法

钻开油气层前，应充分做好钻开油气层的思想、组织、措施和设备器材的准备。在钻井过程中，应及时发现溢流，不能有麻痹大意思想，不能因为溢流量小而疏忽。如不及时正确地控制井口，就有发展为井喷、井喷失控的危险。如何正确控制井口，首先要决定是否可以关井。关井应根据井的基本情况，如井口设备、井下情况而定。

关井是控制溢流的关键方法，但是在井筒没有条件来控制溢流时，关井就会引起井漏，或施工井周围地面的窜通，造成钻井设备毁坏、人员伤亡和环境的污染。

不能关井的原因是套管鞋处的地层不能承受合理的关井压力。套管下得很浅，如关井，地层流体可能沿井口周围窜到地面。发生溢流不能关井时，应该按要求进行分流放喷或有控制放喷。

（一）关井方法

发生溢流后有两种关井方法，一是硬关井，指一旦发现溢流或井涌，立即关闭防喷器的操作程序。二是软关井，指发现溢流关井时，先打开节流阀一侧的通道，再关防喷器，最后关闭节流阀的操作程序。

硬关井时，由于关井动作比软关井少，所以关井快，但井控装置受到"水击效应"的作用，特别是高速油气冲向井口时，对井口装置作用力很大，存在一定的危险性。软关井的关井时间长，但它防止了"水击效应"作用于井口。

硬关井的主要特点是地层流体进入井筒的体积小，即溢流量小，而溢流量是井控作业能否成功的关键。因此，在一些要求溢流量尽可能小的井中，例如含硫化氢油气井，如果井口设备和井身结构具备条件，可以考虑使用硬关井。另外，若能做到尽早发现溢流显示，则硬关井产生的"水击效应"就较弱，也可以使用硬关井。硬关井制订的关井程序比按软关井制订的关井程序简单，控制井口的时间短，因此在早期井控工作中特别是液压控制设备出现之前，普遍使用硬关井。但目前钻井现场的关井作业均液压设备为主，所有的液压控制都集中布置，防喷器和几个关键的闸阀均为液压操作，大大简化了关井程序，减少了关井时间，特别是鉴于过去硬关井造成的失误，我国行业标准目前推荐采用软关井方式。

（二）常规的关井操作程序

以钻进时发生溢流为例：

（1）发信号。由司钻发出报警信号，其他岗位人员停止作业，按照井控岗位分工，迅速进入关井操作位置。

（2）停转盘，停泵，把钻具上提至合适位置。由司钻停止钻进作业，停泵，上提钻具将钻杆接头提出转盘面0.4～0.5m左右，指挥内外钳工扣好吊卡。

（3）开平板阀，适当打开节流阀。若节流阀平时就已处于半开位置，此时就不需要再继续打开了。若节流阀的待命工况是关位，需将其打开到半开位置。如果是液动节流阀，安装有节流管汇控制箱，由内钳工负责操作；如果是手动节流阀，由场地工负责操作。如果平板阀是液动平板阀，安装了司钻控制台，由司钻通过司钻控制台打开液动平板阀，副司钻在远程控制台观察液动平板阀控制手柄的开关状态；否则，由副司钻通过远程控制台打开液动平板阀。如平板阀不是液动阀，由井架工负责打开手动平板阀。

（4）关防喷器。由司钻发出关井信号。如安装了司钻控制台，由司钻通过司钻控制台关防喷器，副司钻在远程控制台观察防喷器相关控制手柄的开关状态，若发现防喷器控制手柄没有到位或司钻控制台操作失误，要立即纠正；如未安装司钻控制台，由副司钻通过远程控制台关防喷器。

（5）关节流阀试关井，再关闭节流阀前的平板阀。如果是液动节流阀，安装有节流管汇控制箱，由内钳工负责操作关闭液动节流阀；如果是手动节流阀，由场地工负责操作关闭节流阀。节流阀关闭，井架工需将节流阀前面的平板阀关闭以实现完全关井。

（6）录取关井立压，关井套压及钻井液增量。关井后，内钳工协助钻井液工记录关井立压、关井套压、循环罐内钻井液增量，并由钻井液工将三个参数报告司钻和值班干部。

五、关井套压的控制

发生溢流关井时，其最大允许关井套压值原则上不得超过下面三个数值中的最小值：

（1）井口装置的额定工作压力；

（2）套管最小抗内压强度的80%所允许的关井压力；

（3）地层破裂压力所允许的关井套压值。

按规定，井口装置的额定工作压力要与地层压力相匹配，如果井口装置是严格按规定进行选择、安装和试压的，其承压能力应完全满足关井的要求。在一口设计正确的井中，该数值通常是最大的。

套管抗内压强度可以在相关的钻井手册中查到，其数值的大小取决于套管外径、壁厚与套管材料。根据套管抗内压强度确定关井套压时需要考虑一定的安全系数，即一般要求关井套压不能超过套管抗内压强度的80%。一旦在施工中出现了套管磨损，或溢流物中有硫化氢存在，以及其他一些影响套管强度的因素，需要考虑重新确定该数值。另外，在具体计算时还要考虑套管外水泥封固，管内外流体密度不同带来的影响，管内为施工中所用的钻井液，管外流体密度选择尚无统一定论，有的油田按清水或地层盐水考虑，有的油田则根据地层压力确定。

地层所能承受的关井压力，取决于地层破裂压力梯度、井深以及井内液柱压力。一般情况下，套管鞋通常是裸眼井段最薄弱的部分。因此，现场以套管鞋处的地层破裂压力所允许的关井套压值作为最大允许关井套压，其计算方法如下：

$$p_{amax} = (\rho_e - \rho_m) gh \tag{1-1}$$

式中　p_{amax}——最大允许关井套压，单位为兆帕（MPa）；

ρ_e——地层破裂压力当量钻井液密度，单位为克每立方厘米（g/cm³）；

ρ_m——井内钻井液密度，单位为克每立方厘米（g/cm³）；

g——常数，0.00981；

h——地层破裂压力试验层（套管鞋）垂深，单位为米（m）。

六、压井原理

压井是以"U"形管原理为依据进行的。把井眼循环系统想象成个"U"形管，钻柱水眼是"U"形的一侧管柱，环空是"U"形的另一侧管柱，井底则相当于"U"形的底部。"U"形管的基本原理是"U"形管底部是一压力平衡点，左右两侧管内的压力在此处达到平衡。应用在井控作业中，即井底压力的大小可以通过分析管柱内压力或环空压力而获得，并且通过改变环空压力或节流阀回压可以控制井底压力，同时影响立管压力使之产生同样大小的变化。

在压井循环时，井内存在如下平衡关系：

$$p_T - p_{cd} + p_{md} = p_b = p_a + p_{ma} + p_{bp} \tag{1-2}$$

式中　p_T——循环时立管总压力，单位为帕斯卡（Pa）；

p_{cd}——钻柱内压力降，单位为帕斯卡（Pa）；

p_{md}——钻柱内静液压力，单位为帕斯卡（Pa）；

p_b——井底压力，单位为帕斯卡（Pa）；

p_a——环空回压，单位为帕斯卡（Pa）；

p_{ma}——环空静液压力，单位为帕斯卡（Pa）；

p_{bp}——环空流动阻力，单位为帕斯卡（Pa）。

压井循环时，随着压井钻井液的逐渐泵入，钻柱内静液压力 p_{md} 逐渐增大，要维持井底压力略大于地层压力并保持不变，就可以通过控制循环立管总压力 p_T 逐渐降低实现，而循环立管总压力又是通过调节节流阀的开启程度控制的。可见，压井循环时的总立管压力可作为判断井底压力的压力计使用。

压井是要保持压井排量不变，钻柱内压力降 p_{cd} 才不变，才能实现作用于井底的压力不变。另外，环空流动阻力 p_{bp} 数值比较小，又是增加井底压力，压井时有利于平衡地层压力，通常可以忽略不计。

七、压井方法的选择

正确确定压井方法，关系一口井压井作业的成败。科学选择压井方法，应该考虑以下因素：

（1）溢流类型。天然气溢流是确定压井方法必须考虑的因素。天然气流体进入井筒速度快，关井后向上运移膨胀，造成井口压力升高，同时可能伴随硫化氢。

（2）溢流量。进入井筒的溢流量，对压井过程中套管压力的大小起着重要作用，溢流量越大，压井过程中套压值越高。

（3）地层的承压能力。钻井液密度的安全窗口值越大，在压井过程中调整的余地越大。

（4）立管压力、套管压力的大小及关井压力上升的速度。地层压力越高，压井难度越大，若立管压力值、套管压力值上升速度很快，不尽快实施压井，可能损坏井口造成井喷失控，同时可能压漏地层，造成施工井周围地面窜通。

（5）套管下深及井眼几何尺寸。套管下入深度决定地层破裂压力的大小，地层的承压能力直接决定压井方法，有技术套管和仅有表层套管的井，压井方法必然是不同的。井眼几何尺寸，决定溢流的高度和压井液的量，溢流的高度关系套压值的大小，压井液的量则涉及压井准备工作的难易。

（6）井口装置压力等级及井口的完好程度。

（7）压井实施的难易程度。

（8）压井作业所需时间的长短。

（9）施工井内有无钻具及钻具下深。

（10）加重钻井液和加重剂储备情况及后勤保障能力。

（11）现场设备的加重能力。

（12）施工井的周边状况。施工井周边是否是居民区河流、农田、草场、道路等状况。

总之要全面考虑上述因素，结合施工井地面、井下的特殊问题进行综合分析，在充分考虑各种方法利弊的基础上确定施工方案，同时为确保压井作业的成功，对施工中可能出现的问题，应有完善的应急处理措施。

第九节　安全生产应急管理

一、应急预案概述

事故应急预案作为安全管理中重大事故控制体系的重要组成部分，施工单位负责现场外事故应急处理预案的编制工作，而对重大危险源的现场事故应急处理预案的编制应由企业负责。

在进行事故应急处理预案的编制前，首先应进行危险源的辨识，根据危险源的情况制订事故应急处理预案。

施工单位在编制事故应急处理预案时应遵循以下原则：

（1）事故应急处理预案应针对那些可能造成本单位、本系统人员死亡或严重伤害，设备和环境受到严重破坏而又具有突发性的灾害，如火灾、爆炸、毒气泄漏等。

（2）事故应急处理预案是对日常安全管理工作的必要补充，事故应急处理预案应以完善的预防措施为基础，体现"安全第一、预防为主、综合治理"的方针。

（3）施工单位事故应急处理预案应以努力保护人身安全、防止人员伤害为第一目的，同时兼顾设备和环境的防护，尽量减少灾害的损失程度。

（4）施工单位编制现场事故应急处理预案，应包括对紧急情况的处理程序和措施。

（5）施工单位事故应急处理预案应结合实际，措施明确具体，具有很强的可操作性。

（6）施工单位应确保事故应急处理预案符合国家法律、法规的规定，不应把事故应急处理预案作为重大危险设施维持安全运行状态的替代措施。

（7）施工单位事故应急处理预案应经常检查修订，以保证先进和科学的防灾减灾设备和措施被采用。

二、事故应急处理预案的编制

（一）编制事故应急处理预案的注意事项

（1）对每一个重大危险源都应编制一个现场事故应急处理预案。

（2）企业应进行重大事故潜在后果的评估。

（3）对于一个只有简单装置的重大危险源，事故应急处理预案可安排工人在一旁观察并要求其在发生紧急情况时及时报告应急机构，由应急机构采取相应的措施。

（4）对于具有复杂设施的重大危险源，事故应急处理预案就应更具体，应充分考虑每一个可能发生的重大危险，以及它们之间可能的相互作用，还应包括以下内容：

① 对潜在事故危险的性质和规模及紧急情况发生时的可能关系进行预测和评估。

② 制订与场外事故应急处理预案实施机构进行联系的计划，包括与紧急救援服务机构的联系。

③ 在存在重大危险设施的危险源内外，报警和通信联络的步骤。

④ 任命现场事故的管理者和现场主要管理者、并确定他们的义务和责任。

⑤ 确定应急控制中心的地点和组成。

⑥ 在事故发生后，现场工人的行动步骤、撤离程序等。

⑦ 在事故发生后，事故现场外工人和其他人的行为规定。

⑧ 在存在危险设备的危险源内外，应制订事故现场的工人应采取的应急补救措施。特别应包括在突发事故发生初期能采取的紧急措施，如紧急停车等。

⑨ 预案应包含召集危险源其他部位或非现场的主要人员到达事故现场的规定。

⑩ 施工单位应确保事故应急处理预案所需的人员和应急物资等能及时、迅速到达或供应。

⑪ 施工单位应与事故应急服务机构评估可能发生的事故，并保证一旦事故发生以后有足够的人员和应急物资以执行应急处理预案。

⑫ 在事故应急处理预案需要外部应急服务机构帮助的情况下，企业应弄清这些服务机构到现场开始进行抢救所需的时间，然后考虑在这个时间内工人能否抑制事故的进一步发展。

⑬ 事故应急处理预案应充分考虑一些可能发生的意外情况，如由于工人生病、节日和危险设施停止运行期间工人不在岗位时，应配备足够的人员以预防和处理事故。

（二）事故应急处理预案在报警和通信方面的需求

（1）施工单位制订措施应保证将任何突发的事故或紧急情况迅速通知给所有有关工人和非现场人员，使他们作出相应决定。

（2）施工单位应保证所有工人熟悉报警步骤，以确保能尽快采取措施，控制事故的发展。

（3）施工单位应根据危险设施规模考虑是否建立紧急报警系统。

（4）在需要安装报警系统时，应在多处安装报警装置，并达到一定的数量，以保证报警系统正常、有效工作。

（5）在噪声较严重的地方，企业应考虑安装显示性报警装置以提醒在现场工作的人员。

（6）在工作场所报警系统报警时，为能尽快通知场外应急服务机构，企业应保证建立一个可靠的通信系统。

（三）事故应急处理预案有关现场措施的规定

（1）现场事故应急处理预案的首要任务是控制和遏制事故，从而防止事故扩大到附近的其他设施，以减少伤害。

（2）施工单位应在事故应急处理预案中保证在现场能采取的措施和决定具有灵活性。

（3）施工单位应在事故应急处理预案中规定怎样进行下列各方面的工作：

① 无关人员可沿着具有明确标志的撤离路线到达安全区。

② 指定专人记录所有到达安全区的工人，并告知应急控制中心。

③ 控制中心指定专人核对并区分到达安全区的事故现场和现场外人员的名单。

④ 由于节日、生病和当时现场人员的变化，需根据当时的实际情况，核对并更新应急控制中心所掌握的名单。

⑤ 安排对工人情况进行记录，包括姓名、工作岗位、地址等，并保存在应急控制中心，还要定期更新。

⑥ 在事故后的适当时机，授权披露有关信息，并指定一名高级管理人员作为该信息的唯一发布者。

⑦ 事故处理结束后，在恢复生产的过程中应对进入现场的人员进行指导。

（四）停止危险设施运行程序

企业应充分考虑复杂危险设施各个部分的内部关系，并制订紧急停止运行程序，这样，当事故一旦发生时或必要时，可将危险设施停止运行。

三、预案实施的主要人员和机构职责

（一）预案实施的主要人员及职责

作为事故应急处理预案的一部分，企业应委派一名现场事故管理人员（如果必要，还应委派一名副手），以便及时采取措施控制、处理事故。

1.现场事故管理人员的职责

（1）评估事故的规模，决定需要内部或外部的应急机构。

（2）建立应急步骤以确保人员的安全和减少设施和财产的损失。

（3）在消防队到来之前，直接参与救护和灭火活动。

（4）安排受伤人员并寻找失踪人员。

（5）安排无关人员撤离到安全地带。

（6）设立与应急中心的通信联系点。

（7）在现场主要管理人员到来之前代理其职责。

（8）如有必要，应给应急服务机构提供建议和信息。

（9）应能从穿着上容易辨认现场事故管理人员。

作为事故应急处理预案的一部分，企业应委派一名现场主要管理人员（如需要，也可委派一名副手），在应急中心负责全面的事故管理。

2.现场主要管理人员的职责

（1）判断是否可能或已经发生重大事故，是否要求应急服务机构帮助，并实施场外事故应急处理预案。

（2）在安全的地方，尝试对危险设施进行直接操作、控制。

（3）继续调查和评估事故的可能发展方向，以预测事故的发展过程。

（4）指导对危险设施的全部或部分实行停运，并与现场事件管理人员和关键岗位的工人配合，指挥在危险源现场的人员撤离。

（5）应重视所有事故造成的伤害。

（6）与消防人员、地方政府和政府安全监管人员保持密切联系。

（7）在危险源现场实施交通管制。

（8）对难以解决的紧急情况作出安排。

（9）向新闻媒体公布权威信息。

（10）在事故紧急状态结束之后，安排复原受事故影响地区的正常秩序。

企业应确认工人准确知道事故应急处理预案中规定的应承担的任务（如负责急救、大气监测、照顾伤员等）。

（二）应急控制中心

企业在编制现场事故应急处理预案中应考虑建立应急控制中心，应急控制中心负责指挥和协调处理紧急情况，保证事故应急处理预案的顺利执行。其主要要求如下：

（1）控制中心应能够顺利接收外部信息，具有向事故现场及现场外管理人员发送指示的能力。

（2）一般情况下，控制中心应包括如下设施：

① 数量充足的内线和外线电话。

② 无线电和其他通信设备。

③ 重大危险源示意图，图中应注明：

——存放大量危险物质的地方；

——安全设备存放点；

——消防系统和附近水源；

——污水管道和排水系统；

——重大危险源的进口和道路状况；

——安全区；

——重大危险源的位置与周边地区的关系。

④ 测量风速、风向的设备。

⑤ 个人防护和其他救护设备。

⑥ 企业名单表。

⑦ 关键岗位工人的地址和电话表。

⑧ 事故现场其他人员的名单，如承包者和参观者。

⑨ 地方政府和应急服务机构的地址和电话。

（3）企业应把应急控制中心设在较安全的地方。

（4）企业应考虑建立辅助应急控制中心，因为主控制中心也可能会因事故影响而瘫痪。

四、应急预案演习与修订

施工单位进行事故应急预案的演习是必不可少的，通过演习可以验证事故应急预案的合理性，发现与实际不符合的情况，应及时进行修订和完善。

（一）事故应急处理预案的演习

进行事故应急预案的演习主要应注意以下事项：

（1）在演练过程中，企业应让熟悉危险设施的工人、有关的安全管理人员一起参与。

（2）一旦事故应急处理预案编制完成以后，企业应向所有职工及外部应急服务机构公布。

（3）与危险设施无关的人，如高级应急官员、政府安全监督管理也应作为观察员监督整个演练过程。

（4）每一次演练后，企业应核对事故应急处理预案规定的内容是否都已被检查，找出不足和缺点。检查主要包括下列内容：

①在事故期间通信系统是否能运作。

②人员是否能安全撤离。

③应急服务机构能否及时参与事故抢救。

④能否有效控制事故进一步扩大。

（二）事故应急处理预案的修订

企业应对在演习中发现的问题及时提出解决方案，对事故应急预案进行修订完善。

企业应在现场危险设施和危险物发生变化时及时修改事故应急处理预案。

应把对事故应急处理预案的修改情况及时通知所有与事故应急处理预案有关的人员。

第十节　HSE 管理体系

一、HSE 管理体系的发展与历史沿革

（一）国际石油界 HSE 管理发展回顾

HSE 管理体系的形成和发展是石油勘探开发（E&P）多年管理工作经验积累的结果。全球，尤其是海上石油作业近二三十年的实践，大大推动了各石油公司的安全管理。国外有的专家曾这样评述安全工作的发展过程：20 世纪 60 年代以前主要体现在安全方面的要

求，在装备上不断改善对人们的劳动保护，利用自动化控制手段使工艺流程的保护性能得到完善；70 年代以后，注重对人的行为的研究，注重考察人与环境的相互关系；80 年代以后，逐渐发展并形成了一系列安全管理的思想和方法。尤其是国际石油界的几次重大事故以血的教训推动了安全管理工作的不断深化和发展。

1988 年英国北海油田的帕玻尔·阿尔法平台火灾爆炸和 1989 年埃克森石油公司瓦尔兹油轮触礁漏油等惊心动魄的恶性事故，震惊了世界，也引起了国际石油界的极大关注和深刻反思，迫使人们采取各种有效措施，以避免重大事故的再次发生。负责调查阿尔法平台火灾爆炸事故的卡伦爵士在提交的调查报告中提出的安全状况分析报告、安全管理体系（SMS）、安全立法和强化执法等建议对现代安全管理产生了革命性的影响。

随着石油勘探与开发市场的进一步国际化，各大石油公司都在积极探索建立有效的健康安全环境（HSE）管理体系。Shell（荷兰皇家壳牌石油集团公司）首先制订出自己的安全管理体系（SMS），在公司范畴内实施海上作业安全状况报告程序，并于 1991 年颁布健康、安全与环境（HSE）方针指南。国际石油勘探与开发论坛（E&P Forum）也从 1991 年开始定期组织召开油气勘探与开发 HSE 专题研讨会议。之后，HSE 管理体系逐步为各大石油公司所接受，并逐渐成为国际石油界的通行做法。

（二）我国石油工业 HSE 管理推行情况

在国际石油界研究、推行 HSE 管理体系的同时，我们也在积极沉思、探索。从我国石油工业发展来看，中国石油天然气总公司是比较重视安全生产工作及环境管理工作的，在多年的实践当中，也不断摸索总结出了一些管理工作方法，建立了一套比较完善的规章制度。在安全生产工作方面，形成以"三老四严""四个一样"为基本内容的岗位安全责任制；制订了《石油行业安全生产管理规定》等一系列的规章制度。但回顾起来，事故时有发生的现象没有得到根本扭转，安全管理水平一直成为制约公司进一步发展的重要因素之一，尤其在刚开始与外国大石油公司合作时，在管理理念上存在巨大差距。1993 年，通过国际招标方式，利用外资勘探黑龙江、内蒙古、青海、新疆等地的油气资源。国际上的一些大石油公司中标进入中国市场，国内的石油工程技术服务队伍以反承包运作方式承担了施工项目。同时，中国石油施工队伍通过技术投标走出国门，实现了从单纯劳务输出到设计、采办和施工（EPC）项目总承包的转变，从而带动了技术、人员和装备的出口，开始了在国际市场上与国际大石油公司的竞争与合作。

正是由此开始，中国石油系统的安全环保意识与国际石油公司 HSE 管理理念、管理方式发生了激烈碰撞。这种碰撞几乎发生在从生产到生活，从微观到宏观的各个领域。1996 年底，某油田一临时集油站发生一起着火爆炸事故，这起爆燃事故造成的直接经济损失 146 万元，同时造成数十口油井被迫关井停产，影响原油产量上万吨。事后调查结果证明，生产现场安装了没有经过工业试验的磁力泵，磁力泵漏油导致着火爆炸，这是一起典型的设备质量事故。这起质量事故的深层次原因究竟在哪里？为什么会出现这种现象？

如何解决这一问题？在深刻反思中逐步悟出了一个道理：安全工作是一项系统工程，应当借鉴全面质量管理的理念和方式，应当学习国外石油界的通行做法。采用先进的管理方法，建立和推行一套体系化管理的模式，才能够从根本上解决安全工作与生产经营管理各个环节的脱节现象，堵塞漏洞，防范事故发生。

中国石油天然气总公司于 1996 年 9 月开始组织人员对国际标准化组织的 ISO/CD 14690《石油天然气工业健康、安全与环境管理体系》进行翻译和转化，1997 年 6 月 27 日正式颁布了中华人民共和国石油天然气行业标准 SY/T 6276—1997《石油天然气工业健康、安全与环境管理体系》。从此，开始了建立和实施 HSE 管理体系的系统工程。中国石油先运行的 HSE 管理体系标准先后在 2013 年、2014 年、2016 年、2020 年、2022 年进行修订，现运行标准为 Q/SY 08002.1—2022《健康安全环境管理体系》。

1999 年 12 月中国石油天然气集团公司发布了《中国石油天然气集团公司健康、安全与环境售理体系管理手册》，随后又发布了《中国石油天然气集团公司健康、安全与环境管理体系建立指南》及《"两书一表"编写指南》等一系列文件，形成了具有中国石油天然气集团公司特色的 HSE 管理体系，实现了中国石油天然气集团公司 HSE 管理从紧跟型到跨越式的发展。

中国石油集团为了使 HSE 管理体系向企业管理的纵深发展，建立企业 HSE 文化，实现体系运行的持续发展，在细化完善体系要素的基础上，把体系审核检查与企业安全环保检查及考核结合起来，提出了"HSE 创优升级"计划实施方案。通过开展"创优升级"活动，不断完善体系要素运行与管理实际的结合，使 HSE 管理实施和国家法律法规要求，以及安全生产环保责任制要求完美结合起来，使 HSE 意识和理念深深印在人们的头脑里，落实在行动上，建立起企业长效安全运行机制，形成企业良好的 HSE 文化。

二、中国石油集团的 HSE 管理体系运行模式

（一）文件化管理及两个层面的体系运行模式

在中国石油集团公司总部成立 HSE 指导委员会，行使总指导协调职能，制定企业 HSE 方针，提供统一的 HSE 政策、标准和体系指南，由总经理作出书面 HSE 承诺并签发《HSE 管理体系管理手册》。

中国石油集团各专业公司、控股公司、直属企业及其所属单位，成立 HSE 管理委员会，在中国石油集团的 HSE 方针、标准和体系建立指南等文件指导下，编制《HSE 管理方案》，建立和保持自己的 HSE 管理体系。

基层组织或项目部成立 HSE 管理领导小组，按照上级 HSE 管理体系要求，识别本组织或项目存在的风险，编制和实施《HSE 作业指导书》《HSE 作业计划书》和《HSE 现场检查表》——即 HSE "两书一表"。

《HSE 管理方案》和 HSE "两书一表"的实施，有针对性和较好地解决了基层组织

和管理层的 HSE 管理体系运行的重点问题，构成了企业两个层面的 HSE 管理体系运行模式。

为了强调和突出应急管理、隐患治理，从现场风险识别开始，逐级编制应急处置预案、救援预案和响应预案，集团公司编制重大事故应急预案和重大危险源控制计划，作为体系文件的支持文件，使意外情况处置等重大管理也纳入到体系管理。

1. 管理层的基本运行模式——《HSE 管理方案》

《HSE 管理方案》主要是用于中国石油集团所属企业局处两级机关等管理层面的 HSE 管理模式，重点解决各级组织在管理体系运行过程中发现的事故隐患、管理缺陷、不足，或是需要管理层协调、投资等解决的问题，实现管理体系持续改进。

企业的《HSE 管理方案》应结合年度健康、安全与环境工作规划制定，《HSE 管理方案》包括了风险削减目标和指标、活动和任务安排及重大危害和影响的风险控制措施、资源需求、时间进度及职责权限等内容。企业综合性《HSE 管理方案》可采用编制综合性指导文件加上具体的《HSE 管理方案》方式，有重点分层次逐个落实。基层组织的《HSE 管理方案》原则上应是针对 HSE 个案的阶段性方案，落实在 HSE "两书一表"实施过程中基层解决不了的隐患问题。《HSE 管理方案》应经 HSE 管理委员会评审后实施，并由监督检查和验收，对方案实施作出评价，出现应急情况和发生事故以后也要对编制《HSE 管理方案》进行审核和变更。有些情况下，《HSE 管理方案》也可以和企业的隐患治理方案及技术改造措施等相关管理文件进行整合。

2. 基层组织的基本运行模式——HSE "两书一表"

建立 HSE 管理体系的主要目的，就是要把 HSE 方针、目标分解到基层单位，把识别危害、削减风险的措施、责任逐级落实到岗位人员，真正使 HSE 管理体系从上到下规范运作，体现"全员参与、控制风险、持续改进、确保绩效"的工作要求。安全管理重在预防，事故出现在基层，HSE 管理工作的重点也在基层。如何有效实施 HSE 管理体系，减少和避免文件体系和传统的规章制度及操作规程出现的两张皮现象，使 HSE 管理体系在基层得到快速有效的实施，是成功启动 HSE 管理体系的关键。中国石油集团在推动 HSE 管理体系由文件化管理向风险管理深化的初期阶段，率先提出在基层实施 HSE "两书一表"，较好地处理了传统规章制度、操作规程及岗位责任制等向 HSE 管理体系转化的问题，建立起基层组织的 HSE 管理体系运行模式。

《HSE 作业指导书》用来描述常规的作业制度、操作规程及岗位职责等，是相对静态的文件。《HSE 作业指导书》是基层组织施工作业实施 HSE 风险管理的基本指南。它是根据设备、人员和各项常规作业的 HSE 风险情况（也可按工艺单元、或设备操作单元划分），在人员、工艺、设备、作业环境等因素相对稳定的情况下，按照有关 HSE 判别标准和规范，结合历年工程施工总结出的经验教训，由管理人员、技术专家、熟练的岗位操作人员相结合进行逐项危害识别，按照"合理并尽可能低"的风险控制原则，对各类风险制订对策措施，经过业务主管部门（或 HSE 监督部门）组织评审后，整理汇编成相对固定的指导现场作业全过程的 HSE 管理文件。

《HSE 作业计划书》是针对变化了的情况，由基层组织结合具体施工作业的情况和所处环境等特定的条件，为满足新项目作业的 HSE 管理体系要求，以及业主、承包商、相关方等对项目风险管理的特殊要求，在进入现场作业前所编制的 HSE 具体作业计划。《HSE 作业计划书》在内容上主要偏重新的风险识别和应急预案编写，是基层组织用来解决现场新的 HSE 风险管理问题，实现施工作业 HSE 目标，持续改进施工 HSE 表现，提高或改善作业 HSE 绩效的补充方案。《HSE 作业计划书》是在《HSE 作业指导书》控制和削减常规风险的文件要求基础上，进一步评估现场具体的施工人员、机具、环境和 HSE 法规标准，通过补充、变更和细化有关控制、削减风险的关键措施内容，制定得更切合实际、更具个性化和约束力的供"现场"操作的 HSE 作业文件。

中国石油集团规定，凡是新上项目，必须根据项目情况，按照 HSE 管理体系要求，编制《HSE 作业计划书》。由此可见，《HSE 作业计划书》是一个相对动态的文件，是对《HSE 作业指导书》的补充。随着基层组织 HSE 管理体系运行的不断深化，《HSE 作业指导书》的内容也会不断得到完善和补充。《HSE 作业计划书》在内容和编制上就逐渐简化，《HSE 作业计划书》主要内容更倾向于以主要编制有针对性和可操作性的，细化了的项目应急预案。

《HSE 检查表》是在现场施工过程中实施检查的工具，涵盖《HSE 作业指导书》和《HSE 作业计划书》的主要检查要求和检查内容，是事先精心设计的一套检查表格。

（二）管理、监督相对分离的安全监督机制

传统的安全管理理论认为，导致事故的主要原因是物的不安全状态和人的不安全行为。但事故的根本原因是管理机制、体系等方面的缺陷，特别是和管理者的安全意识、重视程度及在资源配置方面所提供的保障有直接的关系。无数次事故表明，管理的疏漏是安全生产的主要危害，也是发生事故的根本原因。但是，从发生的事故分析来看，许多事故的发生并不是因为缺少必要的管理制度和能力，而是因为缺少相应的激励动力和约束监督机制。

国外大石油公司为了加强对承包商的 HSE 管理，以维护公司声誉和项目 HSE 业绩，已经按照监督机制，开始实施 HSE 监督的第三方监督。HSE 监督也和质量监督、工程监督等岗位一样，已经成为一种专业并走向职业化。在目前国内从事石油专业的 HSE 监督机构，还没有发展和形成一定规模的情况下，中国石油集团借鉴国外推行 HSE 管理体系的具体做法，在企业系统内部推行了 HSE 管理和监督相对分离的安全监督机制（注：海外项目实施 HSE 监督）。这也是在建立和实施与国际接轨的 HSE 管理体系的过程中，通过不断探索和建立长效安全运行机制，持续改进 HSE 绩效，总结和摸索出的一条成功经验。在企业实施 HSE 管理体系基础上提出并建立了安全监督机制，从而在体制上保证 HSE 管理的工作到位、措施到位、责任到位和现场安全生产的监督到位。实践证明，安全监督机制建设是现阶段实现高效安全管理的一个有效途径，有利于企业安全业绩和 HSE

管理水平的提高。

安全监督机制实行的是监督体系和管理体系两条线的运行保障体制。HSE 管理体系强调的是逐级负责的线式管理责任，安全监督体系担负的主要是旁站监督和检查督促的责任，并着重加强对基层单位或建设（工程）项目的异体安全监督。安全监督由各级安全总监、副总监和专职安全监督组成，即在企业及各级设置同级副职级别的安全总监和同级副总师级别的安全副总监；在企业或企业所属工程技术及生产服务单位，按单位或专业设置安全监督站（所），配备经过培训和考核合格的安全监督，安全监督实行专职管理、持证上岗；在海外合作或承包项目中，由国内向项目派驻 HSE 监督。安全监督运作方式是：安全监督站在安全总监、副总监的领导下，按照监督程序，对同级管理部门及单位开展监督工作；作业者（建设单位）或承包单位对建设（工程）项目派驻安全监督；钻井、海上作业、炼化检修等重点施工作业现场，以及物探、井下作业、建筑施工等单位，安全监督由上级安全总监或副总监派驻，或是由本单位从安全监督站聘请。为了保证安全监督正确履行监督职责，现场安全监督的人事关系不在被监督的基层单位管理，对其工作业绩的考核由监督站或上级主管领导负责。同时，为了激励安全监督的工作，对安全监督的个人奖惩则与被监督单位或现场的 HSE 业绩挂钩。

（三）一体化的企业 HSE 管理体系标准

近年来，随着经济全球化发展，在国际、国内大力推行职业安全健康管理体系（OHS-MS）及环境管理体系（EMS）的大环境下，国际石油界对 HSE 管理体系的认识都有了新的提升。在跨国石油公司广泛开展合作和对 HSE 的推动下，对 HSE 的认识正在从文件管理转变为被社会普遍接受的企业文化管理，OHS-MS 和 ISO 14001 国际标准等标准的推行丰富了 HSE 管理体系的要求，实施 HSE 管理体系一体化，正在国际上得到越来越多的组织认可。以杜邦公司安全文化和 HSE 管理理念为榜样，壳牌、BP 等大型跨国石油公司开展的体系"自我评价""追求卓越"及"创优升级"等活动，把 HSE 管理体系的运行推上了自我完善和持续改进的新的发展时代，其主要表现就是：HSE 文化越来越被企业和社会所关注。

特别是在广泛推行 ISO 9000 工作的基础上，国内对职业安全健康及环境管理体系标准也采取了积极的态度，先后发布了 GB/T 24001—1996《环境管理体系 规范及使用指南》、GB/T 28001—2001《职业健康安全管理体系 规范》等标准，对推动中国企业管理加快与国际接轨，提升职业健康安全及环境方面的绩效和声誉起到了很好的作用。

在执行 SY/T 6276—1997《石油天然气工业健康、安全与环境管理体系》行业标准基础上，通过工作实践，对 HSE 管理体系的认识也有了更加深刻的认识。结合国际 HSE 发展趋势和国家对安全生产、职业安全健康及环保的标准规范要求，中国石油集团于 2004 年制订并发布了 Q/CNPC 104.1—2004《中国石油天然气集团公司健康安全环境管理体系 第 1 部分：规范》。中国石油集团的 HSE 标准，由 7 个一级要素和 23 个二级要素构成。

整合后的 HSE-MS 管理体系要素，突出了与国际石油界 HSE 管理规则发展潮流的一致，便于开展国内外业务合作，同时实现了与职业安全健康管理体系、环境管理体系的整合，达到了 HSE 管理体系与相关管理体系在要素上兼容、文件上简化、操作上简便。

（四）培训、咨询和认证的技术支持

为了确保 HSE 管理体系的培训咨询工作有序开展，获取管理体系的外部认证，为企业建立和运行 HSE 管理体系提供技术支持，中国石油集团同时开展了培训、咨询和认证的技术支持模式建立工作。

1. HSE 培训、咨询

按照地区分布和上下游特点，中国石油集团组建了大庆、新疆、辽化、物探、重庆五大集团公司级培训基地、并取得了国家职业安全健康管理体系培训、咨询资格，构建了 HSE 管理体系培训和咨询的技术支持网络。同时，在国家安全监督管理局和当地政府有关主管部门的指导帮助下，中国石油所属企业有 102 个培训机构获得了国家三、四级安全生产培训资格，有 10 个培训机构获得了国家一、二级安全生产培训资格。在 HSE 管理体系培训方面，建立起"四级管理、三级培训"分级管理的培训体制，即：按照国家四级培训机构设置的原则和要求，对安全生产培训机构实行四级管理，同时按照"高级、重点、普及"三个层次开展培训。一是对企业领导干部、安全部门负责人、安全总监和集团公司级 HSE 审校员，实行统一安排的重点培训，由中国石油集团总部人事和安全主管部门负责考核，颁发中国石油集团培训合格证。二是对企业安全管理干部、监督、HSE 内审员的培训，由培训机构具体实施培训，用规范的题库进行考试，由集团公司 HSE 指导委员会颁发合格证书。三是对基层 HSE 普及、安全生产知识、技能及特种作业人员培训和技能鉴定等培训，由企业组织有相应资格和能力的培训机构进行培训。各企业在集团公司培训规划指导下，结合企业实际，对企业所属管理人员、从业人员及特种作业人员，有计划地组织有关人员定期参加 HSE 培训。

2. HSE 管理体系审核认证

为了确保 HSE 管理体系得到规范运行和实现持续改进，中国石油集团引进了第三方 HSE 管理认证制度，在国家经贸委的大力支持下，成立了独立运作的 HSE 管理体系认证中心，并同时获得国家 OHS-MS 管理体系认证资格。认证中心对申请 HSE 管理体系的组织独立开展认证审核工作，申请单位通过认证后可同时获得 HSE 管理体系和 OHS-MS 两个认证审核证书。

HSE 培训、咨询和认证工作有效激发了中国石油集团各企业建立体系的内在动力，使企业在建立和运行 HSE 管理体系模式基础上，自发地走上持续改进的体系运行轨道。开展 HSE 管理体系外部审核，为企业提供了一个客观公正的外部认可，提高了企业声誉，同时还带动了 HSE 管理体系咨询、培训和认证工作的全面开展，教师队伍、审核员队伍和 HSE 专家队伍的业务能力不断提高。通过开展咨询、培训和体系认证审核工作，从事培训、咨询和认证的工作人员除具备 HSE 管理体系和 OHS-MS 审核能力外，多数还顺利取得 ISO

9000 质量管理体系和 ISO 14001 环境管理体系咨询或认证资格，对推动中国石油 HSE 管理体系标准实施和管理体系一体化发展，创造了条件，提供了良好的技术支持保证。

三、实施"两书一表"的原则要求

（一）"两书一表"的基础是 HSE 风险管理

风险管理是 HSE 管理的核心内容。"两书一表"作为 HSE 管理体系在基层组织实施的作业文件，其目的是要找出施工作业可能存在的风险并进行有效地控制。一般可采用风险矩阵评估技术。风险矩阵是一种以概率（暴露、频率及类似项）与后果的叠加来表示风险的图表。在矩阵中，后果对应的几率作图画出折线，与所导致的风险类型相对应，分别用不同的阴影表示。风险类型分为不可接受的风险区域、需要考虑削减风险的区域和可进行正常操作但仍需继续改进的区域。对于不可接受、需要考虑削减的风险，利用关联图可直观地对风险的起因和后果进行分析。通过风险的起因和后果分析，本着"预防为主"的原则，结合施工作业地理环境、工艺特点等综合因素，从人、机、物、环境等方面进行考虑，有针对性地制订出预防 HSE 风险的具体措施，构成"两书一表"的具体内容。

（二）"两书一表"的关键是落实 HSE 责任

"两书一表"作为基层组织 HSE 管理的作业文件，既体现风险管理的复杂性，又要求风险管理的科学性，更强调岗位 HSE 责任的确定性。必须根据风险评价结果，将制订的风险削减和控制措施具体分解，在对人员能力评估的基础上，落实到各岗位上，实行关键岗位 HSE 责任分配制。具体做法是：采用"关键岗位 HSE 任务清单"，把通常可能发生危害的风险削减和控制措施对号入座，分类分项列出危害、存在的部位或环节、潜在后果、频率、削减和控制措施。所有员工必须严格执行经审定的 HSE 风险削减和控制措施。确因项目调整、设计改变或人员变动，引起"潜在风险"变化时，应通过"变更"程序，对《HSE 作业计划书》中有关措施进行修订或补充，并确保其岗位 HSE 责任落实。

在编制"两书一表"时，既要考虑正常工作情况下各岗位的 HSE 责任，更要考虑非常情况下各种突发事件。针对不同的突发事件制订出应急反应计划或措施。具体任务应落实到有关的岗位。由于应急反应事件的不同，涉及的岗位也不同，除重大事件现场抢险小组人员必须迅速到岗实施抢险外，有关岗位人员也应按照应急计划执行应急措施。

（三）"两书一表"的作用是推动持续改进

为了督促基层组织规范 HSE 体系管理，建立自我约束机制，保持持续改进，专门规定了 HSE 检查制度。《HSE 现场检查表》正是用来规范人、机、物、环境 HSE 管理，检测现场的 HSE 表现，评价 HSE 绩效的重要工具。通过各种检查记录的反馈，及时了解现场监测结果，发现各个关键部位的事故隐患，以便采取措施纠正各种不符合（包括体系有效性、符合性），确保潜在的主要事故危害得到控制，将各种 HSE 风险降至"合理实际并尽可能低"的程度，促进 HSE 管理体系的持续改进。

这里很重要的一条是，各企业基层组织在编制《HSE 现场检查表》时，应遵循"针对性""实用性""简明性"和"一致性"。针对检查的目的设计内容、区别对象，突出关键工序、部位、操作要点，制成配套的检查表格。要求表格项目精练、操作方便，便于填写，防止重复或漏检。无论谁去检查（包括领导）都使用这张表，防止检查的随意性。使检查行为制度化、内容要求标准化，评定结果"是非"化。

通过"两书一表"的实施，不仅规范了现场作业、有效地控制了各类事故，同时，对于提高职工素质、推进文明生产也发挥了积极的作用。实践证明，"两书一表"的实施，强化了基层队、车间、班组的 HSE 风险管理，提升了施工作业的 HSE 现场管理水平，增强了队伍整体的竞争能力，是落实企业总目标和实现单位健康、安全、环境"零事故"的一条有效途径，对建立现代企业基层安全管理制度无疑是一个创新。

第十一节　安全生产标准化

一、安全生产标准化概念

安全生产标准化，是指通过建立安全生产责任制，制订安全管理制度和操作规程，排查治理隐患和监控重大危险源，建立预防机制，规范生产行为，使各生产环节符合有关安全生产法律法规和标准规范的要求，人（人员）、机（机械）、料（材料）、法（工法）、环（环境）、测（测量）处于良好的生产状态，并持续改进，不断加强企业安全生产规范化建设。

二、安全生产标准化内涵

安全生产标准化体现了"安全第一、预防为主、综合治理"的方针和"以人为本"的科学发展观，强调企业安全生产工作的规范化、科学化、系统化和法治化，强化风险管理和过程控制，注重绩效管理和持续改进，符合安全管理的基本规律，代表了现代安全管理的发展方向，是先进安全管理思想与我国传统安全管理方法、企业具体实际的有机结合，有效提高企业安全生产水平，从而推动我国安全生产状况的根本好转。

三、安全生产标准化规范内容

（一）目标

企业根据自身安全生产实际，制订总体和年度安全生产目标。

按照所属基层单位和部门在生产经营中的职能，制订安全生产指标和考核办法。

（二）组织机构和职责

1. 组织机构

企业应按规定设置安全生产管理机构，配备安全生产管理人员。

2. 职责

企业主要负责人应按照安全生产法律法规赋予的职责，全面负责安全生产工作，并履行安全生产义务。

企业应建立安全生产责任制，明确各级单位、部门和人员的安全生产职责。

（三）安全生产投入

企业应建立安全生产投入保障制度，完善和改进安全生产条件，按规定提取安全费用，专项用于安全生产，并建立安全费用台账。

（四）法律法规与安全管理制度

1. 法律法规、标准规范

企业应建立识别和获取适用的安全生产法律法规、标准规范的制度，明确主管部门，确定获取的渠道、方式，及时识别和获取适用的安全生产法律法规、标准规范。

企业各职能部门应及时识别和获取本部门适用的安全生产法律法规、标准规范，并跟踪、掌握有关法律法规、标准规范的修订情况，及时提供给企业内负责识别和获取适用的安全生产法律法规的主管部门汇总。

企业应将适用的安全生产法律法规、标准规范及其他要求及时传达给从业人员。

企业应遵守安全生产法律法规、标准规范，并将相关要求及时转化为本单位的规章制度，贯彻到各项工作中。

2. 规章制度

企业应建立健全安全生产规章制度，并发放到相关工作岗位，规范从业人员的生产作业行为。

安全生产规章制度至少应包含下列内容：安全生产职责、安全生产投入、文件和档案管理、隐患排查与治理、安全教育培训、特种作业人员管理、设备设施安全管理、建设项目安全设施"三同时"管理、生产设备设施验收管理、生产设备设施报废管理、施工和检维修安全管理、危险物品及重大危险源管理、作业安全管理、相关方及外用工管理、职业健康管理、防护用品管理、应急管理、事故管理等。

3. 操作规程

企业应根据生产特点，编制岗位安全操作规程，并发放到相关岗位。

4. 评估

企业应每年至少一次对安全生产法律法规、标准规范、规章制度、操作规程的执行情况进行检查评估。

5. 修订

企业应根据评估情况、安全检查反馈的问题、生产安全事故案例、绩效评定结果等，对安全生产管理规章制度和操作规程进行修订，确保其有效和适用，保证每个岗位所使用的为最新有效版本。

6. 文件和档案管理

企业应严格执行文件和档案管理制度，确保安全规章制度和操作规程编制、使用、评审、修订的效力。

企业应建立主要安全生产过程、事件、活动、检查的安全记录档案，并加强对安全记录的有效管理。

（五）教育培训

1. 教育培训管理

企业应确定安全教育培训主管部门，按规定及岗位需要，定期识别安全教育培训需求，制订、实施安全教育培训计划，提供相应的资源保证。

应做好安全教育培训记录，建立安全教育培训档案，实施分级管理，并对培训效果进行评估和改进。

2. 安全生产管理人员教育培训

企业的主要负责人和安全生产管理人员，必须具备与本单位所从事的生产经营活动相适应的安全生产知识和管理能力。法律法规要求必须对其安全生产知识和管理能力进行考核的，须经考核合格后方可任职。

3. 操作岗位人员教育培训

企业应对操作岗位人员进行安全教育和生产技能培训，使其熟悉有关的安全生产规章制度和安全操作规程，并确认其能力符合岗位要求。未经安全教育培训，或培训考核不合格的从业人员，不得上岗作业。

新入厂（矿）人员在上岗前必须经过厂（矿）、车间（工段、区、队）、班组三级安全教育培训。

在新工艺、新技术、新材料、新设备设施投入使用前，应对有关操作岗位人员进行专门的安全教育和培训。

操作岗位人员转岗、离岗一年以上重新上岗者，应进行车间（工段）、班组安全教育培训，经考核合格后，方可上岗工作。

从事特种作业的人员应取得特种作业操作资格证书，方可上岗作业。

4. 其他人员教育培训

企业应对相关方的作业人员进行安全教育培训。作业人员进入作业现场前，应由作业现场所在单位对其进行进入现场前的安全教育培训。

企业应对外来参观、学习等人员进行有关安全规定、可能接触到的危害及应急知识的教育和告知。

5. 安全文化建设

企业应通过安全文化建设，促进安全生产工作。

企业应采取多种形式的安全文化活动，引导全体从业人员的安全态度和安全行为，逐步形成为全体员工所认同、共同遵守、带有本单位特点的安全价值观，实现法律和政府监管要求之上的安全自我约束，保障企业安全生产水平持续提高。

（六）生产设备设施

1. 生产设备设施建设

企业建设项目的所有设备设施应符合有关法律法规、标准规范要求；安全设备设施应与建设项目主体工程同时设计、同时施工、同时投入生产和使用。

企业应按规定对项目建议书、可行性研究、初步设计、总体开工方案、开工前安全条件确认和竣工验收等阶段进行规范管理。

生产设备设施变更应执行变更管理制度，履行变更程序，并对变更的全过程进行隐患控制。

2. 设备设施运行管理

企业应对生产设备设施进行规范化管理，保证其安全运行。

企业应有专人负责管理各种安全设备设施，建立台账，定期检维修。对安全设备设施应制订检维修计划。

设备设施检维修前应制订方案。检维修方案应包含作业行为分析和控制措施。检维修过程中应执行隐患控制措施并进行监督检查。

安全设备设施不得随意拆除、挪用或弃置不用；确因检维修拆除的，应采取临时安全措施，检维修完毕后立即复原。

3. 新设备设施验收及旧设备拆除、报废

设备的设计、制造、安装、使用、检测、维修、改造、拆除和报废，应符合有关法律法规、标准规范的要求。

企业应执行生产设备设施到货验收和报废管理制度，应使用质量合格、设计符合要求的生产设备设施。

拆除的生产设备设施应按规定进行处置。拆除的生产设备设施涉及到危险物品的，须制订危险物品处置方案和应急措施，并严格按规定组织实施。

（七）作业安全

1. 生产现场管理和生产过程控制

企业应加强生产现场安全管理和生产过程的控制。对生产过程及物料、设备设施、器材、通道、作业环境等存在的隐患，应进行分析和控制。对动火作业、受限空间内作业、临时用电作业、高处作业等危险性较高的作业活动实施作业许可管理，严格履行审批手续。作业许可证应包含危害因素分析和安全措施等内容。

企业进行爆破、吊装等危险作业时，应当安排专人进行现场安全管理，确保安全规程的遵守和安全措施的落实。

2. 作业行为管理

企业应加强生产作业行为的安全管理。对作业行为隐患、设备设施使用隐患、工艺技术隐患等进行分析，采取控制措施。

3. 警示标志

企业应根据作业场所的实际情况，按照 GB 2894《安全标志及其使用导则》及企业内部规定，在有较大危险因素的作业场所和设备设施上，设置明显的安全警示标志，进行危险提示、警示，告知危险的种类、后果及应急措施等。

企业应在设备设施检维修、施工、吊装等作业现场设置警戒区域和警示标志，在检维修现场的坑、井、洼、沟、陡坡等场所设置围栏和警示标志。

4. 相关方管理

企业应执行承包商、供应商等相关方管理制度，对其资格预审、选择、服务前准备、作业过程、提供的产品、技术服务、表现评估、续用等进行管理。

企业应建立合格相关方的名录和档案，根据服务作业行为定期识别服务行为风险，并采取行之有效的控制措施。

企业应对进入同一作业区的相关方进行统一安全管理。

不得将项目委托给不具备相应资质或条件的相关方。企业和相关方的项目协议应明确规定双方的安全生产责任和义务。

5. 变更

企业应执行变更管理制度，对机构、人员、工艺、技术、设备设施、作业过程及环境等永久性或暂时性的变化进行有计划地控制。变更的实施应履行审批及验收程序，并对变更过程及变更所产生的隐患进行分析和控制。

（八）隐患排查和治理

1. 隐患排查

企业应组织事故隐患排查工作，对隐患进行分析评估，确定隐患等级，登记建档，及时采取有效的治理措施。

法律法规、标准规范发生变更或有新的公布，以及企业操作条件或工艺改变，新建、改建、扩建项目建设，相关方进入、撤出或改变，对事故、事件或其他信息有新的认识，组织机构发生大的调整的，应及时组织隐患排查。

隐患排查前应制订排查方案，明确排查的目的、范围，选择合适的排查方法。排查方案应依据：

（1）有关安全生产法律、法规要求；

（2）设计规范、管理标准、技术标准；

（3）企业的安全生产目标等。

2. 排查范围与方法

企业隐患排查的范围应包括所有与生产经营相关的场所、环境、人员、设备设施和活动。

企业应根据安全生产的需要和特点，采用综合检查、专业检查、季节性检查、节假日检查、日常检查等方式进行隐患排查。

3. 隐患治理

企业应根据隐患排查的结果，制订隐患治理方案，对隐患及时进行治理。

隐患治理方案应包括目标和任务、方法和措施、经费和物资、机构和人员、时限和要求。重大事故隐患在治理前应采取临时控制措施并制订应急预案。

隐患治理措施包括：工程技术措施、管理措施、教育措施、防护措施和应急措施。

治理完成后，应对治理情况进行验证和效果评估。

4. 预测预警

企业应根据生产经营状况及隐患排查治理情况，运用定量的安全生产预测预警技术，建立体现企业安全生产状况及发展趋势的预警指数系统。

（九）重大危险源监控

1. 辨识与评估

企业应依据有关标准对本单位的危险设施或场所进行重大危险源辨识与安全评估。

2. 登记建档与备案

企业应当对确认的重大危险源及时登记建档，并按规定备案。

3. 监控与管理

企业应建立健全重大危险源安全管理制度，制订重大危险源安全管理技术措施。

（十）职业健康

1. 职业健康管理

企业应按照法律法规、标准规范的要求，为从业人员提供符合职业健康要求的工作环境和条件，配备与职业健康保护相适应的设施、工具。

企业应定期对作业场所职业危害进行检测，在检测点设置标识牌予以告知，并将检测结果存入职业健康档案。

对可能发生急性职业危害的有毒、有害工作场所，应设置报警装置，制订应急预案，配置现场急救用品、设备，设置应急撤离通道和必要的泄险区。

各种防护器具应定点存放在安全、便于取用的地方，并有专人负责保管，定期校验和维护。

企业应对现场急救用品、设备和防护用品进行经常性地检维修，定期检测其性能，确保其处于正常状态。

2. 职业危害告知和警示

企业与从业人员订立劳动合同时，应将工作过程中可能产生的职业危害及其后果和防护措施如实告知从业人员，并在劳动合同中写明。

企业应采用有效的方式对从业人员及相关方进行宣传，使其了解生产过程中的职业危害、预防和应急处理措施，降低或消除危害后果。

对存在严重职业危害的作业岗位，应按照 SY/T 6276—2014《石油天然气工业　健康、安全与环境管理体系》要求设置警示标识和警示说明。警示说明应载明职业危害的种类、后果、预防和应急救治措施。

3. 职业危害申报

企业应按规定，及时、如实向当地主管部门申报生产过程存在的职业危害因素，并依法接受其监督。

（十一）应急救援

1. 应急机构和队伍

企业应按规定建立安全生产应急管理机构或指定专人负责安全生产应急管理工作。

企业应建立与本单位安全生产特点相适应的专（兼）职应急救援队伍，或指定专（兼）职应急救援人员，并组织训练；无须建立应急救援队伍的，可与附近具备专业资质的应急救援队伍签订服务协议。

2. 应急预案

企业应按规定制订生产安全事故应急预案，并针对重点作业岗位制订应急处置方案或措施，形成安全生产应急预案体系。

应急预案应根据有关规定报当地主管部门备案，并通报有关应急协作单位。

应急预案应定期评审，并根据评审结果或实际情况的变化进行修订和完善。

3. 应急设施、装备、物资

企业应按规定建立应急设施，配备应急装备，储备应急物资，并进行经常性地检查、维护、保养，确保其完好、可靠。

4. 应急演练

企业应组织生产安全事故应急演练，并对演练效果进行评估。根据评估结果，修订、完善应急预案，改进应急管理工作。

5. 事故救援

企业发生事故后，应立即启动相关应急预案，积极开展事故救援。

（十二）事故报告、调查和处理

1. 事故报告

企业发生事故后，应按规定及时向上级单位、政府有关部门报告，并妥善保护事故现场及有关证据。必要时向相关单位和人员通报。

2. 事故调查和处理

企业发生事故后，应按规定成立事故调查组，明确其职责与权限，进行事故调查或配合上级部门的事故调查。

事故调查应查明事故发生的时间、经过、原因、人员伤亡情况及直接经济损失等。

事故调查组应根据有关证据、资料，分析事故的直接、间接原因和事故责任，提出整改措施和处理建议，编制事故调查报告。

（十三）绩效评定和持续改进

1. 绩效评定

企业应每年至少一次对本单位安全生产标准化的实施情况进行评定，验证各项安全生产制度措施的适宜性、充分性和有效性，检查安全生产工作目标、指标的完成情况。

企业主要负责人应对绩效评定工作全面负责。评定工作应形成正式文件，并将结果向所有部门、所属单位和从业人员通报，作为年度考评的重要依据。

企业发生死亡事故后应重新进行评定。

2. 持续改进

企业应根据安全生产标准化的评定结果和安全生产预警指数系统所反映的趋势，对安全生产目标、指标、规章制度、操作规程等进行修改完善，持续改进，不断提高安全绩效。

第二章　油气田生态环保管理知识

第一节　生态影响识别与生态恢复技术

石油天然气开采建设项目对生态环境的影响主要集中在建设期和运行期。场站建设、管道敷设、道路修建等活动都可能对所在地区的土壤、植被、野生动物等生态环境造成一定程度的影响，运行期的主要环境影响是废气、废水、固废和噪声影响。

一、生态影响识别

（一）生态学原理

生态学是研究生物与环境之间相互关系的科学。生态学原理包括生物多样性、生态系统稳定性、生态平衡、生物地球化学循环等方面。这些原理提供了理解和评估人类活动对生态环境影响的基础。

（二）生态影响评估方法

生态影响评估是对人类活动可能对生态环境产生的各种影响进行预测和评估的过程。评估方法包括定性评估和定量评估两种。定性评估常用的方法有专家判断、生态足迹等；定量评估则常用环境质量指数、生态系统服务评估等。

（三）生态影响评估报告编写

生态影响评估报告是一种用于记录和展示评估过程和结果的文件，包括评估目的、范围、方法、结果及结论等部分。报告编写过程中，应清晰、准确、完整地描述各项内容和结论，以便让读者能够理解和评估生态环境影响的程度和性质。

（四）生态环境保护措施

生态环境保护措施是旨在减少人类活动对生态环境负面影响的一类措施。这些措施可能包括污染控制、资源保护、生态修复、环境监测等。实施环境保护措施时，需要考虑各种因素，包括政策和技术、资源条件、社会经济状况等。

（五）生态影响监测与评价

生态影响监测是对人类活动产生的生态影响进行实时监测，以便及时掌握生态环境的变化情况。监测方法包括遥感、地面观测等。评价则是根据监测结果对生态环境的影响程度和性质进行评估。通过监测与评价，可以及时发现和纠正生态保护措施的不足之处，有效保护生态环境。

（六）生态影响预测与情景分析

生态影响预测是对未来可能出现的影响进行预测和评估。通常需要考虑多种因素，包括人口分布、经济发展、政策法规等。通过预测，可以为决策提供科学依据，避免或减少不利影响。情景分析则是根据不同的影响因素，设定不同的情景，预测在不同的情境下可能出现的生态影响，为制订有效的管理策略提供参考。

（七）生态影响减缓措施与风险管理

为了降低或避免人类活动对生态环境的不利影响，需要采取相应的减缓措施。这些措施可能包括优化设计方案，提高环保技术水平，实施科学管理等。同时，需要对可能出现的风险进行管理，制订相应的风险控制方案，以降低生态环境风险。

（八）生态影响的社会经济影响评估

除了对生态环境的影响进行评估外，还需要对生态影响产生的社会经济影响进行评估。这主要包括对经济发展的促进、对人类健康的影响及对当地居民生活质量的影响等。这种评估旨在实现可持续的社会经济发展，同时保护生态环境。

二、油气开采对生态环境的影响

在原油的开采过程中，落地原油会通过地表径流，而对地表水和海水造成一定的污染，如果这些受到污染的水被作为灌溉用水或被家畜所食用，则其中的各种毒素就会直接进入人体当中，危害生命健康安全。

石油对土壤的污染，是在勘探、开采、运输的过程中引起的，主要是由于泄漏产生，其造成的污染主要存在于地表20cm深度的土壤中，会直接降低土壤的通透性，以此来降低土壤的质量，还会渗入植物的根系处，从而影响根系的呼吸，引起根系的腐烂，还能降低土壤中的磷、氮含量，这会直接影响植物对营养的吸收。石油当中还含有大量的多环芳香烃，具有较强的致癌、致畸性，会通过食物链而进入人体中，对人类的身体健康造成非常大的危害。

三、油田生态环境的修复技术

目前常用的水物力修复法包括清污船清油、围油、吸油、磁性分离等技术。如果油层的厚度较厚，可以直接采用油水分离泵进行回收。磁性分离法是利用三氧化二铁具有磁性并能和石油紧密吸合的特点，来对污染水域中的石油进行吸附回收的，但该方法的成本较高。化学修复法主要包括燃烧法和投药法，燃烧法的使用最为简单，只要油层的厚度超过了3mm，就可以使用这种方法，但在其修复的过程中，因为燃烧会释放出大量的污染物质，这会对空气造成比较大的污染。投药法主要使用的化学药剂为消油剂、聚油剂。目前已研究使用过微生物絮凝剂，其是从微生物的发酵过程中提取出来，对石油进行分解。

生物修复法，该方法又可以分为原位生物修复、异位生物修复和原位—异位联合修复，目前应用最多的还是原位生物修复。

人工复氧法，是指利用人工注入氧气或空气的方法，来有效提高水中的溶解氧浓度，从而增加水体中微生物的活力，利用水中的微生物来对水体进行净化。在水中投加生物表面活性剂，可以有效提高水中微生物对石油的降解能力，且生物表面活性剂还具有高效、无毒、抗菌、经济的特点。

植物修复是利用植物的根系，来吸收、富集、降解和固定水中的污染物，从而达到降低污染强度的作用，但如果投注量过大，就会引起水生植物的大量繁殖，这又会对水体造成新的污染。

对土壤的修复技术，主要包括以下几项：

（1）物理修复。燃烧法修复，该方法主要适合土壤中石油浓度较高的情况，在修复过程中会排出一定的有毒、有害气体，且修复成本较高，适用于小面积土壤的修复。隔离修复方法，该种方法是通过围栏将污染的土壤和周围的环境隔离，可以有效防止污染土壤向地下水、土壤进行迁移，这种方法主要针对污染的控制，比较适合渗透性较差的地带，通常是作为一种临时性的处理方法。换土法，该种方法是直接利用未受污染的土壤将受到污染的土壤替换掉，可以采用翻土、换土和客土法。

（2）化学修复。萃取法，该方法是利用了相似相溶的原理，利用有机溶液来萃取土壤中的原油，然后通过对萃取液的提取，来对石油进行有效的回收，该方法主要适合石油污染较为严重的土壤，被处理后的土壤原油残留量可低于百分之五。化学氧化法，该方法是向被石油烃类严重污染的土壤中喷洒化学氧化剂，使其与污染物质发生化学反应，来达到净化的目的，常用的氧化剂有臭氧、过氧化氢、高锰酸钾、二氧化氯等。该方法非常适合土壤和地下水同时被污染的情况，但其操作往往比较复杂。

（3）生物修复法。该方法又可以被分为投菌法、生物培养法、生物通气法。投菌法是指向土壤中直接投入降解菌，并提供降解菌所需要的营养，这些营养元素通常包括氮、磷、钾等，通过细菌的分解作用，来达到修复的作用。

（4）植物修复法。该方法是利用植物对污染物质的处理能力，以及植物和微生物之间的共生效应，来对环境中的污染物质进行清除、分解、吸附，从而有效对土壤进行恢复。

第二节　污染影响分析与污染治理技术

一、环境与污染源分类

（一）环境与环境污染

环境污染：由于人类活动作用于周围环境所产生的污染物而形成的环境质量的不良变化。

污染源：污染源是造成环境污染的污染物发生源。

污染物：污染物是进入环境后能使环境的组成、结构、性质、状态乃至功能，发生直接或间接有害于人类生存和发展的物质。

环境自净能力：污染物质在环境中，因大气、水、土壤等环境要素的扩散稀释，氧化还原，生物降解等作用，其浓度和毒性自然降低，称为环境自净。

环境污染的发生主要有三个方面因素：一是当污染物的浓度超过环境的自净能力时，便产生环境污染；二是不合理地开发利用自然资源，使自然环境遭到破坏；三是城市化的工农业高速发展而不注意环保引起的。

（二）污染源分类

按环境要素分：大气污染、土壤污染、水体污染。

按属性分：显性污染、隐性污染。

按人类活动分：工业环境污染、城市环境污染、农业环境污染。

按造成环境污染的性质来源分：化学污染、生物污染、物理污染（噪声污染、放射性污染、电磁波污染等）、固体废物污染、液体废物污染、能源污染。

按污染形成过程变化分：一次污染物，即直接从各种污染源排放到环境介质中的有害物质；二次污染物，即一次污染物在环境介质中相互作用或它们与环境介质中正常组分发生反应所生成新的污染物。

二、主要环境污染及治理技术

（一）废气污染及治理技术

1. 大气污染

人类活动向大气排入各种污染物（烟尘、CO、CO_2、SO_2、NO_x、PM2.5、PM10、O_3、硫氢化物、各类有机和无机化合物等）超过环境容量时，大气质量恶化而影响环境的称为大气污染。

（1）大气污染来源于：

①生活污染源（生活废气）。

② 工业污染源（工业废气）。

③ 交通污染源（交通废气）。

（2）大气污染的种类：

① 一次污染物（SO_2、NO_x、CO、PM2.5、PM10、碳氢化合物、颗粒性物质）。

② 二次污染物（硫酸盐、硝酸盐、臭氧、醛类）。

（3）主要工业废气污染：

① 如原材料生产、物料的加工及输送、生产中的燃烧、加热、冷却等会产生废气。

② 煤烟、粉尘、有害蒸气、有害气体等。

（4）大气污染主要包括：

① 烟尘、粉尘、飞灰、金属氧化物、水泥、石棉等。

② 氧化物：CO、CO_2、H_2O_2、O_3 等。

③ 硫化物：一氧化硫、SO_2、H_2SO_4、H_2S、硫醇等。

④ 氮化物：NO、NO_2、NH_3。

⑤ 卤素与卤化物：氯、氯化氢、HF 等。

⑥ 有机物：甲烷、乙烯、苯、苯并［a］芘、甲醛、氯乙烯、氟里昂。

（5）对大气环境威胁最大的污染物有烟粉尘、二氧化硫、二氧化氮、一氧化氮、碳氢化合物。

2. 主要废气污染治理技术

（1）机械除尘器包括：

① 重力除尘器（捕集 50μm 以上尘粒，投资小、收效快、效率低）。

② 惯性（挡板）除尘器（除去 20～30μm 尘粒，用于除去金属及矿尘）。

③ 旋风除尘器（除去小于 20μm 尘粒，效率达 80%～90%）。

（2）气态污染物的治理技术及设备包括：

① 冷凝法（用于高浓度气态污染物的一级处理）：适于处理浓度在 25g/m³ 以上有机废气。

② 吸收法：物理吸收，用水溶剂吸收废气有害成分，应用广泛；化学吸收，与吸收剂产生化学反应，将有害成分分离出来。

③ 吸附法：用于净化中、低浓度气态污染物，用多孔性固体吸附，效率高，操作方便。

④ 燃烧法：将可燃废气燃烧成无害的 CO_2 和 H_2O，回收热能，可处理低含量废气。

⑤ 催化转化法：利用催化作用将气体中有害物质转化为无害废气，可避免二次污染。

（二）废水污染及治理技术

1. 基本定义

（1）水圈及水资源：水圈是由分布在地表上的海洋、湖泊、沼泽和河流内及地表下的地下水所组成的，水圈中的水分为气态、液态和固态，人类可直接利用的淡水仅占总水量的 0.77%，而实际可利用的又仅为 0.2%。

（2）水体：是指水和水中的悬浮物、溶解物、水生生物和底泥所构成的完整的自然综合体。

（3）水体污染：是指排入水体的污染物超出水体的自净能力而破坏了水体原有用途的程度。

研究水体污染主要是研究水的污染，同时也要研究底质（泥）和水生生物的污染。

（4）水质指标：反映水体被污染程度。

（5）悬浮物（SS）：指悬浮在水中的固体物质，包括不溶于水中的无机物、有机物及泥沙、黏土、微生物等。

（6）生物化学需氧量（生化需氧量—BOD_5）：表示水中有机物经微生物分解所需的氧量。

（7）化学耗氧量（CODcr）：表示用化学氧化污水中有机污染物所需要的氧量。COD越高，表示污水中有机物越多。

（8）细菌污染指标：细菌总数，指 1mL 污水中细菌总数；大肠菌群，表示水体被大肠菌群污染的程度；有毒有害物质指标，见 GB 3838—2002《地表水环境质量标准》；此外还有温度、颜色、放射性物质浓度等。

2. 水污染的特点

（1）有害性：如氰、砷、汞、镉、铅使水源具有毒性。

（2）耗氧性：废水中有机物进行化学氧化和生物氧化，消耗大量水中溶解氧，威胁水中生物存在。

（3）酸碱性：pH 值不稳定，对生物、水利设施、农作物有害。

（4）富营养化：水中含有过量的磷、氮等，造成水源富营养化，使藻类、微生物大量繁殖，形成"红潮"。

（5）油覆盖层：会造成水中鱼类大量死亡。

3. 主要工业废水及治理

工业生产过程中排出的废水，统称工业废水。包括生产工艺排水、机器及设备冷却水、烟气洗涤水、设备和场地清洗水等。

工业废水按行业和产品加工对象分冶金废水、纺织印染废水、制药废水、化工废水、电站废水；按废水中污染物质分无机废水（用物理化学方法处理），有机废水（用生物化学法处理）；按废水中污染物主要成分分酸性废水、碱性废水、含氰废水、含重金属废水、含油废水。

4. 主要废水污染水治理技术

（1）物理法：

①沉淀分离——处理相对密度大于 1 的悬浮物，设备有沉砂池、沉淀池、隔油池。

② 浮选分离——处理相对密度小于 1 的悬浮物，使其黏接到气泡上，升到水面，形成泡沫渣而除去，处理 BOD 可达 60%～80%。

③ 离心分离——回收水中悬浮物 / 乳化油。

④ 过滤分离——将水中悬浮物截留。

⑤ 蒸发分离——用于酸碱废液浓缩回收 / 放射性废水处理。

（2）物理化学法：

① 结晶分离——析出具有结晶性能的固体污染物。

② 吸附法——用于城市污水、炼油、农药、石油化工等工业废水的深度处理。

③ 膜分离法（电渗析）——用于废水重金属盐、无机酸碱及有机电解质处理（用离子交换膜）。

④ 萃取法——使废水中的溶质转溶入另一与水不互溶的溶剂再加分离。

⑤ 气提法——利用蒸气蒸馏去除废水中的挥发性物质（如酚、甲醛、苯酚、苯胺等）随空气逸出。

⑥ 吹脱法——让空气与污水充分接触，使废水中的溶解气体（硫水氢、CO_2、CS_2 等）分离。

（3）化学法：

① 中和法——对低浓度的酸碱废水的处理。

② 混凝法——用于轻纺厂洗毛、煤气洗涤、印染、石油化工废水处理。

③ 氧化还原法——用于对有毒污水的处理。

④ 电解法——用于除去废水中的氰、酚、重金属离子和脱色处理。

（4）生物法：

① 活性污泥法——去除废水中的有机物。

② 生物膜法——去除废水中的有害物质。

③ 生物塘法——利用微生物转化废水中的有机物。

④ 土地处理系统——利用土壤及其中的微生物和植物处理污水，又可促进植物生长的方法。

5. 废水污染水治理综合技术

（1）废水三级处理法（常见污水处理厂）：

① 一级（机械处理法）：采用沉降、浮选、隔油、中和解决悬浮固体胶体及悬浮油等。

② 二级（常用生物处理法）：采用生物处理法，去除污水中的胶体状和溶解性生物和有机物。

③ 三级（深度处理）：采用活性炭吸附、离子交换、反渗透法去降解难处理的有机物和无机物。

（2）生物处理。有机废水生物处理分为好氧生物处理和厌氧生物处理两大类，分解过程见图 2-1 和图 2-2。

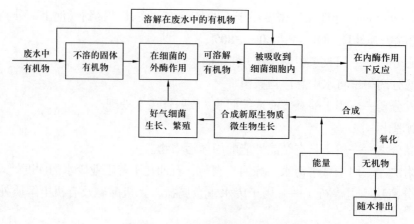

图 2-1　有机物的厌氧分解过程

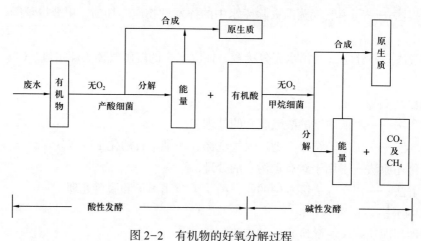

图 2-2　有机物的好氧分解过程

（三）固体废物污染及防治

1. 基本定义

固体废物是指生产和生活中丢弃的固体和泥状物质。一种过程的废物，往往可成另一过程的原料，将容器盛装的易燃、有毒、腐蚀等危险性的废液、废气，从法律角度定为固体废物。

有害废物是指具有毒性、易燃、腐蚀、反应性、传染性、放射性的废物。

固体废物在一定条件下会发生化学的、物理的或生物的转化，从而污染环境。

2. 固体废物的种类

固体废物的种类包括工业固体废物、矿业固体废物、城市固体废物、农业固体废物、放射性及其他有害固体废物。

3. 工业固体废物的处理方法

（1）回收利用：再生塑料、矿渣水泥、回收稀有金属、建筑材料。

（2）堆存法：土地堆存法，用于处理不溶或低溶、不扬飞、不腐烂物；筑坝堆存法，用于处理湿灰泥类。

（3）填地法：用于处置任何形状、外观的废物。

（4）固化法：水泥、沥青、玻璃固体法，用于处理洗涤塔污泥、重金属沉淀污泥，以降低废物中有害物浸出。

（四）环境噪声污染及防治

1. 基本定义

（1）噪声：是指在工业生产、建筑施工、交通运输和社会生活中产生的干扰周围生活环境的声音。

（2）噪声污染：是指超过噪声排放标准或者未依法采取防控措施产生噪声，并干扰他人正常生活、工作和学习的现象。

（3）噪声排放：是指噪声源向周围生活环境辐射噪声。

（4）噪声敏感建筑物：是指用于居住、科学研究、医疗卫生、文化教育、机关团体办公、社会福利等需要保持安静的建筑物。

2. 噪声防治对策措施

（1）噪声防治措施的一般要求包括以下几点。

① 坚持统筹规划、源头防控、分类管理、社会共治、损害担责的原则。加强源头控制，合理规划噪声源与声环境保护目标布局；从噪声源、传播途径、声环境保护目标等方面采取措施；在技术经济可行条件下，优先考虑对噪声源和传播途径采取工程技术措施，实施噪声主动控制。

② 评价范围内存在声环境保护目标时，工业企业建设项目噪声防治措施应根据建设项目投产后，厂界噪声影响最大噪声贡献值及声环境保护目标超标情况制订。

③ 当声环境质量现状超标时，属于与本工程有关的噪声问题应一并解决；属于本工程和工程外其他因素综合引起的，应优先采取措施降低本工程自身噪声贡献值，并推动相关部门采取区域综合整治等措施逐步解决相关噪声问题。

④ 当工程评价范围内涉及主要保护对象为野生动物及其栖息地的生态敏感区时，应从优化工程设计和施工方案、采取降噪措施等方面强化控制要求。

（2）噪声防治途径包括以下几种。

① 规划防治对策。主要指从建设项目的选址（选线）、规划布局、总图布置（跑道方位布设）和设备布局等方面进行调整，提出降低噪声影响的建议。如根据"以人为本""闹静分开""合理布局"的原则，提出高噪声设备尽可能远离声环境保护目标、优化建设项目选址（选线）、调整规划用地布局等建议。

② 噪声源控制措施，主要包括：

——选用低噪声设备、低噪声工艺。

——采取声学控制措施，如对声源采用吸声、消声、隔声、减振等措施。

——改进工艺、设施结构和操作方法等。

——将声源设置于地下、半地下室内。

——优先选用低噪声车辆、低噪声基础设施、低噪声路面等。

③噪声传播途径控制措施，主要包括：

——设置声屏障等措施，包括直立式、折板式、半封闭、全封闭等类型声屏障。

——利用自然地形物（如利用位于声源和声环境保护目标之间的山丘、土坡、地堑、围墙等）降低噪声。

④声环境保护目标自身防护措施，主要包括：

——声环境保护目标自身增设吸声、隔声等措施。

——优化调整建筑物平面布局、建筑物功能布局。

——声环境保护目标功能置换或拆迁。

⑤管理措施，主要包括：提出噪声管理方案（如合理制订施工方案、优化调度方案、优化飞行程序等），制订噪声监测方案，提出工程设施、降噪设施的运行使用、维护保养等方面的管理要求，必要时提出跟踪评价要求等。

（五）放射性污染及其防治

放射性污染主要是通过射线照射危害人体健康，主要是 α 射线、β 射线和 γ 射线，辐射防护采用屏蔽的方法。放射性废物治理要按国家法律法规进行。

第三节　碳排放与清洁生产分析

一、清洁生产的定义和概念

（一）定义

清洁生产是指通过不断改进设计、采用先进的工艺技术与设备、使用清洁的能源和原料、改善管理、综合利用等措施，达到"节能、降耗、减污、增效"的目的。

（二）概念

在清洁生产概念中包含了四层含义：

（1）清洁生产的目标是节省能源、降低原材料消耗、减少污染物的产生量和排放量。

（2）清洁生产的基本手段是改进工艺技术、强化企业管理，最大限度地提高资源、能源的利用水平和改变产品体系，更新设计观念，争取废物最少排放及将环境因素纳入服务中去。

（3）清洁生产的方法是排污审核，即通过审核发现排污部位、排污原因，并筛选消除或减少污染物的措施及产品生命周期分析。

（4）清洁生产的终极目标是保护人类与环境，提高企业自身的经济效益。

二、清洁生产的主要内容

（一）清洁的能源

常规能源的清洁利用、可再生能源的利用、新能源的利用、节能技术。

（二）清洁的生产过程

尽量少用、不用有毒有害的原料，无毒、无害的中间产品，减少生产过程中的各种危险因素，少废、无废的工艺和高效的设备，物料的再循环（厂内、厂外），简便、可靠的操作和控制，完善的管理。

（三）清洁的产品

节约原料和能源，少用昂贵和稀缺的原料；利用二次资源作原料；产品在使用过程中及使用后不会危害人体健康和生态环境；易于回收、复用和再生；合理包装；合理地使用功能和使用寿命；易处置、易降解。

三、清洁生产的特点

（一）体现预防为主的环境战略

改变传统的末端治理与生产过程相脱节，先污染后治理的道路；从产品设计开始，到选择原料、工艺路线和设备及废物利用、运行管理的各个环节，通过不断地加强管理和技术进步，提高资源利用率，减少乃至消除污染物的产生。

（二）体现集约型的增长方式

改变传统的末端治理以牺牲环境为代价，建立在以大量消耗资源能源、粗放型的增长方式的基础上，清洁生产则是走内涵发展道路，最大限度地提高资源利用率，促进资源的循环利用，实现节能、降耗、减污、增效。

（三）体现环境效益与经济效益的统一

改变传统的末端治理，投入多、运行成本高、治理难度大，只有环境效益，没有经济效益的状况；使企业管理水平、生产工艺技术水平得到提高，资源得到充分利用，环境从根本上得到改善。

四、清洁生产的目标

清洁生产的基本目标就是提高资源利用效率，减少和避免污染物的产生，保护和改善环境，保障人体健康，促进经济与社会的可持续发展。

对于企业来说，应改善生产过程管理，提高生产效率，减少资源和能源的浪费，限制污染排放，推行原材料和能源的循环利用，替换和更新导致严重污染、落后的生产流程、技术和设备，开发清洁产品，鼓励绿色消费。

五、石油天然气开采行业清洁生产评价指标体系

（1）钻井作业清洁生产评价指标体系见图2-3。

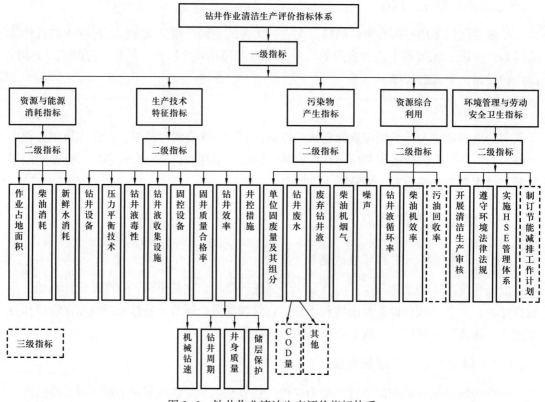

图2-3　钻井作业清洁生产评价指标体系

（2）井下作业清洁生产评价指标体系见图2-4。

（3）采油（气）清洁生产评价指标体系见图2-5。

六、实施清洁生产有哪些途径和方法

实施清洁生产的主要途径和方法包括合理布局、产品设计、原料选择、改革生产工艺、节约能源与原材料、开展资源综合利用、技术进步、强化科学管理、实施生命周期评估等许多方面，可以归纳如下：

（1）合理布局，调整和优化经济结构和产业产品结构，以解决影响环境的"结构型"污染和资源能源的浪费。同时，在科学区划和地区合理布局方面，进行生产力的科学配

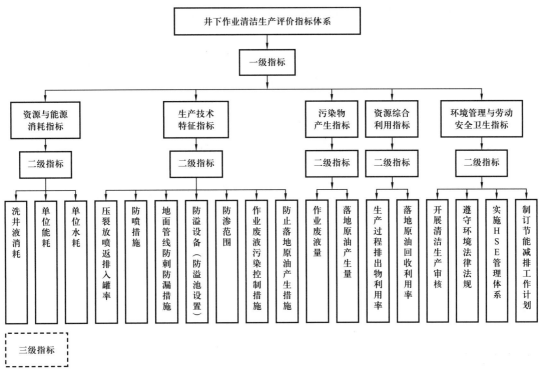

图 2-4　井下作业清洁生产评价指标体系

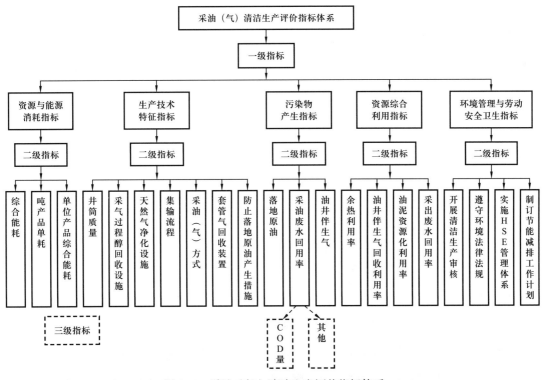

图 2-5　采油（气）清洁生产评价指标体系

置，组织合理的工业生态链，建立优化的产业结构体系，以实现资源、能源和物料的闭合循环，并在区域内削减和消除废物。

（2）在产品设计和原料选择时，优先选择无毒、低毒、少污染的原辅材料替代原有毒性较大的原辅材料，以防止原料及产品对人类和环境的危害。

（3）改革生产工艺，开发新的工艺技术，采用和更新生产设备，淘汰陈旧设备。采用能够使资源和能源利用率高、原材料转化率高、污染物产生量少的新工艺和设备，代替那些资源浪费大、污染严重的落后工艺设备。优化生产程序，减少生产过程中资源浪费和污染物的产生，尽最大努力实现少废或无废生产。

（4）节约能源与原材料，提高资源利用水平，做到物尽其用。通过资源、原材料的节约和合理利用，使原材料中的所有组分通过生产过程尽可能地转化为产品，消除废物的产生，实现清洁生产。

（5）开展资源综合利用，尽可能多地采用物料循环利用系统，如水的循环利用及重复利用，以达到节约资源，减少排污的目的。使废弃物资源化、减量化和无害化，减少污染物排放。

（6）依靠科技进步，提高企业技术创新能力，开发、示范和推广无废、少废的清洁生产技术装备。加快企业技术改造步伐，提高工艺技术装备和水平，通过重点技术进步项目（工程），实施清洁生产方案。

（7）强化科学管理，改进操作。国内外的实践表明，工业污染有相当一部分是由于生产过程管理不善造成的，只要改进操作，改善管理，不需花费很大的经济代价，便可获得明显的削减废物和减少污染的效果。主要方法是：落实岗位和目标责任制，杜绝跑冒滴漏，防止生产事故，使人为的资源浪费和污染排放减至最低；加强设备管理，提高设备完好率和运行率；开展物料、能量流程审核；科学安排生产进度，改进操作程序；组织安全文明生产，把绿色文明渗透到企业文化之中等。推行清洁生产的过程也是加强生产管理的过程，在很大程度上丰富和完善了工业生产管理的内涵。

（8）开发、生产对环境无害、低害的清洁产品。从产品抓起，将环保因素预防性地注入产品设计之中，并考虑其整个生命周期对环境的影响。

这些途径可单独实施，也可互相组合起来加以综合实施。应采用系统工程的思想和方法，以资源利用率高、污染物产生量小为目标，综合推进这些工作，并使推行清洁生产与企业开展的其他工作相互促进，相得益彰。

七、CCUS 技术评估与控制

CCUS（二氧化碳捕集、利用与封存）技术，就是把生产过程中排放的二氧化碳进行提纯，继而投入新的生产过程中进行循环再利用或封存。

（一）二氧化碳捕集技术

（1）燃烧前脱碳捕集：在碳基燃料燃烧前采用合适的方法将化学能从碳中转移出来，

然后将碳与携带能量的其他物质分离。

（2）富氧燃烧捕集：燃料在氧气和二氧化碳混合气体中燃烧，燃烧产物经冷却处理可使二氧化碳捕集率达到80%～98%。

（3）燃烧后捕集：主要用吸收法、吸附法、低温蒸馏和膜分离方法脱碳。

（二）二氧化碳利用技术

二氧化碳利用包括化工利用、生物利用和地质利用三大类。

（1）二氧化碳化工利用：以二氧化碳为主要原料合成甲醇、碳酸二甲酯、碳酸乙烯酯、二甲醚等绿色化学品。

（2）二氧化碳生物利用：利用CO_2高效合成人造淀粉；利用CO_2生物转化法合成脂肪酸；改造大肠杆菌将CO_2转化成甲酸等。

（3）二氧化碳地质利用：二氧化碳强化石油开采、二氧化碳驱替煤层气、二氧化碳强化天然气开采、二氧化碳增强页岩气开采等。

（三）二氧化碳封存技术

二氧化碳封存主要包括地质储存、海洋储存、森林和陆地植被储存，目前主要以地质储存为主。

（1）油气储层储存：采用二氧化碳压裂、二氧化碳气举在提高油气采收率的同时，能将二氧化碳长期封存于地下油气层中。

（2）深盐水层储存：将二氧化碳注入深含水层，通过水力学隔离和地球化学矿物隔离达到长期固定和储存目的。

（3）不可开采煤层储存：将二氧化碳注入被放弃开采的煤层，二氧化碳在煤层空隙内扩散被其他煤质吸附后长期储存。

第四节 建设项目环境影响评价基础知识

环境影响评价，是指对规划和建设项目实施后可能造成的环境影响进行分析、预测和评估，提出预防或者减轻不良环境影响的对策和措施，进行跟踪监测的方法与制度。

一、建设项目环境影响评价原则

建设项目环境影响评价原则为依法评价、科学评价、突出重点。

二、建设项目环境影响评价工作程序

建设项目环境影响评价工作一般分为三个阶段，即调查分析和工作方案制订阶段，分析论证和预测评价阶段，环境影响报告书（表）编制阶段。具体流程见图2-6。

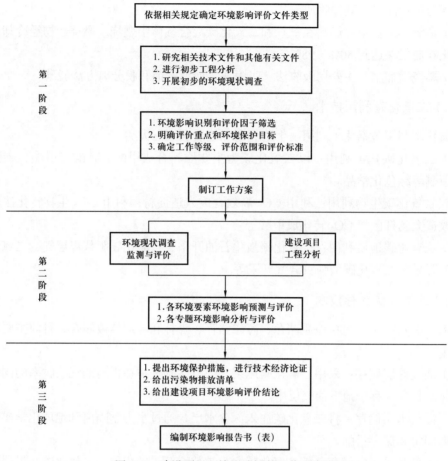

图 2-6　建设项目环境影响评价工作程序图

三、建设项目环境影响评价总体要求

（一）环境影响识别与评价因子筛选

1. 环境影响因素识别

列出建设项目的直接和间接行为，结合建设项目所在区域发展规划、环境保护规划、环境功能区划、生态功能区划及环境现状，分析可能受上述行为影响的环境影响因素。

应明确建设项目在建设阶段、生产运行、服务期满后（可根据项目情况选择）等不同阶段的各种行为，与可能受影响的环境要素间的作用效应关系、影响性质、影响范围、影响程度等，定性分析建设项目对各环境要素可能产生的污染影响与生态影响，包括有利与不利影响、长期与短期影响、可逆与不可逆影响、直接与间接影响、累积与非累积影响等。

环境影响因素识别可采用矩阵法、网络法、地理信息系统支持下的叠加图法等。

2.评价因子筛选

根据建设项目的特点、环境影响的主要特征，结合区域环境功能要求、环境保护目标、评价标准和环境制约因素，筛选确定评价因子。

（二）环境影响评价等级的划分

按建设项目的特点、所在地区的环境特征、相关法律法规、标准及规划、环境功能区划等划分各环境要素、各专题评价工作等级。具体由环境要素或专题环境影响评价技术导则规定。

（三）环境影响评价范围的确定

指建设项目整体实施后可能对环境造成的影响范围，具体根据环境要素和专题环境影响评价技术导则的要求确定。环境影响评价技术导则中未明确具体评价范围的，根据建设项目可能影响范围确定。

（四）环境保护目标的确定

依据环境影响因素识别结果，附图并列表说明评价范围内各环境要素涉及的环境敏感区、需要特殊保护对象的名称、功能、与建设项目的位置关系及环境保护要求等。

（五）环境影响评价标准的确定

根据环境影响评价范围内各环境要素的环境功能区划确定各评价因子适用的环境质量标准及相应的污染物排放标准。尚未划定环境功能区的区域，由地方人民政府环境保护主管部门确认各环境要素应执行的环境质量标准和相应的污染物排放标准。

（六）环境影响评价方法的选取

环境影响评价应采用定量评价与定性评价相结合的方法，以量化评价为主。环境影响评价技术导则规定了评价方法的，应采用规定的方法。选用非环境影响评价技术导则规定方法的，应根据建设项目环境影响特征、影响性质和评价范围等分析其适用性。

（七）建设方案的环境比选

建设项目有多个建设方案、涉及环境敏感区或环境影响显著时，应重点从环境制约因素、环境影响程度等方面进行建设方案环境比选。

四、建设项目环境影响评价工作要点

（一）建设项目工程分析

1.建设项目概况

包括主体工程、辅助工程、公用工程、环保工程、储运工程及依托工程等。

以污染影响为主的建设项目应明确项目组成、建设地点、原辅料、生产工艺、主要生产设备、产品（包括主产品和副产品）方案、平面布置、建设周期、总投资及环境保护投资等。

以生态影响为主的建设项目应明确项目组成、建设地点、占地规模、总平面及现场布置、施工方式、施工时序、建设周期和运行方式、总投资及环境保护投资等。

改扩建及异地搬迁建设项目还应包括现有工程的基本情况、污染物排放及达标情况、存在的环境保护问题及拟采取的整改方案等内容。

2. 影响因素分析

（1）污染影响因素分析。遵循清洁生产的理念，从工艺的环境友好性、工艺过程的主要产污节点及末端治理措施的协同性等方面，选择可能对环境产生较大影响的主要因素进行深入分析。对建设阶段和生产运行期间，可能发生突发性事件或事故，引起有毒有害、易燃易爆等物质泄漏，对环境及人身造成影响和损害的建设项目，应开展建设和生产运行过程的风险因素识别。存在较大潜在人群健康风险的建设项目，应开展影响人群健康的潜在环境风险因素识别。

（2）生态影响因素分析。结合建设项目特点和区域环境特征，分析项目建设和运行过程（包括施工方式、施工时序、运行方式、调度调节方式等）对生态环境的作用与影响源、影响方式、影响范围和影响程度。重点关注影响程度大、范围广、历时长或涉及环境敏感区的作用因素和影响源，关注间接性影响、区域性影响、长期性影响及累积性影响等特有生态影响因素的分析。

3. 污染源源强核算

根据污染物产生环节（包括生产、装卸、储存、运输）、产生方式和治理措施，核算建设项目有组织与无组织、正常工况与非正常工况下的污染物产生和排放强度，给出污染因子及其产生和排放的方式、浓度、数量等。

对改扩建项目的污染物排放量（包括有组织与无组织、正常工况与非正常工况）的统计，应分别按现有、在建、改扩建项目实施后等几种情形汇总污染物产生量、排放量及其变化量，核算改扩建项目建成后最终的污染物排放量。

（二）环境现状调查与评价

1. 自然环境现状调查与评价

包括地形地貌、气候与气象、地质、水文、大气、地表水、地下水、声、生态、土壤、海洋、放射性及辐射（如必要）等调查内容。根据环境要素和专题设置情况选择相应内容进行详细调查。

2. 环境保护目标调查

调查评价范围内的环境功能区划和主要的环境敏感区，详细了解环境保护目标的地理位置、服务功能、四至范围、保护对象和保护要求等。

3.环境质量现状调查与评价

根据建设项目特点、可能产生的环境影响和当地环境特征选择环境要素进行调查与评价。评价区域环境质量现状，说明环境质量的变化趋势，分析区域存在的环境问题及产生的原因。

4. 区域污染源调查

选择建设项目常规污染因子和特征污染因子、影响评价区环境质量的主要污染因子和特殊污染因子作为主要调查对象，注意不同污染源的分类调查。

（三）环境影响预测与评价

（1）预测和评价的因子：应包括反映建设项目特点的常规污染因子、特征污染因子和生态因子，以及反映区域环境质量状况的主要污染因子、特殊污染因子和生态因子。须考虑环境质量背景与环境影响评价范围内在建项目同类污染物环境影响的叠加。对于环境质量不符合环境功能要求或环境质量改善目标的，应结合区域限期达标规划对环境质量变化进行预测。

（2）环境影响预测与评价方法：数学模式法、物理模型法、类比调查法等。

（3）环境影响预测与评价内容具体包括：

① 应重点预测建设项目生产运行阶段正常工况和非正常工况等情况的环境影响。

② 当建设阶段的大气、地表水、地下水、噪声、振动、生态及土壤等影响程度较重、影响时间较长时，应进行建设阶段的环境影响预测和评价。

③ 可根据工程特点、规模、环境敏感程度、影响特征等选择开展建设项目服务期满后的环境影响预测和评价。

④ 当建设项目排放污染物对环境存在累积影响时，应明确累积影响的影响源，分析项目实施可能发生累积影响的条件、方式和途径，预测项目实施在时间和空间上的累积环境影响。

⑤ 对以生态影响为主的建设项目，应预测生态系统组成和服务功能的变化趋势，重点分析项目建设和生产运行对环境保护目标的影响。

⑥ 对存在环境风险的建设项目，应分析环境风险源，计算环境风险后果，开展环境风险评价。对存在较大潜在人群健康风险的建设项目，应分析人群主要暴露途径。

（四）环境保护措施及其可行性论证

（1）明确提出建设项目建设阶段、生产运行阶段和服务期满后拟采取的具体污染防治、生态保护、环境风险防范等环境保护措施；分析论证拟采取措施的技术可行性、经济合理性、长期稳定运行和达标排放的可靠性、满足环境质量改善和排污许可要求的可行性、生态保护和恢复效果的可达性。

（2）环境质量不达标的区域，应采取国内外先进可行的环境保护措施，结合区域限期达标规划及实施情况，分析建设项目实施对区域环境质量改善目标的贡献和影响。

（3）给出各项污染防治、生态保护等环境保护措施和环境风险防范措施的具体内容、责任主体、实施时段，估算环境保护投入，明确资金来源。

（4）环境保护投入应包括为预防和减缓建设项目不利环境影响而采取的各项环境保护措施和设施的建设费用、运行维护费用，直接为建设项目服务的环境管理与监测费用及相关科研费用。

（五）环境影响评价结论

对建设项目的建设概况、环境质量现状、污染物排放情况、主要环境影响、公众意见采纳情况、环境保护措施、环境影响经济损益分析、环境管理与监测计划等内容进行概括总结，结合环境质量目标要求，明确给出建设项目的环境影响可行性结论。

对存在重大环境制约因素、环境影响不可接受或环境风险不可控、环境保护措施经济技术不满足长期稳定达标及生态保护要求、区域环境问题突出且整治计划不落实或不能满足环境质量改善目标的建设项目，应提出环境影响不可行的结论。

五、环境影响报告书（表）编制要求

（1）"环境影响报告书"一般包括概述，总则，建设项目工程分析，环境现状调查与评价，环境影响预测与评价，环境保护措施及其可行性论证，环境影响经济损益分析，环境管理与监测计划，环境、影响评价结论和附录附件等内容。

（2）"环境影响报告书"应概括地反映环境影响评价的全部工作成果，突出重点。工程分析应体现工程特点，环境现状调查应反映环境特征，主要环境问题应阐述清楚，影响预测方法应科学，预测结果应可信，环境保护措施应可行、有效，评价结论应明确。

（3）"环境影响报告书"文字应简洁、准确，文本应规范，计量单位应标准化，数据应真实、可信，资料应翔实，应强化先进信息技术的应用，图表信息应满足环境质量现状评价和环境影响预测评价的要求。

（4）"环境影响报告表"应采用规定格式。可根据工程特点、环境特征，有针对性突出环境要素或设置专题开展评价。

（5）环境影响报告书（表）内容涉及国家秘密的，按国家涉密管理有关规定处理。

第三章　油气田防火基础知识

第一节　油气田火灾基础知识及危害辨识

一、燃烧基础知识

（一）燃烧的本质

燃烧是可燃物与助燃物（氧化剂）作用发生的放热反应，通常伴有火焰、发光和（或）发烟的现象，燃烧的本质是化学反应，也是化学能转化为热能的过程，反应具有放热、发光、生成新物质三个特征。一般可燃物与空气中氧气发生反应是引起火灾或发生爆炸的主要原因。

（二）燃烧的条件

1.燃烧的必要条件

燃烧必须具备同时存在可燃物质、助燃物和引火源三个条件。

（1）可燃物：物质按照其燃烧性质分为易燃物质、难燃物质、不燃物质。易燃物质在火源作用下能被点燃，并且当火源移去后还能继续燃烧，如汽油、液化石油气、木材等。难燃物质是在火源作用下能被点燃并阴燃，当移开火源后不能继续燃烧的物质，如酚醛塑料、热源聚氯乙烯等。不燃物质是指在正常条件下不会被点燃的物质，如钢筋、水泥、砂石等。

（2）助燃物：凡是与可燃物结合能导致和支持燃烧的物质，均被称为助燃物。如空气中的氧气、氯、高锰酸钾等，最常见的是空气中的氧气。

（3）引火源：使物质开始燃烧的外部热源（能源）称作是引火源。如明火、摩擦、撞击、高温表面、自然发热等都能成为火源。

2.燃烧的充分条件

在具备以上三个条件基础上，物质能否充分燃烧，取决于以下四个条件：

（1）足够量的可燃物浓度：物质的燃烧实质上是物质的气体或蒸气的燃烧，只有当可燃气体或蒸气达到一定的浓度时才会发生燃烧。例如氢气的浓度低于4%，就不能点燃。

（2）足够量的氧气（或助燃气体）含量：当氧气（或助燃物）含量或浓度较低时，则不能充分燃烧，甚至不能燃烧。如汽油燃烧所需的最低氧含量为14.4%。

（3）足够量的点火能量：要点燃可燃物质，须达燃烧的最小着火能量。如汽油最小着火能量为0.2mJ，甲烷（8.5%）最小着火能量为0.28mJ。

（4）未受抑制的链式反应自由基：对于有焰燃烧，除了上述三个条件之外，燃烧过程存在未受抑制的游离态（自由基），形成链式反应使燃烧能够持续下去，也是燃烧发生的充分条件之一。

（三）燃烧的过程及类型

1. 燃烧过程

可燃物质燃烧，实际上是物质受热分解出的可燃性气体在空气中燃烧，因此，可燃物质的燃烧多在气态下进行。

气体最容易燃烧，其燃烧所需的热量只用于本身的氧化分解，并使其达到燃点。

液体在火源作用下先蒸发，然后可燃气体氧化、分解进行燃烧。

固体燃烧时，如果是简单的物质如硫、磷等，受热时首先融化，然后蒸发成蒸气进行燃烧，没有分解的过程，如果是复杂物质，在受热时先分解，析出气态和液态产物，然后气态产物和液态产物的蒸气才能燃烧。

2. 燃烧的类型

燃烧的种类有多种类型，主要有闪燃、着火、自燃和爆炸等。

（1）闪燃与闪点。在一定的温度下，易燃和可燃液体产生蒸气与空气混合后，达到一定浓度时遇火源产生一闪即灭的现象，这种燃烧现象叫作闪燃。液体闪燃发生的最低温度叫闪点。根据液体的闪点，可将能燃烧的液体的火灾危险性分为三类：

① 甲类：是指闪点在28℃以下的液体，如汽油、苯、乙醇等。

② 乙类：是指闪点在28~60℃之间的液体，如煤油、松节油等。

③ 丙类：是指闪点在60℃以上的液体，如柴油、润滑油等。

闪点低于或等于45℃的液体叫易燃液体，闪点大于45℃的液体叫可燃液体。

（2）着火与燃点。可燃物质在空气中受着火源的作用而发生持续燃烧的现象，叫着火。可燃物质开始持续燃烧所需要的最低温度，叫燃点。

（3）自燃。可燃物在空气中没有外来着火源的作用，靠自然或外热而发生的燃烧叫自燃。可燃物质发生自燃的主要方式：氧化发热；分解放热；聚合放热；吸附放热；发酵放热；活性物质遇水；可燃物与强氧化剂的混合。

根据热的来源不同，物质自燃可分为两种：一是本身自燃，由于物质内部自行发热而发生燃烧的现象；二是受热自燃，就是物质被加热到一定的温度时发生的燃烧现象。

使可燃物质发生自燃的最低温度叫自燃点，物质的自燃点越低，发生火灾的危险性越大，但是物质的自燃点不是一成不变的，而是随压力、浓度、散热条件等因素的变化而有所不同，如果压力增高，自燃点就会降低。

（四）影响燃烧速度的因素

（1）同一可燃物燃烧速度取决于表面积与体积之比，在相同体积下，燃烧表面积越大，燃烧速度就越快。

（2）燃烧物质与助燃物化合的能力。氧化能力越大，燃烧速度越快；反之越小。汽油蒸发快，比较容易与氧化合，它的燃烧速度相对就比较快。

（3）燃烧物中碳、氧、硫、磷等可燃物元素的含量，这些物质含量越多，燃烧速度就越快，反之则越小。

（五）燃烧产物及其毒性

燃烧产物是指燃烧或热解作用产生的全部物质。燃烧产物包括燃烧生成的气体、能量、可见烟等。燃烧生成的气体一般是指一氧化碳、二氧化碳、二氧化硫、硫化物等。

火灾统计表明，火灾中死亡的人数大约80%是由于吸入火灾中燃烧产生的有毒烟气而致死的。火灾产生的烟气中含有大量的有毒成分，如二氧化碳、HCN、二氧化硫、二氧化氮等，其中二氧化碳是主要燃烧物质之一，而一氧化碳是火灾中致死的主要燃烧物之一，其毒性在于对血液中血红蛋白的高亲和性，其对血红蛋白的亲和力比氧气高出250倍。

二、火灾的定义及分类

根据GB/T 5907.1—2014《消防词汇　第1部分：通用术语》，火灾是指在时间或空间上失去控制的燃烧。根据不同的需要，火灾可以按不同的方式进行分类，本书主要按燃烧对象性质和火灾造成的损失分两大类。

（一）按燃烧对象的性质进行分类

按照GB/T 4968—2008《火灾分类》的规定，火灾分为A、B、C、D、E、F六类。

（1）A类火灾：固体物质火灾，这种物质通常具有有机物性质，一般在燃烧时能产生灼热的余烬。例如木材、棉、麻、纸张等火灾。

（2）B类火灾：液体或可熔化固体物质火灾。例如甲乙丙类液体、汽油、柴油、甲醇、乙醚、沥青、石蜡等火灾。

（3）C类火灾：气体火灾。例如煤气、天然气、甲烷、丙烷、乙炔等火灾。

（4）D类火灾：金属火灾，指可燃金属。例如钾、钠、镁、锂、铝镁合金等火灾。

（5）E类火灾：指带电燃烧的火灾。例如变压器、精密仪器等火灾。

（6）F类火灾：烹饪器具内的烹饪物火灾。例如植物油、动物油等火灾。

（二）按照火灾事故所造成的灾害损失程度分类

根据国务院发布的《生产安全事故报告和调查处理条例》（国务院令493号）规定，将火灾分为特别重大火灾、重大火灾、较大火灾和一般火灾四个等级。

（1）特别重大火灾是指造成 30 人以上死亡，或者 100 人以上重伤，或者 1 亿元以上直接财产损失的火灾。

（2）重大火灾是指造成 10 人以上 30 人以下死亡，或者 50 人以上 100 人以下重伤，或者 5000 万元以上 1 亿元以下直接财产损失的火灾。

（3）较大火灾是指造成 3 人以上 10 人以下死亡，或者 10 人以上 50 人以下重伤，或者 1000 万元以上 5000 万元以下直接财产损失的火灾。

（4）一般火灾是指 3 人以下死亡，或者 10 人以下重伤，或者 1000 万元以下直接财产损失的火灾。

注意"以上"包括本数，"以下"不包括本数。

三、火灾的危害

（一）危害生命安全

油气田火灾对员工生命安全构成严重的威胁，一场火灾会造成几十、上百人的生命无法挽回。举例说明，油气田火灾破坏性严重，对生命的威胁主要来自以下几个方面：首先是油田易燃、可燃性材料较多，在起火燃烧时产生高温高热，对人的肌体造成严重伤害，甚至导致人休克、死亡。据统计，因燃烧热造成人员死亡的人数约占整个火灾死亡人数的 1/4；其次油田建筑物内可燃材料燃烧过程中释放出一氧化碳等有毒烟气，人吸入后会产生呼吸困难、头疼、头晕、恶心、神经系统紊乱等症状，直接威胁生命安全，在所有火灾遇难人中，约有 3/4 人员是吸入有毒有害烟气后呼吸困难导致死亡，最后引起建筑物燃烧，达到甚至超过了承重构件的耐火极限，导致建筑物局部或整体倒塌，造成人员伤亡。

（二）造成经济损失

油气田钻（修）井现场火灾造成的经济损失主要以油气井、井场内野营房、厂房等火灾为主，体现在以下几个方面：

（1）火灾烧毁并破坏钻（修）井设施设备，甚至会因为火势蔓延使整个井架倒塌，井筒着火等。例如 2022 年 ×× 月 ×× 日 ×× 井井场油气火灾事故，造成钻井井架烧毁，钻具报废及局部设施损毁，直接经济损失 300 余万元。

（2）建筑物火灾的高温高热，将造成建筑物结构破坏，甚至引起建筑物整体倒塌。

（3）扑救火灾所用的各种灭火器、材料、人力等也是一种损耗和浪费，而且容易造成污染。

（4）火灾发生后，人员善后安置、生产经营停业等，会造成巨大的间接经济损失。

（三）破坏正常运行

因为火灾，打乱了油气田日常生产和安全，所有各相关单位及部门日常工作均被打破，需要进行火灾突发事故的响应、救援、善后及灾后重建，火灾造成许多不可预测的结果，影响到正常运行。2013 年 × × 月 × × 日 × × 石化分公司 × × 杂料罐在动火作业过程中发生较大火灾爆炸事故，泄漏物料着火，并引起相邻三个储罐相继爆炸，造成 4 人死亡，直接经济损失达到 697 万元。

（四）破坏生态环境

火灾的危害不仅表现在毁坏财物，造成人员伤亡，而且对生态环境也会造成严重的破坏，2006 年 11 月 × × 石化公司双苯厂发生火灾爆炸事故，由于生产装置及部分循环水系统遭到破坏，导致苯、苯胺、硝基苯等 98T 参与物料流入松花江，引发特别重大污染事故。

（五）影响社会稳定

当发生火灾时，会在很大范围内引起对火灾的关注，并造成一定范围的负面影响，影响社会稳定。从许多火灾案例来看，当学校、医院、宾馆、办公楼等公共场所发生较大或恶性火灾事故，或者涉及能源、粮食、资源等国计民生的重要公共建筑时，在民众中造成一定的心理恐慌。家庭是社会的细胞，普通家庭生活遭受火灾危害，也将在一定范围内造成负面影响，降低群众的安全感，影响社会稳定。

第二节　防火要求及消防设施与器材管理

一、钻井作业现场防火要求

（一）井场的布置与防火间距

（1）确定井位前，设计部门应对距离井位探井井口 5km、生产井井口 2km 以内的居民住宅、学校、厂矿、坑道等地面和地下设施的情况进行调查，并在设计书中标明其位置。

（2）油、气井与周围建（构）筑物的防火间距按 GB 50183《石油天然气工程设计防火规范》的规定执行。

（3）油气井井口距高压线及其他永久性设施应不小于 75m；距民宅应不少于 100m；距铁路、高速公路应不小于 200m；距学校、医院和大型油库等人口密集型、高危性场所应不小于 500m。

（4）钻井现场设备、设置的布置应保持一定的防火间距。有关安全间距的要求包括但不限于：

①钻井现场的生活区与井口的距离应不小于 100m。

②值班房、发电房、库房、化验室等井场工作房、油罐区、天然气储存处理装置距井口应不小于 30m。

③ 发电房与油罐区、天然气储存处理装置相距应不小于20m。

④ 锅炉房距井口应不小于50m。

（5）在草原、苇塘、林区钻井时，井场周围应设防火隔离墙或宽度不小于20m的隔离带。

（6）井控装置的远程控制台应安装在井架大门侧前方、距井口不少于25m的专用活动房内，并在周围保持2m以上的行人通道；放喷管线出口距井口应不小于75m（含硫气井依据SY/T 5087《硫化氢环境钻井场所作业安全规范》的规定）。

（7）井场应设置危险区域图、逃生路线图、紧急集合点及两个以上的逃生出口，并有明显标识。

（二）钻井设备与设施防火

（1）井场设备的布局应考虑风频、风向。井架大门宜朝向全年最小频率风向的上风侧。

（2）井场及周围应设置风向标，并符合下列规定：

① 风向标可采用风袋、风飘带、风旗或其他适用的装置。

② 风向标应设置在采光良好和照明良好处。

③ 设置位置可选择绷绳、工作现场周围的立柱、临时安全区、道路入口处、井架上、气防器材室等处。

④ 至少一个风向标应设置在施工现场及临时安全区其他人员视野之内。

（3）在油罐区、天然气储存处理装置、消防器材室及井场明显处，应设置防火防爆安全标识。

（4）内燃机排气管应无破损，并有火花消除装置，其出口不应指向循环罐，不宜指向油罐区。

（5）井场电力装置应按SY/T 6202《钻井井场油、水、电及供暖系统安装技术要求》的规定配置和安装，并符合GB 50058《爆炸危险环境电力装置设计规范》的要求。对井场电力装置的防火防爆安全技术要求包括但不限于：

① 电气控制宜使用通用电气集中控制房或电机控制房，地面敷设电气线路应使用电缆槽集中排放。

② 钻台、机房、净化系统的电气设备、照明器具应分开控制。

③ 井架、钻台、机泵房、野营房的照明线路应各接一组专线。

④ 地质综合录井、测井等井场用电应设专线。

⑤ 探照灯的电源线路应在配电房内单独控制。

⑥ 井场距井口30m以内的电气系统，包括电机、开关、照明灯具、仪器仪表、电器线路及接插件、各种电动工具等在内的所有电气设备均应符合防爆要求。

⑦ 发电机应配备超载保护装置。

⑧ 电动机应配备短路、过载保护装置。

（6）对井控装置的防火防爆安全技术要求包括但不限于：

①井控装置的配套、安装、调试、维护和检修应按SY/T 5964《钻井井控装置组合配套、安装调试与使用规范》的规定执行。

②选择完井井口装置的型号、压力等级和尺寸系列应符合相关标准规范和设计的要求。

③含硫油气井的井控装置的材质和安装应按SY/T 5087《硫化氢环境钻井场所作业安全规范》的规定执行。

④司钻控制台和远程控制台气源应用专用管线分别连接。

⑤远程控制台电源应从发电房内或集中控制房内用专线引出，并单独设置控制开关。

⑥井场应配备自动点火装置，并备有手动点火器具。

⑦在钻井作业时防喷器安装剪切闸板应按SY/T 5087《硫化氢环境钻井场所作业安全规范》的规定执行。

（7）宜在井口附近钻台上、下及井内钻井液循环出口等处的固定地点，设置和使用可燃气检测报警仪器，并能及时发出声、光警报。

含硫油气田钻井硫化氢检测仪和其他防护器具的配置与使用应按SY/T 5087的规定执行。

（8）在探井、高压油气井的施工中，供水管线上应装有消防管线接口，并备有消防水带和水枪。

（9）施工现场应有可靠的通信联络，并保持24h畅通。

（三）钻井施工防火

（1）钻井队应严格执行钻井设计中有关防火防爆和井控的安全技术要求。钻井设计的变更应按规定的设计审批程序进行。

（2）钻台、底座及机、泵房应无油污。

（3）钻台上下及井口周围、机泵房不得堆放易燃易爆物品及其他杂物。

（4）远程控制台及其周围10m内应无易燃易爆、易腐蚀物品。

（5）井口附近的设备、钻台和地面等处应无油气聚集。

（6）井场内禁止吸烟。

（7）禁止在井场内擅自动用电焊、气焊（割）等明火。当需动用明火时，执行动火许可手续，并采取防火安全措施。

（8）在生产过程中，对原油、废液等易燃易爆物质泄漏物或外溢物应迅速处理。

（9）井控技术工作及其防火、防爆要求按规定执行。井控操作和管理人员应按SY/T 5742《石油与天然气井井控安全技术考核管理细则》的规定经过专门培训，取得井控操作合格证，并按期复审。

（10）井场储存和使用易燃易爆物品的管理应符合国家有关危险化学品管理的规定。

（11）钻开油气层后，所有车辆应停放在距井口30m以外。因工作需要，必须进入距离井口 30m 范围内的车辆，应安装阻火器或采取其他相应安全措施。

（四）特殊情况的处置

（1）钻井过程中的井控作业、溢流的处理和压井作业按井控规定执行。溢流应及时处理、报警，且溢流报警信号长鸣笛 30s 以上。对有硫化氢溢出情况的应急处理应按 SY/T 5087 的规定执行。硫化氢含量超过 30mg/m³ 时，应佩戴正压式空气呼吸器具。在有可燃气体溢出的情况下进行生产作业和紧急处理时，工作人员应身着防静电工作服，并采取防止工具摩擦和撞击产生火花的措施。

（2）放喷天然气或中途测试打开测试阀有天然气喷出时，应立即点火燃烧。

（3）井喷发生后，应指派专人不断地使用检测仪器对井场及附近的天然气等易燃易爆气体的含量进行测量，提供划分安全区的数据，划分安全作业范围。含硫油气井在下风口 100m、500m 处和 1000m 处各设一个检测点。进行测量的工作人员应佩戴正压式空气呼吸器，并有监护措施。

（4）处理井喷时，应有医务人员和救护车在井场值班，并为之配备相应的防护器具。

（5）钻井现场应考虑应急供电问题，设置应急电源和应急照明设施。

（6）若井喷失控，应立即采取停柴油机和锅炉、关闭井场各处照明和电气设备、打开专用探照灯、灭绝火种、组织警戒、疏散人员、注水防火、请示汇报和抢险处理等应急措施。含硫油气井的应急撤离措施见 SY/T 5087 的有关规定。

（7）在钻井过程中，遇有大量易燃易爆、有毒有害气体溢出等紧急情况，已经严重危及安全生产，需要弃井或点火时，决策人宜由生产经营单位代表或其授权的现场总负责人担任，并列入应急处理方案中。

二、试油（气）和井下作业现场消防要求

（一）井场的布置与防火间距

（1）油气井的井场平面布置及与周围建（构）筑物的防火间距按 GB 50183 的规定执行。如果遇到地形和井场条件不允许等特殊情况，应进行专项安全评价，并采取或增加相应的安全保障措施，在确保安全的前提下，由设计部门调整技术条件。

（2）油气井作业施工区域内严禁烟火，工区内所有人员禁止吸烟。在井场进行动火施工作业按相关动火作业安全规定执行。

（3）井场施工用的锅炉房、发电房、值班房与井口、油池和储油罐的距离宜大于30m，锅炉房应位于全年最小频率风向的上风侧。

（4）施工中进出井场的车辆排气管应安装阻火器。施工井场地面裸露的油、气管线及电缆，应采取防止车辆碾压的保护措施。

（5）分离器距井口应大于 30m。经过分离器分离出的天然气和气井放喷的天然气应点火烧掉，火炬出口距井口、建筑物及森林应大于 100m，且位于井口油罐区全年最小频率

风向的上风侧，火炬出口管线应固定牢靠，应有防止回火的措施。

（6）使用原油、轻质油、柴油等易燃物品施工时，井场 50m 以内严禁烟火。

（7）井场的计量油罐应安装防雷防静电接地装置，其接地电阻不应大于 10Ω。

（8）立、放井架及吊装作业应与高压电等架空线路保持安全距离，并采取措施防止损害架空线路。

（9）井场、井架照明应使用防爆灯和防爆探照灯，有关井下作业井场用电按 SY/T 5727《井下作业安全规程》的规定执行。

（10）油、气井场内应设置明显的防火防爆标志及风向标。

（二）井控装置及放喷防火

（1）安装自封、半封或组合防喷器，保证在起下管柱中能及时安全地封闭油套环形空间和整个套管空间。所有高压油气井应采用液压封井器，配置远程液压控制台和连接高压节流管汇。远程控制台电源应从发电房内用专线引出并单独设置控制开关。

（2）含硫化氢、二氧化碳井，其井控装置、套管头、变径法兰、套管、套管短节应分别具有相应抗硫、抗二氧化碳腐蚀的能力。

（3）井控装置（除自封或环形封井器外）、变径法兰、高压防喷管的压力等级：应大于生产时预计的最高关井井口压力，或大于油气层最高地层压力，按试压规定试压合格。井控装置的安装、试压、使用和管理按 SY/T 6690《井下作业井控技术规程》的规定执行。

（4）起下管柱作业中，应密切监视溢流显示，一个带有操作手柄、具有与正在使用的工作管柱相适配的连接端并处于开启位置的全开型的安全阀，宜保持在工作面上易于接近的地方。宜对此设备进行定期测试。当同时下入两种或两种以上管柱时，对正在操作的每种管柱，都宜有一个可供使用的安全阀。对安全阀每年至少委托有资格检验的机构检验、校验一次。

（5）冲砂管柱顶部应连接旋塞阀；旋塞阀工作压力应大于最高关井压力，且处于随时可用状态；起下管柱或冲砂中一旦出现井喷征兆，应立即关闭旋塞阀、封井器、套管闸门，防止压井液喷出。

（6）对于高气油比井、气井、高压油气井，在起钻前，应循环压井液 2 周以上以除气，压井液进出口密度达到一致时方可起钻；若地层漏失，应先堵漏，后压井。

（7）起出井内管柱后，在等措施时，应下入不少于 1/3 的管柱。

（8）油气井起下管柱时应连续向井筒内灌入压井液，并计量灌入量，保持井筒液柱压力平衡，并控制起、下钻速度。

（三）施工过程的防火防爆

（1）施工作业中，应查清井场内地下油气管线及电缆分布情况，采取措施避免施工损坏。

（2）井口装置及其他设备应不漏油、不漏气、不漏电。当发生漏油、漏电时，应采取如下措施：

①　井口装置一旦泄漏油、气、水时，应先放压，后整改；若不能放压或不能完全放压需要卸掉井口整改时，应先压井，后整改。

②　地面设备发生泄漏动力油时，应采取措施予以整改；严重漏油时，应停机整改。

③　地面油气管线、流程装置发生泄漏油、气时，应关闭泄漏流程的上、下游闸门，对泄漏部位整改。

④　发现地面设备漏电，应断开电源开关。

（3）射孔过程中的防爆按 SY/T 5325《常规射孔作业技术规范》的规定执行。

（4）压井管线、出口管线应是钢质管线，各段的压力等级、防腐能力应符合设计要求，满足油气井施工需要；进、出口管线应固定牢固，按相应等级的压力设计分段试压合格。

（5）不压井作业施工的井口装置和井下管柱结构应具备符合相应的作业条件要求及与之相配套的作业设施、作业工具。

（6）抽汲诱喷中，仔细观察出口和液面情况，一旦出口出气增加和液面上升，应停止抽汲，起出钢丝绳及抽汲工具，关闭总闸门，打开放喷闸门准备放喷，防止油气从防喷盒喷出。

（7）气井施工禁止应用空气气举。

（8）放喷管线应是钢质管线，各段的压力等级、防硫化氢腐蚀能力应符合设计要求，满足油气井放喷需要，管线固定牢固；按相应等级的压力设计分段试压合格。

（9）用于高含硫气井井口、放喷管线及地面流程应符合防硫防腐设计要求。

（10）放喷时应根据井口压力和地层压力，采用相应的油嘴或针形阀进行节流控制放喷；气井、高油气比井，在分离前应配备热交换器，防止出口管线结冰堵塞。

（11）使用的油气分离器，对安全阀每年至少委托有资格检验的机构检验、校验一次。分离后的天然气应放空燃烧。

（12）分离器及阀门、管线按各自的工作压力试压；分离器停用时应放掉内部和管线内的液体，用清水扫线干净，结冰天气应再用氮气进行扫线。

（13）量油测气及施工作业需用照明时，应采用防爆灯具或防爆手电照明。

（14）储油罐量油孔的衬垫、量油尺重锤应采用不产生火花的金属材料。

（15）高压井施工注意事项：

①　高压施工中的井口压力大于 35MPa 时，井口装置应用钢丝绳绷紧固定。

②　高压作业施工的管汇和高压管线，应按设计要求试压合格，各阀门应灵活好用，高压管汇应有放空阀门和放空管线，高压管线应固定牢固。

③　施工泵压应小于设备额定最高工作压力，设备和管线泄漏时，应停泵、泄压后方可检修。泵车所配带的高压管线、弯头按规定进行探伤、测厚检查。

④　高压作业中，施工的最高压力不能超过油管、套管、工具、井口等设施中最薄弱者允许的最大许可压力范围。

（16）对易燃易爆化学剂经实验符合技术指标后方可使用。

（17）含硫化氢、二氧化碳井的防腐、防爆注意事项：

① 井口到分离器出口的设备、地面流程应抗硫、抗二氧化碳腐蚀。下井管柱、仪器、工具应具有相应的抗硫、抗二氧化碳腐蚀的性能，压井液中应含有缓蚀剂。

② 在含硫化氢地区作业时，气井井场周围应以黄色带隔离作为警示标志，在井场和井架醒目位置悬挂设置风标和安全警示牌。

③ 井场应配备安装固定式及便携式硫化氢监测仪。

④ 在空气中硫化氢含量大于 $30mg/m^3$ 的环境中进行作业时，作业人员应佩戴正压呼吸器具。

（18）高压、高产气井管线及设施应配置安全阀并保温。对安全阀每年至少委托有资格检验的机构检验、校验一次。

（19）气井井口操作应避免金属撞击产生火花。作业机排气管道应安装阻火器。入井场车辆的排气管应安装阻火器；对特殊井应装置地滑车，通井机宜安放在距井口 18m 以外。

三、钻（修）井现场消防设施配备及管理

（一）消防设施及器材配备

钻（修）井作业现场消防设施的配置应根据承钻（修）井型、施工类别、施工环境、施工区域等因素配备，主要包括消防站、消防泵、消防水罐、消防水带、消防砂、烟雾报警器、声光报警器、燃气报警器、消防毯、风向标、急救站、手摇报警器等。

1. 灭火器配置场所

井场内灭火器配置场所应按照 GB 50140《建筑灭火器配置设计规范》，并按重、中、轻度区域危险等级分类进行配置，符合以下要求：

（1）严重危险等级区域：钻台、油罐区、SCR 房、循环罐区、发电房、顶驱房、偏房、锅炉燃油罐、液气分离器。

（2）中等危险等级区域：材料房、电焊房、厨房、值班房、录井房、定向井及测井仪器房。

（3）轻度危险等级区域：办公区、会议室、宿舍、诊所。

2. 灭火器选择

灭火器选择应符合以下要求：

（1）钻台、油罐区、SCR 房等 B 类及使用天然气等 C 类场所应先用磷酸铵盐型、碳酸氢钠干粉灭火器。

（2）A、B、C 类火灾和低压电气综合性火灾场所应选用磷酸铵盐型、碳酸氢钠干粉灭火器。

（3）SCR 房、顶驱房、发电房等电气设备场所应选用二氧化碳灭火器和磷酸铵盐型灭火器。

（4）循环罐、油罐等区域应选配适用于扑救一般 B 类火灾，如油脂品、油脂等火灾，也可使用 A 类火灾，但不能扑救 B 类火灾中的水溶性可燃、易燃液体的火灾，如醇、酯、醚、酮等物质火灾的泡沫灭火器。

（5）同一场所宜选用操作方法相同的灭火器，当选用两种或两种以上类型的灭火器时，应选用灭火剂相容的灭火器。不相容的灭火剂见表 3-1。

表 3-1　不相容的灭火剂

灭火器类型	不相容的灭火剂	
干粉与干粉	磷酸铵盐	碳酸氢钠、碳酸氢钾
干粉与泡沫	碳酸氢钠、碳酸氢钾	蛋白泡沫
泡沫与泡沫	蛋白泡沫、氟蛋白泡沫	水成泡沫

3. 灭火器的设置

灭火器的设置应符合以下要求：

（1）灭火器设置不占用或阻滞消防、安全通道，不能影响安全疏散且位置明显并便于取用的地方。

（2）对有视线障碍的灭火器设置点，应设置指示器位置发光标志。

（3）灭火器的摆放应稳固，铭牌朝外，手提式灭火器宜设置在灭火器箱内、挂钩、托架上，其顶部离地面高度不应大于 1.5m；底部离地面高度不小于 0.08m，灭火器箱不得上锁。

（4）灭火器不宜设置在潮湿或强腐蚀的地点。当必须设置时，应采取相应的保护措施。

（5）灭火器设置点不得堆放物品，灭火器固定件或灭火器存放箱等，均不得阻碍灭火器的取用。

（6）灭火器设置在室外时，应设置具有防雨、防晒、防超高温等保护功能的固定灭火器棚（室），消防站不得上锁。

（7）灭火器设置点的位置和数量应根据灭火器的最大保护距离确定，并应保证不利点至少在 1 具灭火器保护范围内。

（8）1 个计算单元内灭火器数量不得少于 2 具。

（9）每个设置点的灭火器数量不宜多于 5 具。

（10）灭火器不得设置在超出使用温度范围的地点，灭火器使用温度范围见表 3-2。

（11）配置灭火器最大保护距离应符合表 3-3 的规定。C 类火灾灭火器保护距离参照 B 类火灾执行，电气设备灭火器的最大保护距离不应低于场所内 A 类或 B 类火灾的规定。

表3-2 灭火器使用温度范围

灭火器类型		使用温度范围，℃
水型灭火器	不加防冻液	+5～+55
	添加防冻液	−10～+55
机械泡沫灭火器	不加防冻液	+5～+55
	添加防冻液	−10～+55
干粉灭火器	二氧化碳驱动	−10～+55
	氮气驱动	−20～+55
二氧化碳灭火器		−10～+55
卤代烷（1211）灭火器		−20～+55

表3-3 灭火器最大保护距离 单位为米

危险等级	A类火灾		B类火灾	
	手提式灭火器	推车式灭火器	手提式灭火器	推车式灭火器
严重	15	30	9	18
中度	20	40	12	24
轻度	25	50	15	30

（12）A类火灾场所灭火器的最低配置基准应符合表3-4的规定。B、C类火灾场所灭火器的最低配置基准应符合表3-5的规定。E类火灾场所的灭火器最低配置基准不应低于该场所内A类（或B类）火灾的规定。

表3-4 A类火灾场所灭火器最低配置基准

危险等级	严重危险级	中危险级	轻危险级
单具灭火器最小配置灭火级别	3A	2A	1A
单位灭火级别最大保护面积，m^2/A	50	75	100

表3-5 B、C类火灾场所灭火器最低配置基准

危险等级	严重危险级	中危险级	轻危险级
单具灭火器最小配置灭火级别	89B	55B	21B
单位灭火级别最大保护面积，m^2/A	0.5	1.0	1.5

4. 灭火器配置的设计计算

灭火器配置的设计计算可按下述程序进行：

（1）确定各灭火器配置场所的火灾种类和危险等级。

（2）划分计算单元，计算各计算单元的保护面积。

（3）计算各计算单元的最小需配灭火级别。

（4）确定各计算单元中的灭火器设置点的位置和数量。

（5）计算每个灭火器设置点的最小需配灭火级别。

（6）确定每个设置点灭火器的类型、规格与数量。

（7）确定每具灭火器的设置方式和要求。

（8）在工程设计图上用灭火器图例和文字标明灭火器的型号、数量与设置位置。

① 计算各计算单元的最小需配灭火级别，方法见式（3-1）。

$$Q = K \frac{S}{U} \tag{3-1}$$

式中　Q——计算单元的最小需配灭火级别（A 或 B）；

　　　S——计算单元的保护面积，m^2；

　　　U——A 类或 B 类火灾场所单位灭火级别最大保护面积（m^2/A 或 m^2/B）；

　　　K——修正系数（按表 3-6 取值）。

表 3-6　修正系数取值表

计算单元	K
未设室内消火栓和灭火系统	1.0
设有室内消火栓系统	0.9
设有灭火系统	0.7
设有室内消火栓和灭火系统	0.5
可燃物露天堆场，甲乙丙类液体储罐区，可燃气体储罐区	0.3

歌舞娱乐放映游艺场所、网吧、商场、寺庙及地下场所等的计算单元的最小需配灭火级别应按式（3-2）计算：

$$Q = 1.3 K \frac{S}{U} \tag{3-2}$$

② 计算单元中每个灭火器设置点的最小需配灭火级别应按式（3-3）计算：

$$Q_e = \frac{Q}{N} \tag{3-3}$$

式中　Q_e——计算单元中每个灭火器设置点的最小需配灭火级别（A 或 B）；

　　　N——计算单元中的灭火器设置点数，个。

5.常用灭火器类型、规格和灭火级别基本参数

常用灭火器类型、规格和灭火级别基本参数见表3-7。

表 3-7　常用灭火器类型、规格和灭火级别基本参数

灭火器类型	灭火器充装量		灭火器类型规格代码（型号）	灭火级别	
	L	kg		A 类	B 类
水型	3	—	MS/Q3	1A	—
		—	MA/T3		55B
	6	—	MS/Q6	1A	—
		—	MA/T6		55B
	9	—	MS/Q6	2A	—
		—	MA/T6		89B
	20	—	MST20	4A	—
	45	—	MST45	4A	—
	60	—	MST60	4A	—
	125	—	MST125	6A	—
泡沫	3	—	MP3、MP/AR3	1A	55B
	4	—	MP4、MP/AR4	1A	55B
	6	—	MP4、MP/AR4	1A	55B
	9	—	MP9、MP/AR9	2A	89B
	20	—	MPT20、MPT/AR20	4A	113B
	40	—	MPT40、MPT/AR40	4A	144B
	60	—	MPT60、MPT/AR60	4A	233B
	125	—	MPT125、MPT/AR125	6A	297B
二氧化碳	—	2	MT2	—	21B
	—	3	MT3	—	21B
	—	5	MT5	—	34B
	—	7	MT7	—	55B
	—	10	MTT10	—	55B
	—	20	MTT20	—	70B
	—	30	MTT30	—	113B
	—	50	MTT50	—	183B

灭火器类型	灭火器充装量		灭火器类型规格代码（型号）	灭火级别	
	L	kg		A类	B类
BC 干粉（碳酸氢钠）	—	1	MF1	—	21B
	—	2	MF2	—	21B
	—	3	MF3	—	34B
	—	4	MF4	—	55B
	—	5	MF5	—	89B
	—	6	MF6	—	89B
	—	8	MF8	—	144B
	—	10	MF10	—	144B
	—	20	MFT20	—	183B
	—	50	MFT50	—	297B
	—	100	MFT100	—	297B
	—	125	MFT125	—	297B
ABC 干粉（磷酸铵盐）	—	1	MF/ABC1	1A	21B
	—	2	MF/ABC2	1A	21B
	—	3	MF/ABC3	2A	34B
	—	4	MF/ABC4	2A	55B
	—	5	MF/ABC5	3A	89B
	—	6	MF/ABC6	3A	89B
	—	8	MF/ABC8	4A	144B
	—	10	MF/ABC10	6A	144B
	—	20	MFT/ABC20	6A	183B
	—	50	MFT/ABC50	8A	297B
	—	100	MFT/ABC100	10A	297B
	—	125	MFT/ABC125	10A	297B

（二）消防设施及器材管理

1. 钻（修）井队内部管理

（1）消防工作的基本制度是消防安全责任制，要求做到"谁主管、谁负责；谁在岗、谁负责"，保证消防及现场安全措施落到实处。

（2）消防演练及消防安全培训。钻（修）井现场应组织员工定期开展油气、化工料、可燃物、易燃物等消防知识培训，组织开展灭火演练和人员疏散逃生演练。

（3）隐患检查整改机制

如果钻（修）井队存在违章使用和存放易燃易爆危险物品，违章使用明火作业，在井口、循环罐、油污池等具有明显火灾、爆炸危险的场所吸烟、使用明火等容易诱发火灾隐患，以及钻台上占用安全出口、疏散通道、遮挡或挪用消防器材，消防器材配置不够，摆放不合理、种类不匹配等，应由现场及时进行整改。

2. 钻（修）井现场消防设施维护及管理

灭火器检查内容如下：

（1）检查灭火器的维修，检查记录标签是否齐全完整，检查灭火器的有效期和按"四定"（定人、定期、定点、定责）管理的执行情况。

（2）检查灭火器铅封是否完好。

（3）检查灭火器的可见零部件是否完整，装配是否合理，有无松动、变形、老化或损坏。

（4）检查灭火器的防腐层是否完好，有明显腐蚀时，应及时维修并做耐压试验，实验不合格的必须报废。

（5）检查带表计的贮存式灭火器时，检查压力表指针，若指针在红色区域，则表明灭火器已失效，应及时送检并重新充气换药。

（6）检查灭火器的喷嘴是否畅通，检查喷嘴防潮堵或喷嘴零部件是否齐备。

（7）新购置的灭火器首次维修时间按灭火器铭牌标注的有效期执行。

3. 灭火器的零部件维修和报废

（1）达到以下报修条件的灭火器应及时送修，并在灭火器筒体或气瓶上采取不加热的方法固定：

① 机械损伤、明显锈蚀、被开启使用过。

② 干粉灭火器、二氧化碳灭火器出厂满 5 年，首次维修后每 2 年维修一次；水基型灭火器出厂满 3 年，首次维修后每年维修一次。

③ 二氧化碳灭火器灭火剂泄漏量超过 5%（或 50g）、干粉灭火器压力指示器指向红区，须及时送修。

灭火器一次送修数量不超过计算单元配置灭火器总数量的 1/4，超出时需选择相同类型、系统操作方法的灭火器替代，且灭火器灭火级别不小于原配置灭火器的灭火级别。

维修合格证要字体清晰，其尺寸不小于 $30cm^2$，内容包括维修编号、总质量、项目负责人签署、维修日期及维修机构名称、地址和联系电话。维修合格证采用不加热的方法固定在灭火器筒体或气瓶上，不得覆盖原灭火器生产企业的铭牌标志。当将其从灭火器上清除时标志能够自行破损。

（2）达到以下标准的灭火器应及时报废：

① 列入淘汰目录的：酸碱性灭火器；化学泡沫灭火器；倒置使用的灭火器；氯溴甲

烷、四氯化碳灭火器；1211、1301 灭火器；国家政策明令淘汰的其他类型灭火器。

② 达到报废年限：水基型灭火器出厂期满 6 年；干粉、洁净气体灭火器出厂期满 10 年；二氧化碳灭火器出厂期满 12 年。

③ 使用中出现以下存在严重损伤、重大缺陷：永久性标志模糊、无法识别；筒体或气瓶被火烧过；筒体或气瓶严重变形；筒体或气瓶外部涂层脱落大于总面积 1/3；筒体或气瓶有腐蚀的凹坑；筒体或气瓶有修补痕迹；水基型筒体内部防腐层失效；筒体或气瓶连接螺纹有损伤；筒体或气瓶不符合水压试验要求；灭火器产品不符合市场准入制度；灭火器由不合法维修机构维修。

4. 其他设施

（1）消防泵（消防栓）旁应设水龙带，水龙带距离消防泵（消防栓）不宜大于 5m。

（2）消防水带直径为 65mm，每盘长度 20m 带快速接口的消防水带，两支入口直径 65mm，喷嘴直径为 19mm 水枪。

（3）井场、营区、前线基地等应配备消防水泵、消防站、消防砂等消防设施及器材。

第三节　消防安全评估基础知识

一、火灾风险管理

（一）风险概念

风险是指不确定性对目标的影响。对风险管理中的安全而言，风险是对伤害的一种综合衡量，包括伤害的发生概率和严重程度。这里的伤害是指对物质或环境的破坏，对人体健康的损害，对财产造成的损失。

（二）风险管理概念

风险管理是指导和控制某一组织与风险相关问题的协调活动。风险管理通过分析不确定性及其对目标的影响，采取相应措施，为组织的运行和决策及有效应对各类突发事件提供支持。风险管理适用于组织的生命周期及其任何阶段，包括整个组织的所有领域和层次，以及组织的各个部门和活动。

（三）风险管理原则

1. 控制损失、创造价值

以控制损失、创造价值为目标的风险管理，有助于组织实施目标，取得具体可见的成绩和改善各方面的业绩，包括人员健康和安全、合规经营、信用程度、社会认可、环境保护、财务绩效、产品质量及公司治理等方面。

2. 融入组织管理

风险管理不是独立于组织主要活动和各项管理的单独活动,而是组织管理过程中不可缺少的重要组成部分。

3. 支持决策过程

组织所有决策都应考虑风险和风险管理,有助于判断风险应对是否充分、有效、决定行动优先顺序,并选择可行的行动方案,从而帮助决策者做出合理的决策。

4. 应用系统的、结构化的方法

系统的、结构化的方法有助于风险管理效率的提升,并产生一致、可比、可靠的结果。

5. 以有效的信息为基础

风险管理过程要以有效的信息为基础。这些信息可以通过经验、反馈、观察、预测和专家判断等多种渠道获得,但使用时要考虑数据、模型和专家意见的局限性。

6. 环境依赖

风险管理取决于组织所处的内部和外部环境及组织所承担的风险,需要特别指出的是风险管理受人文因素的影响。

7. 广泛参与、充分沟通

组织利益相关者广泛参与有助于其观点在风险管理过程中得到体现,以及其利益所求在决定组织的风险偏好时得到充分考虑,利益相关者的广泛参与要建立在其权力和责任明确认可的基础上。利益相关者之间需要持续、双向和及时地沟通,尤其在重大风险事件和风险管理有效性等方面需要及时沟通。

8. 持续改进

风险管理是适应环境变化的动态过程,其各步骤之间形成一个信息反馈闭环,随着内部和外部事件的发生,组织环境和知识改变及监督检查的执行,有些风险可能会发生变化,一些新的风险可能会出现,另一些风险则可能消失。因此,组织应该持续不断地对各种变化保持敏感并做出恰当的反应,组织通过绩效测量、检查和调整等手段,使风险管理得到持续改进。

(四)风险管理过程

风险管理过程包括明确环境信息、风险评估、风险应对、监督和检查。其中,风险评估包括风险识别、风险分析、风险评价。沟通和记录应贯穿于风险管理全过程。风险管理如图3-1所示。

1. 风险评估

风险评估包括风险识别、风险分析和风险评价三个步骤。

(1)风险识别是通过风险源、影响范围、事件及其原因和潜在的后果等,生成一个全面的风险列表。进行风险识别时，要掌握相关和最新的信息，除了识别可能发生的风险事件外，还要考虑其可能的原因和可能导致的后果。

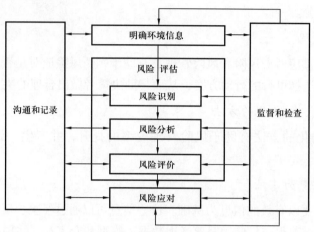

图 3-1 风险管理过程

（2）风险分析是根据风险类型、获得的信息和风险评估结果的使用目的，对识别出的风险进行定性和定量分析，为风险评估和风险应对提供依据。风险分析不仅要考虑导致风险的原因和风险源、风险事件的正面和负面后果及其发生的可能性、影响后果和可能的因素、不同风险及其风险源的相互关系和风险的其他特征，还要考虑现有的管理措施及其效果和效率。在风险分析中，应考虑组织的风险承受度及其对前提和假设的敏感性，并适时与决策者和其他利益相关者有效地沟通。另外还要考虑可能存在的专家观点中的分歧及数据和模型的局限性。根据风险分析的目的，获取信息数据和资源，风险分析可以是定性的、半定量、定量或是以上几种方法的组合。

一般情况下，首先采用定性分析，初步了解风险等级及主要风险，在适当时进行更具体和定量的风险分析。

（3）风险评价是指将风险分析的结果与组织的风险准则做比较，或者在各种风险的分析结果之间进行比较，确定风险等级，以便做出风险应对决策。如果该风险是新识别的风险，则应制订相应的风险准则，以便评价该风险。风险评价的结果应满足风险应对需要，否则应做进一步分析。

2. 风险应对

风险应对是选择并执行一种或多种改变风险的措施，包括改变风险事件发生的可能性或后果措施，风险应对决策应考虑各种环境信息，包括内部和外部利益相关者的风险承受度，以及法律、法规和其他方面的要求等。

3. 监督和检查

组织应明确界定监督和检查的责任。监督检查可能包括但不限于：

（1）监测事件，分析变化及其趋势，并从中吸取教训。

（2）发现内部和外部环境的信息的变化，包括风险本身的变化，可能导致风险应对措施及其实施优先次序的改变。

（3）监督并记录风险应对措施实施后的剩余风险，以便在适当时做进一步处理。在适当时，对照风险应对计划，检查工作进度与计划偏差，保证风险应对措施的设计和执行有效。

（4）报告关于风险、风险应对计划的进度和风险管理方针的遵循情况，实施风险管理绩效评估。

监督和检查活动包括常规检查，监控已知的风险、定期或不定期检查。定期或不定期检查都应被列入风险应对计划。

4. 沟通和记录

组织在风险管理过程中的每一个阶段，都应与内部和外部利益相关者进行有效沟通，以保证实施风险管理的责任人和利益相关者能够理解组织风险管理决策的依据，以及需要采取某些行动的原因。由于利益相关者的价值观、诉求、假设、认知和关注点不同，其风险偏好也不同，可能对决策有重要影响。因此，组织在决策过程中应与利益相关者进行充分地沟通、识别并记录利益相关者的风险偏好。

（五）火灾风险评估基本流程

火灾风险评估基本流程有以下几个方面。

1. 前期准备

明确钻（修）井现场火灾风险评估的范围，收集所需的各种资料，重点收集与实际运行状况有关的各种资料与数据，评估机构依据经营单位提供的资料，按照确定的范围进行火灾风险评估。

所需主要资料从以下几个方面收集：

（1）评估对象的功能。

（2）可燃物。

（3）周边环境情况。

（4）消防设计图样。

（5）消防设备相关资料。

（6）火灾应急救援预案。

（7）消防安全规章制度。

（8）相关的电器检测和消防设施与器材检测报告。

2. 火灾危险源的识别

应针对评估对象的特点，采用科学、合理的评估方法，进行火灾危险源识别和危险性分析。

3. 定性、定量评估

根据评估对象的特点，确定消防评估的模式及采用的评估方法，在系统生命周期内的运行阶段，应尽可能采取定量的安全评估方法，或定性与定量相结合的综合性评估模式进行分析和评估。

4. 消防安全管理水平评估

消防安全管理水平评估主要包含以下三个方面：

（1）消防管理制度评估。

（2）火灾应急救援预案评估。

（3）消防演练计划评估。

5. 确定对策、措施和建议

根据火灾风险评估结果，提出相应的对策、措施和建议，并按照火灾风险程度的高低进行解决方案的排序，列出存在的消防隐患及整改紧迫程度，针对消防隐患提出改进措施及改善火灾风险状态水平的建议。

6. 确定评估结论

根据评估结果，明确指出生产经营单位当前火灾风险状态水平，提出火灾风险可接受程度的意见。

7. 编制火灾风险评估报告

评估流程完成后，评估机构应根据火灾风险评估的过程编制专门的技术报告。

二、火灾风险识别

（一）火灾危险源与火灾风险源

火灾危险源分为两类：第一类危险源包括可燃物、火灾烟气及燃烧产生的有毒、有害气体成分；第二类危险源是人们为了防止火灾发生，减小火灾损失所采取的消防措施中的隐患。因此，对于火灾危险源进行界定，将其含义限定为引起火灾的一些因素，同时引入火灾风险源的概念，危险源首先是来自理论上的定义，而风险源则来自实践的需要，采取由实践向理论的提升，将会有更大的适用性。火灾危险源与火灾风险源关系如图 3-2 所示。

（二）火灾风险源分析

发生火灾都有其原因，分析起火原因，了解火灾的特点，是为了更有针对性地运用技术措施，有效预防、有效控制并减少火灾危害。

1. 电气

据统计，每年电气火灾事故占全年火灾总数的 30% 左右，导致人员伤亡及财产损失在各类火灾中

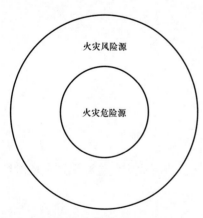

图 3-2 火灾危险源与火灾风险源关系图

居首位，许多是因为电气设备使用不当、短路、断路、过载等由于超负荷、发热或维护管理不善，导致电气线路故障引发火灾事故的直接原因。石油钻（修）井现场电气、电动、电代油等设备越来越多，均使用超过人体的安全电压，易发生电气火灾，安全用电非常重要，电气火灾主要有以下几种：

（1）接头接触不良导致电阻增大，发热起火。

（2）可燃油浸变压器油温过高导致火灾。

（3）高压开关的油温短路中，由于油量过高或过低引起爆炸起火。

（4）熔断器熔体熔断时产生电火花，引燃周围可燃物。

（5）使用电加热装置时，不慎放入高温易爆物品导致爆炸起火。

（6）机械撞击损坏线路，导致漏电起火。

（7）设备过载导致线路温度升高，因散热条件不好且时间过久，导致电缆起火或引燃周围可燃物。

2. 吸烟

在野外或石油钻（修）井现场，吸烟者不在规定吸烟场所或吸烟点吸烟，随意躺在床上、烟头点燃被褥或扔进垃圾桶、材料堆、油污池等可燃、易燃物中，导致引发火灾事故，随手扔烟头是很大的火灾隐患，乱扔带有火种的烟头更是大隐患。

3. 生活用电

生活用电主要是指发生在野营房用电不慎。例如食堂用电气设备做饭，炊事用火器具设置不当，线路连接不正确，安装不符合标准，在炉灶使用中违反安全技术要求等引起火灾，另外住人房乱拉不符合用电标准的临时线，在使用过程中发生电器或用电火灾事故。2016 年全国因生活用电不慎引发火灾事故占火灾总数的 21%。

4. 生产作业

生产作业不慎主要是指违反生产安全制度引起火灾，例如在井口、钻台面、油污池等易燃易爆区域动用明火，引起爆炸起火。在用气焊焊接，砂轮机打磨设备时飞出的火星和熔渣，因未受到有效的防护措施容易燃烧周围可燃物，尤其遇到可燃气体、易燃油品等引发火灾事故。油气田钻（修）井设备在运转过程中，由于未及时保养，缺少润滑，或没有及时清除附着在设备、轴承、表面的杂物、废液等，设备在运转过程中受热，容易引发生产过程的火灾事故。

5. 雷击

雷电导致的火灾属于自然火灾之一，大体上有三种：一种是避雷器失效，雷电直接击在井架、循环罐、生产设备上雷击发生热效应、机械效应作用等；二是雷电产生静电作用和电磁感应作用；三是高电位雷电波沿着电气线路或金属管道系统侵入 SCR 房、顶驱变频房或电控房击穿各种电控模块或核心主板等，这种现象在电动钻机现场尤为常见。

（三）火灾发展过程及火灾风险评估

1. 火灾发生初期

火灾发生的初期，物质的燃烧主要受其物理性质和周边环境（如通风状况、燃料数量、环境温度、燃烧时间等）的影响。钻（修）井现场的消防主要围绕这五个要素进行，控制对象是燃烧三要素，需要对进行能量或时空隔离，即控制三个要素的同时出现。即将可燃物控制在一定的范围内，包括可燃物的数量和储存场所，控制的重点是易燃物质。控制效果越好，发生火灾的可能性越小。

2. 火灾发展中期

火灾发生后，物质的燃烧受到现场消防灭火设施、消防器材、消防措施、消防力量等共同作用的效果。若火灾控制较好的，火灾造成的后果和损失相对较轻，如果中期燃烧充分且火灾控制不理想，损失较大。通常情况下，由于初期火灾的扑救，采取灭火措施，组织疏散等，现场火灾发生后的燃烧受到这些因素的影响，后果损失严重程度与这些因素的作用效果密切相关，由于钻（修）井现场油气易燃等特点，这一阶段的火灾相对而言，比火灾发生初期更严重，损害更大。

3. 火灾发生后期

由于钻（修）井作业的特殊性，作业现场可燃、易燃物质较多，一般情况下，火灾发生后，到后期损失相对较大。如果初期火灾扑救及控制失效，甚至可能发生较大及重大火灾事故。火灾发生后对火灾影响程度进行评估，首先要弄清楚火灾发生的原因，并对火灾危险源及风险进行分析，以便从源头上消除安全隐患，做好相关问题整改，做好现场消防安全工作。

三、火灾风险评估方法

火灾风险评估方法较多，主要包括安全检查表法、预先危险性分析法、事件树分析法、事故树分析法等。

（一）安全检查表法

在安全及火灾评估中，安全检查表法是最基础、最简单，也是相对比较实用的安全分析方法，从不同的安全检查表中查找不同安全因素，不仅是为了事先了解与掌握可能引起系统事故发生的所有原因而实施安全检查和诊断的一种工具，而且是发现潜在危险因素的一个有效手段和用于分析事故的一种方法。

（二）预先危险性分析法

预先危险性分析也称初始风险分析，是安全评估的一种方法。它在评估对象运用之前，特别是在设计的开始阶段，对系统存在火灾风险类别、出现条件后果等进行概略分析，尽可能评价潜在的火灾危险性。

预先危险性分析结果可列为一个表格，因为火灾预先性评估的最终结果用风险等级表的形式。火灾风险等级确定主要是针对那些易发生火灾的关键部位，确定减少消除火灾发生的可能性及火灾发生后的损失。

（三）事件树分析法

事件树分析法源于决策树分析法，是一种按事故发展时间的顺序，由初始事件开始推论可能的后果，从而进行危险源辨识的方法。

事件树分析法是一种时序逻辑的事故分析方法，以一个初始事件为起点，按照事故的发展顺序分成阶段，一步步进行分析，遵循每一事件可能的后续事件只能取完全对立的两种状态（如正常或故障、安全或危险等）之一的原则，逐步向结果方向发展，指导出现系统故障或事故为止。所分析的情况用树枝状图标表示，故称之为事件树。通过事件树可以定性地了解整个事件的动态变化过程，又可以定量计算出各阶段的概率，最终了解事故发展过程中各种状态的发生概率。

（四）事故树分析法

事故树分析法是系统安全工程中最常用的分析方法之一，也是一种演绎推理法。这种方法把系统可能发生的某种事故与导致事故发生的各种原因之间的逻辑关系用一种称为事故树的树形图表示，通过事故树定性与定量分析，找出事故可能发生的主要原因，为确定安全对策提供可靠依据。

事故树分析法是具体运用运筹学原理，对事故原因和结果进行逻辑分析的方法，事故树分析法先从事故开始，逐层次向下演绎、将全部出现的事件用逻辑关系连成整体，对可能导致事故的各种因素及相互关系作出全面、系统、简明和形象的描述。

第四章　安全监督检查技术

第一节　安全监督运行机制

安全监督是生产安全风险的一种管控方式，是与安全管理相辅相成的约束机制，通常由业主（甲方）向承包商（乙方）派驻安全监督人员，总承包商成向分承包商派驻安全监督人员，上级主管部门向项目或作业现场派驻安全监督人员等多种监督运作形式，是施工作业现场减少违象行为、保护员工生命健康的重要保障。

一、安全监督基本要求

企业应当根据生产经营特点、从业人员数量、作业场所分布、风险程度等实际，配备满足安全监督工作需要的安全监督人员，并进行统一管理。

（一）安全监督机构

1. 安全监督机构的主要工作

安全监督机构是企业安全监督工作的执行机构，主要工作包括：

（1）制订并执行年度安全监督工作计划。

（2）指派或者聘用安全监督人员开展安全监督工作。

（3）开展安全监督人员考核、奖惩和日常管理。

（4）定期向本单位安全总监或主要负责人报告监督工作。

（5）及时向有关部门通报发现的生产安全事故隐患和重大问题，并提出处理建议。

油气钻探企业应设置安全监督机构，并为其履行职责提供必要的办公条件和经费。安全监督机构对企业安全生产负监督责任，接受企业安全总监或安全管理部门的业务指导。

2. 安全监督的权力

为确保安全监督人员工作顺利开展，企业应赋予安全监督机构及安全监督人员相应的权力，主要包括：

（1）进入现场检查，调阅有关资料，询问有关人员的权力。

（2）纠正"三违"行为和安全管理失职行为，并提出处理和改进意见的权力。

（3）责令整改安全生产隐患和问题的权力。

（4）对隐患整改前无法保证安全的情况，责令停止作业或者停工的权力。

（5）对发现危及人员生命安全的紧急情况时，责令立即停止作业或者停工检查，并责令作业人员立即撤出危险区域的权力。

（6）对被监督单位的安全生产考核建议权。

（二）安全监督人员

安全监督人员应接受安全监督机构的安排，依据法律法规、规章制度、标准规范和设计等对施工作业过程进行安全检查验证和督导。

1. 安全监督人员的任职条件

为保证安全监督工作有效实施，安全监督人员应当具有大专及以上学历，且从事石油工程、安全相关工作3年及以上；接受过安全监督专业培训，取得企业认可的安全监督人员资质；热爱安全监督工作，责任心强，有一定的组织协调能力和文字、语言表达能力。

2. 安全监督人员的工作内容

安全监督人员应按照安全监督机构工作安排编制安全监督方案，并按照监督方案进行监督，对现场安全生产负监督责任，其主要工作内容至少应包含：

（1）对被监督单位执行落实安全生产法律法规、标准规范及企业有关规章制度和管理要求的情况进行监督检查，对发现的问题和隐患提出整改要求。

（2）纠正现场违章指挥、违章操作和违反劳动纪律等"三违"行为，提出预防措施和处理建议。

（3）总结分析现场工作情况，及时将监督工作情况反馈被监督单位，并向所在安全监督机构报告。

（三）安全监督培训

企业应每年组织安全监督人员进行业务培训并考核合格。安全监督人员脱岗6个月以上重新上岗时，应进行业务培训并考核合格。

培训内容应包括但不限于：

（1）安全生产法律法规、标准规范和规章制度。

（2）安全生产管理知识。

（3）钻井高危、特殊作业、关键环节监督要点。

（4）新技术、新工艺、新材料、新设备的安全技术特性。

（5）安全观察与沟通等风险控制工具的应用。

（6）安全监督实用知识。

（7）风险辨识管控与隐患排查方法。

（8）事故事件管理及事故应急处理措施。

（四）安全监督基本模式

安全监督机构及安全监督人员应依据法律法规、规章制度、标准规范和设计等对钻井施工进行安全检查验证和督导。安全监督机构应根据被监督项目的风险评估结果，采取巡回监督、派驻监督等方式开展现场监督工作，亦可辅以远程监控等信息化、智能化手段提升安全监督工作实际效果。

（五）安全监督的主要内容

安全监督机构应当结合生产经营实际和安全风险管控需要，对作业活动和生产运行活动开展安全监督：

1. 作业活动安全监督主要内容

（1）安全管理。单位（队伍）资质与人员资格、安全合同或协议、安全生产规章制度建立、安全管理机构或岗位人员配备、安全生产责任制落实和员工安全培训，以及生产安全风险管控、承包商作业前安全能力准入评估等情况。

（2）安全作业条件。开工手续、问题和隐患整改情况、作业场所布局、安全距离与环境、人员配置及到岗情况、设备设施准备及检测检验情况、施工组织方案制定、安全技术措施制订、作业安全风险识别及提示、人员安全培训情况等。

（3）作业活动。现场施工组织、班组安全活动、工作前安全分析（JSA）或工作危害分析（JHA）、安全技术交底及措施落实、作业许可与变更手续办理、现场作业过程中规章制度与操作规程执行、劳动防护用品配备与使用、员工持证上岗等情况。

（4）应急管理。应急处置方案、应急队伍、应急物资、应急培训和演练等情况。

2. 生产运行活动安全生产监督主要内容

（1）安全管理。安全管理机构或岗位人员配备，安全责任制和管理制度的建立与实施，人员培训与资质管理，"三同时"措施落实，问题和隐患整改措施落实等情况。

（2）生产条件。生产设施、安全防护设施的完整性及检测检验情况，停工与投用方案，危害因素识别评价与控制，投用前安全检查，有毒有害物质防护，生产场所布局、安全距离与环境，消防设施、报警装置，监控预警设施配置与维护等。

（3）生产活动。生产计划、生产组织、操作规程、操作票证、生产巡检、能量隔离措施、劳动纪律等情况。

（4）工艺管理。工艺安全风险管控措施落实情况的监督，关注安全自保联锁及紧急停车系统等关键环节。

（5）应急准备。应急组织、应急预案、应急队伍、应急物资、应急培训和演练等情况。

二、安全监督管理流程

（一）企业对安全监督机构的管理

企业应明确所属安全监督机构的工作目标和考核指标，将被监督单位安全生产情况纳入监督机构考核，作为企业安全生产工作的重要环节进行统一管理，定期对其开展检查指导、考核测评。

（二）安全监督机构管理流程

安全监督机构应建立安全监督管理流程，按照戴明环 PDCA 循环，即 Plan（计划）、Do（执行）、Check（检查）和 Act（处理）实行闭环管理，持续改进。

基本流程至少应包含以下内容（图 4-1）：

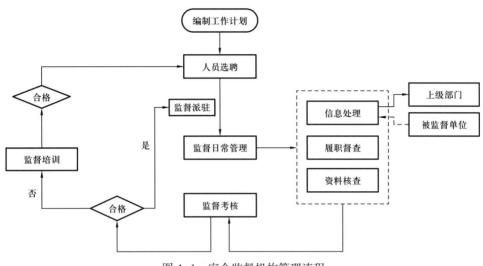

图 4-1 安全监督机构管理流程

1. 编制工作计划

安全监督机构应注重监督工作的具体实施，制订年度、月度工作计划。

（1）年度工作计划，主要内容包括但不限于：年度工作概况描述、目标和指标、安全监督重点、资源配置计划、监督培训计划、计划实施的保障措施。

（2）月度工作计划，主要内容包括但不限于：上月工作开展情况、本月主要工作内容、本月工作要求。

2. 人员选聘

安全监督机构应根据所监督项目的风险评估等级，选聘能力相匹配的安全监督人员，主要考虑项目规模和风险大小、施工队伍人员和设备状况、安全监督综合能力等。保证安全监督工作的人力资源满足要求。

3. 监督日常管理

安全监督机构应以保障被监督单位安全生产为目标，至少从信息处理、履职督查、资料核查等方面做好管理工作。

（1）信息处理应符合以下要求：

① 安全监督机构应向上级汇报监督工作，主要内容包括：安全监督工作开展情况、监督发现的重大隐患及治理整改情况、事故事件信息、需要上级协调的事项。

② 安全监督机构应向被监督单位通报监督情况，主要内容包括：发现的典型问题、管理短板和薄弱环节、风险预警信息、改进建议。

③ 安全监督机构应向安全监督人员下达相关要求，主要内容包括：上级及地方政府相关要求、被监督单位反馈的信息、近期关注的监督重点。

（2）安全监督机构应对照安全监督人员职责、安全监督工作计划、现场安全管理情况等，制订履职督查计划，定期开展安全监督人员的履职督查工作，并符合以下要求：

① 安全监督机构应采取定期和"四不两直"的方式，对安全监督人员的履职情况进行督查和指导。

② 安全监督履职督查的主要内容至少应包括但不限于：安全监督人员日常巡检情况，高风险施工作业的管控情况，被监督单位现场安全管理运行状况，法律法规、企业相关规定和要求的落实情况，现场安全生产事故隐患及整改验证等情况。

（3）安全监督机构应明确安全监督资料的保管要求及保存期限，并对安全监督提交的资料进行审查。

4. 监督考核

安全监督人员考核包括安全监督人员履职能力评估和安全监督人员履职情况考核。

（1）应定期对安全监督人员进行履职能力评估。评估内容应包括：安全履职意愿、岗位基本知识、风险防控能力、应急处理能力。

（2）应制定安全监督人员考核制度，定期对安全监督人员履职情况进行考核，应根据考核结果，制订和落实针对性措施，以保证监督工作的持续改进。监督人员的考核应至少每年开展一次，主要内容包括但不限于：施工现场安全运行情况、发现隐患违章的情况、信息反馈的准确度和及时性、安全监督人员履职工作记录，包括文字记录、图片记录、语音记录、影像记录等。

三、安全监督工程流程

安全监督机构应制定安全监督人员工作流程（图4-2），指导安全监督人员根据工作流程开展安全监督工作。

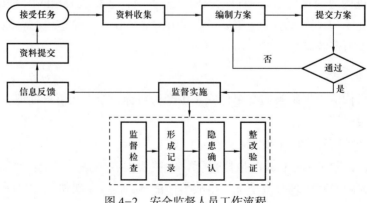

图4-2　安全监督人员工作流程

（1）接受安全监督机构指派的工作任务。

（2）安全监督人员应在开展现场监督前，收集了解被监督项目相关资料，其内容包括但不限于地理环境特征、当地气象环境特征、危害因素辨识与防范措施制订情况、当地政府及相关单位的安全要求。

（3）安全监督人员应依据上级工作安排、资料收集掌握情况等，编制安全监督方案。方案包括但不限于以下内容：被监督项目、施工队伍概述，危害因素辨识与控制，安全监督工作重点。并在方案实施前，提交所属监督机构审批。

（4）监督实施应至少符合以下要求：

① 安全监督人员按照检查内容对作业场所进行监督检查，内容主要包括但不限于：人员作业行为、设备设施的安全性、作业的安全条件、安全管理现状。

② 监督活动结束后，应形成检查记录：检查记录应向被监督单位呈现，同时听取被监督单位意见；记录的种类包括文字记录、图片记录、语音记录、影像记录。

监督检查情况应及时向被监督单位告知，项目负责人进行确认，并及时组织现场整改和制订措施。安全监督人员要对照制度、标准等要求验证整改治理情况，并形成验证结论。

（5）安全监督人员应根据现场情况的轻重缓急，实时和定期地向安全监督机构反馈监督工作信息，内容包括但不限于：安全监督工作情况、现场安全生产事故隐患、现场安全环保事故事件信息、现场安全管理典型做法等。

（6）安全监督工作过程应留有记录，可通过建立安全监督工作日志方式开展，并定期向安全监督机构提交。

四、安全监督查患纠违"二八"流程

（一）现场查纠隐患八步流程

"查纠隐患八步流程"（图 4-3）是指导各级 HSE 监督人员履行隐患查纠职责的工作指南，是及时消除隐患、实现现场本质安全、预防事故的主要途径，运行中要注意以下八个环节：

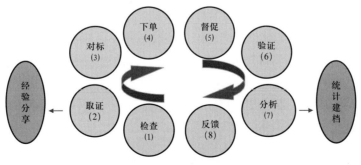

图 4-3　隐患查纠流程

1. 检查

HSE 监督在监督施工单位岗位员工开展交接班检查的同时，要手持"HSE 监督巡回检查表"进行复核性检查，对于查出问题及时督促整改。同时，通过与岗位人员和值班干部沟通，督促落实属地管理责任。另外，要认真落实上级部门安排的阶段性专项排查，专项排查前要结合现场实际编写"检查表"，逐项进行检查确认，检查结束及时整理上报《专项排查报告》。

2. 取证

HSE 监督人员在例行检查中要随身携带照相机，发现 HSE 良好表现和 HSE 不符合项时及时拍照，以便进一步分析，或作为安全经验与大家一起分享。现场取证时要注意：

反映现场位置关系时尽量使用"全景照"或"局部照"，即把所要反映的事物之间的空间位置关系和安全防护距离等要素表现清楚，并在后期照片处理时予以标注。

反映设备、设施、工具等的局部缺陷时尽量使用"细目照"，即把存在的缺陷反映清楚，并在后期照片处理时予以圈注。

3. 对标

HSE 监督人员要针对查出的 HSE 不符合项，查阅相关标准进行对标，找出现场情况与标准之间存在的差距。这是确保隐患整改质量、发挥培训职能的重要环节。

4. 下单

检查结束后及时签发"HSE 不符合整改通知单"，并计入"隐患台账"，注意以下几点：

（1）隐患描述要准确，不能牵强附会、模棱两可，例如"××不合格""××不规范""××不符合要求"等，这样的描述会使整改人员不知所措。

（2）隐患整改要求要从所要达到的标准、整改期限等方面予以明确，必要时要到现场指导。尤其查出隐患较多时，要结合现场实际利用 LEC 法进行分析评价，根据隐患可能对安全生产构成威胁的严重程度和紧急程度进行排列，分批安排整改，不要笼统地下达"上述问题立即整改"的指令。另外，隐患整改无特殊情况一般安排白班完成，为避免理解偏差或争执，"限当班整改"比"限当日整改"更严谨。

（3）对于经 LEC 法评价认定，风险度大于 320 的项目，必须立即叫停，签发"重大隐患整改通知单"，督促施工单位停产、停工整改，并及时向上级部门汇报信息。对于无法立即停工的重大隐患必须制订安全措施、安排专人监护，并制定专项事故应急预案。

（4）为提高隐患整改效率，避免引发监督责任事故，要求检查结束到签发"HSE 不符合整改通知单"，时间控制在 2h 以内，巡井监督人员应在检查结束后，必须现场签发"不符合整改通知单"。

5. 督促

"HSE 不符合整改通知单"下达后要加强巡查，及时督促、提醒，巡井监督人员要通过电话多询问、督促，掌握隐患整改进度。对于不按要求组织整改的单位，进行管理责任追究。

6. 验证

隐患整改验收工作坚持"谁检查、谁验收"的原则，驻井监督人员查出的隐患要全部到现场逐项验收销项；巡井监督开具的一般隐患可通过电话问讯，消项关闭，但应纳入下一轮巡查计划予以核实，重大隐患必须到现场复查销项，对于复查中发现作业队谎报整改信息的按照管理违章处理；上级部门管理人员查出的隐患，可委托现场驻井监督人员验收销项。

7. 分析

各级 HSE 监督人员应及时更新"基层队事故隐患台账"和"安全生产预警系统"。定期对基层队的隐患按照隐患分类标准和岗位属地进行统计分析，找出隐患分布规律，进一步分析评价"HSE 两书一表"运行情况和现场管理的薄弱环节。

8. 反馈

各级 HSE 监督人员应定期向上级主管部门汇报现场隐患信息，并结合统计分析情况积极向基层队主要领导和主管领导反馈信息，协助完善重复隐患的治理及管控机制。

（二）现场查纠违章八步流程

"查纠违章八步流程"（图 4-4）是指导各级 HSE 监督人员履行违章查纠职责的工作指南，是强化监管沟通、树立监督权威、及时纠正违章、实现作业安全、超前预防事故的主要途径，运行中要注意以下八个环节：

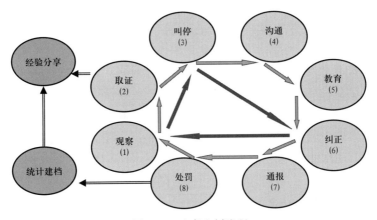

图 4-4　违章查纠流程

1. 观察

养成和培养勤于观察、及时发现违章的过硬基本功，是纠正违章的前提。各级 HSE 监督人员进入作业现场开展行为安全审核应优先选择《井筒施工作业现场旁站监督规定》中明确必须旁站的作业环节和办理了"作业许可票"的高风险作业。同时，要在不断观察分析的基础上，结合作业队管理实际，将违章相对集中的班组、人群、工况、时段纳入重点监控范围。现场安全观察的主要内容包括但不限于以下 6 个方面：

（1）人员的反应：观察作业人员意识到被观察时是否存在调整个人防护装备、改变原来的位置、重新安排工作、停止工作、接上地线、上锁挂牌及其他异常动作或反应，这种本能的改变或许就将成为发现违章的提示和突破口。

（2）人员的位置：观察作业人员所处的位置是否存在被撞击、被绊倒或滑倒、高处坠落、接触极端温度的物体、接触或吸入有害物质、接触振动或转动设备、被夹住、触电或可能造成其他伤害的可能。

（3）个人防护：观察作业人员是否使用了符合安全防护要求的眼睛和脸部、耳部、头部、手和手臂、脚和腿部、呼吸系统、躯干等身体其他部位，以及满足其他特殊情况下使用的安全防护用品。

（4）工具与设备：观察作业人员使用的工具和设备是否存在缺陷，是否适合该作业，是否被正确使用，是否存在其他作业风险等。

（5）程序与规程：观察作业是否有完善的作业程序文件，作业程序是否适用，作业程序是否被熟知或理解，作业程序是否被员工遵守等。

（6）作业环境：观察作业区域是否整洁有序，作业场所是否存在坑洞、沟渠、障碍物等潜在风险，材料及工具的摆放是否适当等。

2. 取证

HSE 监督人员在现场观察到不安全行为后及时拍照取证，一方面便于进一步和作业人员分析沟通，同时通过这种方式积累大量的现场第一手资料，可用于安全经验风险和安全培训。由于不安全行为在突发性、持久性等方面有别于物的不安全状态，因此拍照取证时要注意以下几个方面：

（1）事先要有所准备，检查中照相机、摄像机开机待命，发现不安全行为立即采集。

（2）拍照不要追求完美，把不安全行为表现出来即可，以免在调焦、对焦过程中不安全行为已经结束。

（3）不安全行为一旦错过，绝不能安排作业人员重新模拟补拍照片。

（4）为尊重作业人员，或者避免使其在无意识情况下受到突然惊吓，一般不要正面拍照，更不要正对其面部使用闪光灯。

（5）为提高安全观察能力，监督人员可通过随机拍摄现场作业视频短片，然后组织大家讨论辨识作业过程中的不安全行为。

3. 叫停

HSE 监督人员观察到员工操作中有违章行为时应立即停止其作业，发现现场生产组织中有超越程序、盲目指挥、冒险作业等管理违章时，应立即暂停作业，避免引发事故。现场叫停中需要注意以下几点：

（1）尽量选择从违章人员正面靠近，配合面部表情、肢体动作让其感知到其行为已经违章，进而自觉停止违章行为。

（2）当面叫停作业时态度要和蔼，尤其作业人员没有感知到你的到来时，叫停动作不能具有攻击性和挑逗性。

（3）叫停员工个人违章行为后一般需要将违章人员带到安全区域进行下一步沟通，但为了确保现场工作安全、顺利衔接，允许其进行必要的工作交代后再离开作业现场。

（4）对于因存在违章指挥、违反程序、盲目冒险作业等管理违章行为需要暂停生产时，应首先通知现场负责人将生产恢复到正常情况或采取一定安全措施后，再停下来进行沟通。

4. 沟通

HSE监督人员要通过与违章人员交心谈心，了解其违章的思想动机。沟通应建立在平等、友善、诚恳的基础上，尽量避免批评性、责备性发问，要通过真诚的倾听和交流找出违章的真正原因，通过积极引导让违章者反思其行为的后果，便于进行针对性教育。

5. 教育

HSE监督人员要利用自己掌握的专业安全知识、操作规程、事故案例等，对违章人员进行说服教育。教育过程中必须阐明以下几个方面：

（1）通过进行危害识别和风险评价，说明违章行为可能造成的严重后果，推理要严密，尽量结合典型事故案例佐证你的分析，切忌牵强附会。

（2）要围绕违章可能造成的伤害进行亲情教育。对于违章可能造成作业人员自身伤害的，要阐明其行为后果将会对其家庭造成的严重影响；对于违章可能造成工友受伤害的，要阐明其行为后果将会造成的社会影响，以及因此引发的法律责任、良心谴责等。亲情教育要以情动人，但应张弛有度、恰如其分，避免过分地放大影响范围反而造成违章人员反感和抵触。

6. 纠正

HSE监督人员在确认违章人员已经清楚其违章行为可能造成的后果及影响后，要结合操作规程和作业文件，明确告知其应该如何作，纠正其错误做法，纠正中要注意以下几点：

（1）告诉其正确做法应以操作规程和作业文件为依据，切忌凭经验和个人主观臆断。

（2）如果违章人员行为在作业文件和操作规程中没有明确要求，可提出两种以上解决方案，通过讨论选择风险最低的最佳解决办法，必要时扩大讨论范围。

（3）纠正违章人员错误操作后，不宜立即离开，至少再观察一个完整的作业周期，确认正确的做法已被接受和遵守，否则对于屡教不改或明知故犯、不听劝阻者，应立即责令停工、停职，交管理者按相关人事管理制度处理。

7. 通报

HSE监督人员纠正作业人员违章行为后，要及时向相关方通报信息，目的是教育其他作业人员，避免类似违章行为再次发生，通报按照四个层面进行：

（1）及时向上级主管部门传送违章照片或视频短片，汇报违章经过和现场沟通情况，征求下一步处理意见。

（2）结合事故案例在班后会上和HSE例会上进行通报，对工作属地其他作业人员进行安全警示教育。

（3）将违章查纠情况通报给基层队主要领导，求得管理者的支持，尤其在违章人员思想波动或压力过大时，将其带到主要领导处进行三方沟通交流，及时化解矛盾和压力。

（4）利用网络平台，将违章行为及查纠处理过程向班组其他监督人员通报，分享工作经验。

8.处罚

对于现场查纠的违章行为，在确认已被违章者接受后，依据相关制度进行处罚，以便起到震慑、警示作用。处罚的形式主要包括"通报批评、停工培训、经济处罚、违章记分"等，对于HSE监督人员来讲主要以通报批评和经济处罚权为主，根据违章性质和情节的不同，现场执行不同的处罚权限：

（1）一般违章的处罚由现场驻（巡）井监督员执行，但要在处罚前上报监督站核准。

（2）较大违章的处罚由监督站执行，或授权现场驻（巡）井监督执行。

（3）重大违章的处罚由二级单位监督管理部门执行，或授权监督站或现场驻（巡）井监督执行。

各级监督人员处罚违章一律不准现场收取现金，必须使用统一的"违章处罚单"。"违章处罚单"一经开出不得现场涂改或作废，变更处罚必须经上级部门批准并加盖印章，"违章处罚单"每月及时交主管部门核对、据此收缴罚款，纳入财务系统单独建账管理。违章处罚资金主要用于安全生产奖励，使用前必须上报上级主管部门批准。

第二节　隐患排查治理知识

一、事故隐患的概念、成因与分类

（一）事故隐患的概念

事故隐患是指生产经营单位违反安全生产法律、法规、规章、标准、规程和安全生产管理制度的规定，或者因其他因素在生产经营活动中存在可能导致事故发生的物的危险状态、人的不安全行为和管理上的缺陷。

（二）事故隐患的成因

事故隐患成因有"三同时"执行不严、国家监察不力、行业管理职责不明、群众监督未发挥作用、企业制度不健全、企业资金不落实等。

（三）事故隐患的分类

事故隐患分为一般事故隐患和重大事故隐患。一般事故隐患是指危害和整改难度较小，发现后能够立即整改排除的隐患。重大事故隐患是指危害和整改难度较大，应当全部或者局部停产停业，并经过一定时间整改治理方能排除的隐患，或者因外部因素影响致使生产经营单位自身难以排除的隐患。

（四）事故隐患特征

1.潜在性

事故隐患具有潜在性，难以被及时发现。在生产过程中，许多隐患并不会立即产生危害，但随着时间的推移，这些隐患可能会逐渐恶化，最终导致事故发生。

2.隐蔽性

事故隐患往往具有隐蔽性，难以被轻易识别。有些隐患甚至需要通过专业检测和评估才能被发现，因此需要在日常生产过程中加强安全检查和隐患排查。

3.难以量化性

事故隐患的危害程度和风险大小难以直接量化。人们无法准确预测某个隐患何时会导致事故，也无法确定其可能造成的损失程度。因此，对于事故隐患的评估和预防需要综合考虑各种因素。

4.不确定性

事故隐患存在不确定性，其发生和演变受到多种因素的影响。例如，生产设备的老化、人为操作失误、外部环境变化等都可能促使隐患转化为事故。

5.可预防性

尽管事故隐患具有上述特性，但它们并非不可克服。通过加强安全管理、完善规章制度、改进工艺流程等措施，人们可以有效降低事故隐患的风险，最大限度地避免事故的发生。

二、安全检查的类型、内容和方法

（一）安全生产检查的类型

安全监督工作涉及的安全生产检查包括以下6种类型：

1.定期安全生产检查

定期安全生产检查一般是通过有计划、有组织、有目的的形式来实现的。检查周期根据各单位实际情况确定，如每年一次、每季一次、每月一次、每周一次等。定期检查面广，有深度，能及时发现并解决问题。

2. 经常性安全生产检查

经常性安全生产检查则是采取个别的、日常的巡视方式来实现的。在施工（生产）过程中进行经常性的预防检查，能及时发现隐患，及时消除，保证施工（生产）正常进行。日常的检查包括班组检查、车间检查和厂级检查。班组检查每班必须进行，又分为班前安全检查和生产中的安全检查，班前安全检查是工艺设备的防火控制要点，生产中的检查是班长或安全员在生产过程中，检查员工是否遵守安全操作规程，机器设备运作是否正常。这是工厂中最基本的安全检查，通过认真的检查，很多的隐患都可以发现，事故可以避免。

3. 季节性及节假日前后安全生产检查

根据季节变化，按事故发生的规律对易发的潜在危险，突出重点进行季节检查，如冬季防冻保温、防火、防煤气中毒；夏季防暑降温、防汛、防雷电等检查。由于节假日（特别是元旦、春节、国庆节）前后，职工注意力在过节上，容易发生事故，而应在节假日前后进行有针对性的安全检查。

4. 专业（项）安全生产检查

对某个专业（项）问题或施工（生产）中存在的普遍性安全问题进行的单项定性或定量检查。如对危险较大的在用设备、设施，作业场所环境条件的管理性或监督性定量检测检验都属专业（项）安全检查。专业（项）检查具有较强的针对性和专业要求，用于检查难度较大的项目。通过检查，发现潜在问题，研究整改对策，及时消除隐患，进行技术改造。

5. 综合性安全生产检查

对施工作业项目进行全面综合性检查，必要时可组织进行系统的安全性评价。

6. 不定期对安全生产的巡查

对所监督项目进行安全生产巡视和检查。重点查国家安全生产方针、法规的贯彻执行情况，查单位领导干部安全生产责任制的执行情况，查工人安全生产权利的保障情况，查事故原因、隐患整改情况，查责任者的处理情况等。此类检查可进一步强化各级领导安全生产责任制的落实，促进职工劳动保护合法权利的维护。

（二）安全生产检查的内容

安全生产检查主要包括以下八个方面，安全监督要根据所监督项目的实际情况，哪方面问题突出，就确定哪方面为检查的重点，灵活掌握运用。

1. 查思想

以党和国家的安全生产方针、政策、法规及有关文件为依据，对照检查各级领导和职工群众是否重视安全工作，人人关心和主动搞好安全工作，使党和国家的安全生产方针、政策法规在单位和现场得到落实。具体讲，就是要查认知的高度、重视的程度、抓的深度和广度。

2. 查领导

检查各级领导是否把安全生产工作摆上重要议事日程，是否真正执行安全生产"五同时"，是否认真解决安全技术措施经费和安全生产上的重大难题，做到奖惩严明，支持安技部门人员的工作，尽到自己应承担的安全生产职责。

3. 查制度

首先检查安全生产的规章制度是否建立、健全、深入人心、严格执行，违章指挥、违章作业的行为是否能及时得到纠正、处理。特别要重点检查各级领导和职能部门是否认真执行安全生产责任制，能否达到齐抓共管的要求。

4. 查措施

是否年年编制安全技术措施计划，是否每个工程项目都编制了施工组织设计或施工方案，其中安全技术措施是否有针对性，是否认真进行安全技术措施交底，工地是否认真按措施执行。安全技术措施计划和安全技术措施项目是否随生产施工任务下达、按时完成，劳动条件和安全设施是否得到改善，预防了哪些重大事故。

5. 查隐患

深入生产车间、施工现场检查劳动条件、安全设施、安全装置、安全用具是否符合安全生产法规、标准的要求。安全道路是否畅通，材料、构件、产品堆放是否整齐，电气设备及其线路设置、压力容器、化学危险品的使用管理是否按规定、条例要求。垂直运输设备和起重设备的安全装置是否齐全、灵敏可靠，有无带病运行情况。脚手架、吊篮是否按规程和设施要求搭设。职工是否按规定正确使用防护用品、用具。

6. 查事故处理

检查有无隐瞒事故的行为，发现事故是否及时报告、认真调查、严肃处理，是否制订了防范措施，是否项项落实。凡检查中发现未按"四不放过"的原则处理的事故，要重新严肃处理，防止同类事故再次发生。

7. 查组织

企业的安全生产委员会是否成立和经常进行活动，各大保证体系是否形成和发挥作用，安全机构是否设立，安技干部是否按规定配备，素质条件是否能胜任工作并相对稳定，班组安全是否建立，是否发挥作用，是否达到专管成线，群管成网。

8. 查教育培训

新入厂的工人是否经过认真的三级安全教育，从事特种作业的工人是否都经过特种安全培训、考核、持证操作。各级领导干部、安技人员是否经过专门安全培训、考核并取得资格证书，全体工人是否都学习过本工种的安全操作规程，能否达到懂知识、有技能、好态度的水平。

（三）安全生产检查的方法

听：听取管理和岗位操作人员的情况介绍和更糟汇报，以便进一步询问或者调查；

问：即"询问"，针对性询问主要用于违章、隐患和事故调查，随机询问主要了解其安全知识和技能的熟练程度。

查：查资料、记录、操作证、现场安全标志及生产作业现场环境、各类设备设施的防护、作业人员防护用品的使用、作业人员是否有违章行为、关键仪表是否按时检验、运行记录是否规范完整等。

验：就是"检验""试验""测量"。"检验"是抽样分析判断了解总体情况；"试验"是验证安全防护装置性能和灵敏度；"测量"是利用测量工具进行详细测量。

练：就是让被检查人员对某项检查内容进行实地演练或者演示，以确定其对该内容的掌握程度；也可以以此来检查某项规章制度或者预案的执行情况。

（四）安全检查表的应用

1. 安全检查表法的定义

（1）为使检查工作作更加规范，将个人的行为对检查结果的影响减少到最小，常采用安全检查表法。

（2）安全检查表是事先把系统加以剖析，列出各层次的不安全因素，确定检查项目，并把检查项目按系统的组成顺序编制成表，以便进行检查或评审，这种表就叫安全检查表。安全检查表是进行安全检查，发现和查明各种危险和隐患，监督各项安全规章制度的实施，及时发现事故隐患并制止违章行为的一个有力工具。

（3）安全检查表应列举需查明的所有可能会导致事故的不安全因素。它采用提问的方式，要求回答"是"或"否"。"是"表示符合要求，"否"表示存在问题有待于进一步改进。所以，在每个提问后面也可以设改进措施栏。每个检查表均需注明检查时间、检查者、直接负责人等，以便分清责任。安全检查表的设计应做到系统、全面，检查项目应明确。

2. 安全检查表法的优点

（1）能够事先编制，有充分的时间组织有经验的人员来编写，做到系统化、完整化，不至于漏掉能导致危险的关键因素。

（2）可以根据规定的标准、规范和法规，检查遵守的情况，提准确的评价。

（3）表的应用方式是有问有答，给人的印象深刻，能起到安全教育的作用。表内还可注明改进措施的要求，隔一段时间后重新检查改进情况。

（4）简明易懂，容易掌握。

3. 安全检查表的编制

编制安全检查表的主要依据是：

（1）有关标准、规程、规范及规定。

（2）国内外事故案例及本单位在安全管理及生产中的有关经验。

（3）通过系统分析，确定的危险部位及防范措施都是安全检查的内容。

（4）新知识、新成果、新方法、新技术、新法规和新标准。

安全监督机构在实施安全检查工作时，根据行业颁布的安全检查标准，结合被监督单位情况制定更加具有可操作性的检查表。

4. 安全监督检查表应用举例

（1）钻井现场安全管理检查内容及要求见表4-1。

表4-1　钻井现场安全管理检查表

序号	检查项	检查要素	检查内容及要求
1	组织机构及人员配备要求	工作职责	钻井队成立 HSE 领导小组，明确小组工作职责
			明确各岗位要求及岗位安全职责，岗位员工清楚本岗位安全职责
			钻井队设置队级专（兼）职安全员，班组设置班组级兼职安全员，明确安全员职责
			抽查钻井队 HSE 领导小组成员、岗位员工是否清楚相应职责
2	安全基础管理	风险识别与隐患排查治理	建立并定期更新危害因素清单，制订相应控制措施
			建立危险品安全管理制度、操作规程和应急处置程序，危险品存放与使用场所设置安全标志及危险告知牌，符合通风、防火、防爆、防潮、防渗漏等安全条件
			定期开展隐患排查治理工作，建立排查整改、验证记录
			开展工作前安全分析
			特殊施工和关键作业时进行风险评估，制订风险消减措施并实施，验证落实情况
			抽问岗位员工是否清楚岗位风险及控制措施
		两书一表	钻井工程作业指导书应经钻井（探）公司业务主管领导审批，内容应包括岗位任职条件、岗位职责、岗位操作规程、巡回检查及检查内容、应急处置程序等要求
			编制项目 HSE 作业计划书，新增危害因素应识别齐全
			作业指导书、作业计划书应发放至班组，组织学习并建立记录
			建立各岗位的现场检查表，检查表内容应包括检查范围（项）、检查标准、判定等
			各岗位严格按现场检查表规定的频次、项目开展检查
		作业许可	明确钻井作业现场应办理许可证的工作类型
			许可证前开展工作安全分析，许可证的申请、审批、关闭及存档要求
			作业前进行相应的气体检测、能量隔离、上锁挂签

序号	检查项	检查要素	检查内容及要求
2	安全基础管理	属地管理	与进入井场的相关方签订安全生产管理协议，告知风险，明确管理职责和应当采取的安全措施
			各岗位的属地范围，设置属地管理责任牌及安全标志标牌
			相关方在井场内的作业应办理作业许可，作业区域应设置警示带及安全标志
			现场作业人员不应有串岗、乱岗、脱岗、睡岗、饮酒后上岗等违章行为
			钻井队应对岗位属地管理职责履行情况进行考核
		教育培训及能力	建立岗位编制培训需求，明确岗位员工的培训要求
			制订安全培训计划并按计划实施，建立培训记录
			建立新入厂和转岗员工公司、队、班组"三级"安全教育，对其进行考核合格后上岗实习
			钻井队组织岗位员工开展操作规程培训，建立相应记录
			相应人员井控证、硫化氢证、司钻操作证、电工证、焊工证、高处作业证、起重指挥证等持证齐全并在有效期内
			钻井队定期开展安全环保履职能力考评，并建立考评记录
			领导干部调整、提拔及员工新入厂、转岗和重新上岗前，进行入职前安全环保履职能力评估，并进行结果应用，相应评估资料应存档
		安全活动	制定安全目标和指标，将指标分解落实到班组和岗位，并将完成情况纳入考核
			采取安全教育、案例学习、安全经验分享等形式开展班组安全活动，队干部定期参加班组安全活动
			开展安全观察与沟通，填写安全观察与沟通卡；钻井队应定期对观察与沟通的信息进行统计、分析，制定有针对性的解决方案
		劳动防护	钻井队岗位员工劳动防护用品配置应符合国家标准
			建立岗位员工劳动防护用品发放卡或记录
			安全帽、防坠落用具、佩戴呼吸用品、眼护具等特种安全防护用品应经过劳动安全认证，并在使用有效期内
			应进行劳动防护用品培训，岗位员工应清楚劳动防护用品检查与维护要求
			高于地面2m的高处作业时应使用防坠落用具，二层台作业应配置多功能全身式安全带，并能与二层台逃生装置配合使用
			从事敲击、打磨、切割、电焊、气焊、机械加工、设备维修、吹扫清洗等可能对眼睛造成伤害的作业时应使用眼护具
			在粉尘等可能危害健康的空气环境中作业应佩戴呼吸用品，有害环境中的作业人员应使用正压式空气呼吸器
			进入85dB以上噪声区域应佩戴护耳器
			从事可能接触化学品、腐蚀性物质、有毒有害物品、电气操作的员工应穿戴专业个人防护装备

序号	检查项	检查要素	检查内容及要求
2	安全基础管理	钻井现场管理	井场大门宜朝向全年最小频率风向的上风侧
			柴油机排气管出口不应朝向油罐区、电力线路，距井口距离不小于 15m
			井场大门入口处应设置施工公告牌、入场须知牌、危险区分布、紧急逃生路线图和硫化氢提示牌
			相关方人员首次进入井场时应由钻井队进行入场安全教育并登记，外来人员应进行入场 HSE 提示并登记，并由专人陪同
			进入井场的车辆应进行登记，并安装防火帽
			钻台、井口、循环罐区、机房、泵房、发电房等重点区域设立安全风险告知牌
			井场、远程控制台、消防室、钻台、油罐区、机房、泵房、发电房、危险化学品存放点、净化系统、电气设备等处设置齐全、醒目的安全警示标志
			主要设备、设施应挂牌管理，操作规程应齐全、完善
			天车、钻台、振动筛、远控房、安全集合点、点火口等处应设置风向标
			据当时的风向和当地的环境，应设置两个紧急集合点，一个应位于当地季节风的上风方向
			井场安全通道应进行标识并保持畅通
			石油钻井专用管材应摆放在专用支架上，高度不应超过三层，各层边缘应进行固定，排列整齐，支架稳固
			钻井液材料储存方式应恰当，下垫上盖，分类存放，堆放整齐，标识清楚
			氧气瓶、乙炔气瓶应分库存放在专用支架上，阴凉通风，不应暴晒，气瓶上不应有油污，应安装安全帽和防振圈，氧气瓶、乙炔气瓶应在检定期内
			使用氧气瓶、乙炔气瓶时，应保持直立，应分别在减压阀出口端安装防回火装置，两瓶相距应大于 5m，距明火处大于 10m
			井场及污水池应设围栏圈闭并设置警示牌，在井场后方及侧面应开应急门；井场平整，无油污，无积水，清污分流畅通
			进行注水泥、压井、酸化压裂、测试、电测、起放井架、吊装、动火等特殊作业、临时作业时，应设置安全警戒线；非工作人员不应进入警戒区
			油罐区距井口应不小于 30m，发电房与油罐区距离不小于 20m，锅炉房距井口上风侧不小于 50m、距油罐区不小于 30m
			在苇塘、草原、林区钻井时，井场应设置防火隔离墙或隔离带
			在河床、海滩，湖泊、盐田、水库、水产养殖场附近进行钻井作业，应设置防洪、防腐蚀、防污染等安全防护设施
			农田内井场四周应挖沟或围土堤，与毗邻的农田隔开

序号	检查项	检查要素	检查内容及要求
2	安全基础管理	营地	营地应设在距井场300m外，含硫化氢的井设在主导风向的上方侧，选择环境未受污染，干燥的地方
			野营房基础平、稳、牢固，不应摆放在填方上、高岩边及易滑坡、垮塌地带，避开易受洪水冲刷的地方
			营区内部通道畅通、平整，临边处栏杆齐全，应在开阔地带设置紧急集合点，营地区域不得停放私家车辆
			食堂清洁卫生，生、熟食品分类存放
			冰箱、储藏柜定期清洁，并有相应记录
			炊管人员持有效"健康证"，着装和个人卫生符合要求
			生活污水进行隔油、除渣处理，生活污水池设置围栏和警示标识
			营区应定期消毒
			定点设置垃圾桶，固体废物集中收集
			营房内务整洁，无违禁物品
			照明设施、用电设备、电气线路安装符合要求，无私拉乱接情况
			烟雾报警器、过载保护、漏电保护及接地保护装置性能良好
			食堂配备8kg干粉灭火器2具，每栋野营房配备4kg干粉灭火器2具
		联合作业	联合作业应编制作业计划书，在作业前向生产组织单位办理作业许可证，召开施工作业协调会，并做好会议记录
			具有重大风险的联合作业，应制定施工方案和风险控制措施，明确各方职责，发放到各单位并实施
			联合作业中高压区域、吊装区域等应设置警示带
			作业车辆停放位置应恰当，不应骑、压绷绳，装卸货物及倒车时应指定专人指挥
		应急管理	建立应急组织机构，明确职责，制定应急预案；建立关键岗位应急处置
			建立应急通信联络电话，包括地方政府、交通、消防、医疗等部门
			核实井场周围500m范围内的人口、房屋情况，了解和掌握道路交通状况和水系情况
			应急物资配备满足要求，落实专人保管，建立台账，定期进行检查，消耗后应及时予以更新和补充
			按应急预案要求进行培训和演练，确认培训、演练的有效性
		事故管理	事故发生后，应当立即报告本单位负责人，立即上报事故快报
			建立HSE事故、事件管理台账
			落实事故、事件纠正与预防措施

续表

序号	检查项	检查要素	检查内容及要求
2	安全基础管理	变更管理	人员变更应进行培训与能力评估，特殊工种需持证上岗的，应经培训考取合格证后上岗
			设备与工艺技术发生变更应进行风险评估，应针对设备变更带来的危害因素，制订新的风险控制和削减措施，编制或修订操作规程，并对操作人员进行培训和交底
			变更应按流程进行申请和审批
			变更后及时更新变更项目涉及的安全信息，并在相关岗位进行沟通和培训
		基础资料管理	建立收方登记与处理记录，文件应分类收集，定期装订成册，编制目录
			设备设施台账及设备履历本齐全
			工程、地质、钻井液技术资料、报表、原始记录填写应清晰、内容完整、真实
			基础资料应分类管理，落实管理责任人
			基础资料保存完好，无潮湿、无虫蛀
3	井控管理	人员持证	钻井队应成立井控管理小组，明确各岗位井控职责
			钻井队队长、指导员、副队长、钻井工程师、钻井液工程师、大班司钻、正副司钻、井架工、大班司机、内外钳工等岗位及坐岗人员应持井控培训合格证
			驻井地质技术人员应持井控培训合格证
			钻井液技术服务的队长、技术员要持井控培训合格证
		钻井设计执行	按要求配置井控装备，井控装备应定岗定人管理，定期进行活动、检查、维护和保养
			按要求进行地破压力试验，在进入油气层前 50～100m，按照下部井段最高钻井液密度值，对裸眼地层进行承压能力检验，若发生井漏，应采取堵漏措施提高地层承压能力
			按要求储备足够的加重钻井液和加重材料，在储备罐上注明加重钻井液的密度和数量，钻井液 7d 循环一次
		井控制度	在进入油气层前 100m 开始坐岗，指定专人定时观察和记录钻井液循环池液面变化、起下钻灌入或返出钻井液情况
			进入油气层前 100m 开始实行钻井队干部带班作业，填写带班干部交接班记录
			防喷器、井控管汇和放喷、测试管线安装好后，要按进行试压，在作业过程中，要定期检查，保证管汇、管线畅通和安装质量。井控车间应定期上井巡检
			安装好防喷器后，各作业班按钻进、起下钻杆、起下钻铤和空井发生溢流的四种工况分别进行一次防喷演习；其后每月不少于一次不同工况的防喷演习，并记录、讲评演习情况。在特殊作业（定向、欠平衡、取心、测试、完井等作业）前，也应进行防喷演习

序号	检查项	检查要素	检查内容及要求
3	井控管理	井控制度	执行钻开油气层的申报、验收制度，在进入油气层前 50～100m，由井队进行全面自检，确认准备工作就绪后，向建设方主管部门申请检查验收。经验收合格后方可钻开油气层
			执行井喷事故逐级汇报制度，发生井喷或井喷失控事故，立即启动应急预案，并同时向钻井（探）公司报告
			执行井控例会制度，钻井队钻进至油气层之前 100m 开始，每周召开一次井控工作例会
			钻井值班室内应设置井控管理制度、溢流显示、溢流关井操作程序和关井操作程序分工细则表、井口装置图和节流、压井管汇示意图、施工进度图、地质工程设计大表、平衡钻井曲线（预测地层压力曲线、设计钻井液密度曲线、实际钻井液密度曲线）
4	防硫化氢管理	防硫化氢设备配置	应配备硫化氢监测仪、正压式空气呼吸器和充气泵
			预测地层硫化氢浓度超过作业现场在用硫化氢监测仪的量程时，应准备量程在范围内的硫化氢监测仪
			正压式空气呼吸器配备数量应满足：陆上钻井队当班生产班组应每人配备 1 套，另配备充足的备用空气呼吸器；其他专业现场作业人员每人配备 1 套；作业现场应配备充气泵 1 台
			固定式硫化氢监测仪探头应设置于方井、钻台、振动筛、钻井液循环罐等硫化氢易泄漏区域，探头安装高度距工作面 0.5～0.6m
			钻井队便携式硫化氢监测仪至少 5 只，在含硫井进行中途测试作业时，作业人员应每人配备便携式硫化氢监测仪
			便携式硫化氢监测仪半年校验一次，固定式硫化氢监测仪一年检验一次，在超过满量程深度的环境使用后应重新校验
			正压式空气呼吸器气瓶三年检测一次，钻井队应指定专人管理，每月检查不少于一次，应填写检查记录
		防硫化氢管理措施	在含硫化氢环境中的作业人员和安全监督，上岗前应进行硫化氢防护培训，经考核合格后持证上岗
			来访人员和其他非定期派遣人员在进入含硫氢区域之前，由钻井队进行防硫化氢安全教育，并在受过培训的人员陪同下进入含硫化氢区域
			作业人员在危险区域应佩带携带式硫化氢监测仪，监测工作区域硫化氢的泄漏和浓度变化
			在钻台上下、振动筛、循环罐等气体易聚集的地方应使用防爆通风设备驱散弥散的硫化氢
			钻入含硫化氢油气层前，应将机泵房、循环系统及二层台等处设置的防风护套和其他围布拆除
			寒冷地区在冬季施工时，对保温设施应采取相应的通风措施，保证工作场所空气流通

续表

序号	检查项	检查要素	检查内容及要求
4	防硫化氢管理	防硫化氢应急管理	在含硫化氢油气田进行钻井作业前，钻井队及相关的作业队应制定防喷、防硫化氢的应急预案，并定期组织演练
			在开钻前将防硫化氢的有关知识向周边居民进行宣传，让其了解在紧急情况下应采取的措施，取得他们的支持，在必要的时候正确撤离
			在含硫化氢油气田进行钻井作业时，应配备必要的救护设备和硫化氢急救药品，各班组应配置经过急救培训的人员
5	安全防护设备设施	安全防护设备配置及管理	钻井作业现场应配备可燃气体监测仪、正压式空气呼吸器和呼吸空气压缩机，指定专人管理，定期检查、检定和保养，报警值设置正确、灵敏好用
			在钻台、井口、振动筛处及在通风不良的部位作业时，应设置防爆排风扇
			钻台应安装紧急滑梯至地面，下端设置缓冲垫或缓冲沙土，周围无障碍物
			二层台应配置紧急逃生装置、防坠落装置（速差自控器、全身式安全带），工具拴好保险绳；逃生装置、防坠落装置应在安装完成后进行测试、定期检查，并做好记录
			二层台紧急逃生装置着地处应设置缓冲沙坑（缓冲垫），周围无障碍物
			防碰天车应安装正确并做好检查保养记录，在倒换大绳后应重新设置防碰天车高度
			天车、井架、二层台、钻台、机房、泵房、循环系统、钻井液储备罐的护栏和梯子应齐全牢靠，扶手光滑，坡度适当，循环罐体上、下梯子不少于 3 个
			振动筛、循环罐和钻台处应配置洗眼器
			循环系统、重钻井液储备罐人孔盖板齐全稳固
			运转机械（传动皮带、链条、风扇、齿轮、轴）应安装防护罩
			应根据现场能量隔离点配置专用安全锁具
			各类压力表、安全阀、保险销安装齐全，定期进行检查、检定
			井场及营地野营房内应安装漏电保护器和烟雾报警器，定期检查，灵敏好用
		消防器材配置及管理	钻台、机房、发电房、电控房、振动筛处、油罐区、保暖设施等处各配备 8kg 干粉灭火器 2 具
			电动钻机相关配套的 SCR 房、MCC 房、VFD 房各配备 7kg 及以上二氧化碳灭火器 2 具
			员工餐厅、厨房各配备 8kg 干粉灭火器 2 具，每栋野营房配备 2kg 干粉灭火器 2 具、烟雾报警器 1 支，精密仪器房应配备 2kg 二氧化碳灭火器 1 具
			井场应设置消防栓 2 支、消防水泵 1 台、30m³ 消防水罐 1 台
			手提式灭火器应设置在灭火器箱内或托架上，干粉灭火器压力符合要求，二氧化碳灭火器重量符合要求，筒体、保险销、软管、喷嘴完好
			保持消防通道畅通，消防室设有明显标志，室内不应堆放其他物品
			应建立消防设施、消防器材登记表，落实专人管理，挂消防器标牌，定期进行检查，不应挪做他用，失效的消防器材应交消防部门处理

续表

序号	检查项	检查要素	检查内容及要求
6	职业健康管理		制订员工年度体检计划,定期进行健康检查,建立员工健康档案
			建立有毒有害作业场所和有毒有害作业人员档案,并定期进行监测和职业健康检查,作业现场应对有作业场所监测数据进行公示,职业健康检查应书面告知接害人员
			在机房、发电房作业时应佩戴护耳器,进行有损害视力或可能存在物品飞溅造成眼睛伤害的作业时应佩戴护目镜、面罩或其他保护眼睛的设备
			在接触刺激性或可能通过皮肤吸收的化学品时,应正确佩戴防护手套、围裙或其他防护用品
			钻井作业现场应配备必要的医疗急救设施和用品
			有毒有害作业场所应设置职业危害知识牌,并采取相应防护措施
7	其他安全管理活动	专题活动	按计划策划、组织开展阶段性安全专题活动,记录齐全
		两书一表	按计划编制运行"HSE作业计划书",风险控制工具应用恰当有效
		风险控制	关键作业分级防控机制健全、运行记录完整
		……	

（2）钻井作业过程安全检查内容及要求见表4-2。

表4-2　钻井作业过程安全检查表

序号	工序过程	检查项	检查内容及要求
1	钻进作业	钻进作业	开泵时观察压力表,压力不应超限;闸门组开关不正确或高压区有人不应开泵,上水、润滑、冷却不良应及时停泵
			方钻杆入井口应平稳,方补心同转盘啮合良好;启动转盘时扭矩不应超限
			钻进作业时司钻精力应集中,不溜钻,不顿钻;注意观察指重表、压力表等仪表,同时观察设备状态,注意判断井下状况,采取正确措施
			钻台上应至少有一名钻工值班,帮助司钻观察立管泵压表变化
			吊单根时钻杆不应坠落、伤人,钻杆在吊动过程中不应剐碰,小绞车钢丝绳工作正常
		接单根作业	待转盘停稳后方可上提方钻杆。上提方钻杆悬重应正常
			游车停稳后方可开吊卡或扣吊卡;若使用卡瓦,应确认钻具坐稳
			提方钻杆至小鼠洞对扣紧扣不应错扣,不应遮挡司钻视线
			提单根至井口,对扣、上扣不应碰撞钻杆丝扣
			开泵、下放钻具,悬重应正常

续表

序号	工序过程	检查项	检查内容及要求
1	钻进作业	钻鼠洞作业	吊鼠洞管时绳索应完好，绳扣应拴牢，起吊时指定专人指挥，不应碰挂
			防井口坍塌
			下鼠洞管、人员应退至安全位置
		开泵操作	闸门组开关状态正确，专人指挥开泵
			开泵时泵压表正常，井口钻井液返出正常
			发生憋泵时，应立即停泵
			开泵时，无关人员应离开泵房及高压管汇处
			冬季开泵应提前预热泵的保险阀和压力表，并人工盘泵
		接、甩钻具作业	钻具上下钻台戴好护帽，钻台和场地人员站在安全位置
			小绞车操作者与司钻密切配合，并指定专人指挥
			小绞车起吊不大于安全负荷，且性能良好
			方钻杆在井口松扣时，不应退扣太多
		拔鼠洞	绳套固定牢靠，上拔时人员离开鼠洞附近、站在安全位置
			拔鼠洞管应缓慢、断续上提
			绷鼠洞管下钻台时应操作平稳，配合得当
			在向场地绷鼠洞管时，人员应位于安全位置
2	起下钻作业	接钻头作业	不应用转盘引扣和上扣；对扣、上扣、紧扣符合操作规程，不应错扣和缠乱猫头绳，紧扣时外钳工处于安全位置
			提钻头出装卸器不应挂出装卸器
		下钻铤作业	起空吊卡至二层台，防止滚筒钢丝绳缠乱，信号应准确；旋绳、猫头绳无断股、扭结，钻铤螺纹及台肩无损伤；密封脂涂抹均匀，防止涂油刷落入钻具水眼内
			提钻铤出钻杆盒、对扣时起升高度适宜，立柱不应摆动碰伤人员、设备、钻具；井口操作人员不应遮挡司钻视线
			上扣、紧扣时防止猫头绳缠乱，井架工应观察提升短节无倒扣
			卸安全卡瓦时防止落物入井；工具不应放在转盘面上，上提钻铤应平稳操作
			下钻铤入井刹车高度适宜；卡瓦、安全卡瓦应卡牢
			盖好井口

序号	工序过程	检查项	检查内容及要求
2	起下钻作业	下钻杆作业	起空吊卡至二层台，吊卡不应挂钻杆接头，游车不应碰挂指梁及操作台，立柱不应倒出。井架工不应扣飞车，不应用手抓钻杆内螺纹
			提立柱至井口应将钻杆用手或钻杆钩扶稳，立柱不应摆动
			对扣、上扣、紧扣不应顿钻具，接头、错扣、磨扣、双台肩扣钻具应使用对扣器
			坐吊卡、拉吊环、挂空吊卡，下放吊环位置适宜，动作协调，不应遮挡司钻视线
			盖好井口
			下带止回阀的组合钻具，应按20～30柱灌满钻井液，灌钻井液时应上下活动钻具
		挂方钻杆作业	拉吊环时配合协调；锁大钩时大钩开口同水龙头提环方向一致
			挂水龙头应平稳起车
			提方钻杆出鼠洞及对扣时，游车、方钻杆不应摆动；方钻杆用小绳索送至井口，不应遮挡司钻视线
		起钻杆作业	起钻杆之前应确认防碰天车工作正常，起立柱不应挂单吊环；每起出3～5柱钻柱将井内钻井液灌满；钻杆、大绳及悬重正常
			双钳松扣、旋绳卸扣应执行操作规程，液气大钳卸扣时应关好安全门
			提立柱入钻杆盒，游车不应压立柱，立柱不应摆动；推（拉）钻杆立柱入钻杆盒时应使用钻杆钩，立柱不应倒出
			盖好井口和小鼠洞口
			放空吊卡于转盘面应操作平稳，吊卡不应碰钻杆接头
		起钻铤作业	接提升短节应平稳提放；先引扣、扣吊卡，再用双钳或液气大钳上紧
			坐好卡瓦、卡好安全卡瓦，不应将安全卡瓦随钻铤带至高处
			放空吊卡至井口不应挂指梁；二层台应将钻铤固定牢固，钻铤立柱不应倒出
			每起一柱钻铤应向井筒内灌钻井液，起完钻铤应将井筒灌满钻井液
		卸钻头作业	钻头入装卸器不应顿坏装卸器
			用吊钳松扣，用手或链钳卸扣，不应用转盘绷扣和卸扣
3	下套管作业	下套管作业	工程技术人员进行技术交底；作业前对地面设备进行检查，确认固定部位安全可靠，转动部分、旋转下套管设备运转正常，仪表灵敏准确，应做好记录
			套管上钻台应戴护帽，绳套应牢固，吊套管上钻台不应剐碰，场地上人员及时离开跑道，站在安全位置
			不应在井口擦洗套管丝扣、抹密封脂，井口套管应用套管帽盖好

续表

序号	工序过程	检查项	检查内容及要求
3	下套管作业	下套管作业	下套管时，井场应使用一只内径规，并指定专人看管，每根套管同井内套管柱连接前和交接班都应见实物，下完套管回收
			上提套管对扣应把护丝置于安全位置
			井口有人操作时不应吊套管上钻台
			管串的下入速度应缓慢均匀；在易漏井段，控制下入速度
			下套管过程中，分段灌满钻井液，应指定专人双岗制负责观察钻井液出口、钻井液循环池液面变化情况
4	固井作业	地面流程	井口水泥头和地面管线安装固定牢固，试压合格
			水泥头挡销应安全、灵活，开挡销时操作人员不应正对挡销
			管线旋塞、弯头连接正确，灵活有效
			车辆设备摆放符合施工要求，安全通道畅通
		施工作业	固井前进行技术交底，明确施工指挥
			仪表监测线应连接正确，超压装置灵敏可靠
			人员不应站在高压管线及闸门附近
			替钻井液时应先开水泥头挡销再开泵
			固井残留液应统一回收处理
5	测井作业	现场准备	测井队长与相关方充分沟通和技术、安全交底，队内召开班前会提出安全要求和注意事项
			施工场地、井口、井筒等作业环境符合测井施工要求
			作业区域正确设立了隔离标识和警示标识，对外来人员进行了风险告知和提示
			班组成员全部正确佩戴劳动防护用品
		施工作业	正确安装和摆放井口设备、绞车，车辆接地良好，必要时正确安装放喷装置并确保处于正常工作状态
			张力、深度系统正常，正确设置校正系数和报警提示值
			下井仪器配接顺序符合要求，各种顶丝、销钉等到位可靠
			装、卸放射源前应盖好井口、佩戴防护用品和个人辐射剂量计、正确使用工具，装源前对仪器源仓进行检查，卸源时对源进行清洁并确认完好
			电缆运行时，绞车后不应站人，不应触摸、跨越电缆
		其他要求	作业完后回收施工产生的垃圾和报废民爆物品，清点放射源等物品确认无误

续表

序号	工序过程	检查项	检查内容及要求
6	完井作业	完井井口装置	完井井口装置试压应使用试压塞，按采油（气）树额定工作压力清水试压，不渗不漏，稳定时间和允许压降符合要求，应做好记录
			套管头和采油（气）树零部件完整、齐全、清洁、平正、闸门开关灵活，不渗漏
			未装采油（气）树的井口应在油层套管上端加装井口帽（或盲板）或井口保护装置，并在外层套管接箍上做明显的井号标志
		其他要求	完井后做到工完料净场地清，井场周围清污分流沟渠畅通
7	中途测试	地面流程安装要求	各管线平实固定在地面，若因地形特殊，有较高或较长的悬空段，应将管线支撑固定牢固。地层较软时，基墩坑应加深。出口及拐弯处基墩坑尺寸应加大
			地面安全阀控制系统的放置位置应在安全且易于操作的地方
			测试工负责检查喷管线位置，应该设置在车辆跨越处装过桥盖板或其他覆盖装置。检查放喷管线位置，在车辆跨越处应设置过桥盖板或其他覆盖装置
			保持井口、地面测试流程等各施工现场通风良好，在井场、放喷口周围是否按照要求设置风向标
			数据采集房、计量罐等设备的防雷、防静电接地装置接地线电阻不大于10Ω
		下测试管柱	油管入井前必须用标准内径规逐根通内径，并按试油管柱结构要求顺序入井，并检查吊卡是否与入井油管相匹配
			测试工具分段在地面连接好，用绷绳绷上钻台，再用大钳紧扣。大钳紧扣时，防止咬坏工具。一旦封隔器管柱入井后，不应转动转盘
			必须将油管丝扣清洗干净，按规定的扭矩上扣
			保证指重表完好，自动记录仪可靠
			下管柱时应平稳操作，严格控制测试管柱的下放速度
			管柱时是否使用双吊卡，并经常检查和更换与油管相匹配的吊卡，防止管柱落井
			下钻时应盖好井口，保管好并井口工具，防止落物入井
		排液、测试	排污管线固定牢固并接入污水池
			对节流多、易冰堵等情况的井，管线采取保温措施
			地面流程按要求试压合格
			放喷排液时防止放压过猛对井内造成剧烈的压力波动，损伤油、套管，同时防止憋抬地面管线
			测试过程中，天然气喷出后应立即烧掉
			测试过程中监测大气中的硫化氢含量，并采取相应防硫措施
			测试过程中如发现节流阀、闸阀和管线刺坏，应及时整改和更换
			定期观察油、套压变化，以便分析、判断封隔器及测试管柱密封情况
			施工人员应熟悉井场地形、设备布置、硫化氢报警仪的放置情况和风向标位置，以及安全撤离路线等

序号	工序过程	检查项	检查内容及要求
7	中途测试	关井	关井期间，数据采集系统要记录好井口油、套压数据，注意套压和各级套管间环空压力变化情况，防止窜漏压坏套管
		起测试管柱	起钻时平稳操作，不应猛提、猛放、猛刹车，严格控制起钻速度，防止发生抽吸
			起钻过程中盖好井口
			起管柱过程中不应转动井内钻具，用转盘卸扣
			及时向井筒内灌满压井液，防止灌压井液不及时造成井涌、井喷
8	气体钻井	准备	设备摆放遵循"平、稳、正、齐"的原则
			充分利用场地空间，保证作业区域通道畅通
			设备、野营房应通过总等电位联结实现工频接地、防静电接地和防雷接地
			设备应挂牌，落实专人管理
			橡胶软管应缠绕保险绳，符合要求并固定牢靠
			泄压管线出口应安装消声器
			供气管线高压、低压禁止串联
			排砂管线出口位置应合理
			岩屑取样口宜安装在井场外和降尘水入口前面
			不需要点火的气体钻井排砂管线出口应接至利于岩屑和液体存放的地方；需要点火的气体钻井排砂管线出口应接至具备点火条件，以及利于岩屑和液体存放的地方
			设备试压作业前应按要求作好安全工作分析
			设备试压作业前应对相关人员进行技术交底和岗位分工
			设备试压结果应达到技术要求
			钻井液储备符合要求
			按要求进行气体钻井技术交底
			防喷演习达到要求
			安全设施配置符合要求
			人员持证符合要求
			开钻验收合格
		钻塞	钻具组合符合要求
			钻过附件后反复划眼几次，打捞干净
			钻塞完按要求用清水清洗井筒

序号	工序过程	检查项	检查内容及要求
8	气体钻井	气举	作业前应按要求作好工艺风险评估
			专人负责控制节流阀开度，防止井筒返出液体污染环境
			气举、干燥过程中应注意对可燃气体、有毒有害气体的监测，如全烃超过安全值，返出气体经液气分离器，排气口点长明火
		钻进	作业前应按要求作好工艺风险评估
			入井钻具、工具达到钻井工程要求
			扶正器应为气体钻井专用扶正器，不应使用螺旋钻铤
			送钻均匀，防止溜钻、顿钻，钻井参数应根据机械钻速、井下等情况及时合理调整
			钻井队安排专人在钻台坐岗，负责记录钻井参数，发现异常，通知扶钻人员
			钻井队安排专人在气体返出口坐岗，负责观察气体返出和降尘情况，发现异常，通知扶钻人员
			钻井队安排专人在场地坐岗，听到井控信号，负责迅速打开至燃烧池的内控闸阀
			地质录井安排专人在线监测坐岗，负责烃类物质的监测，发现气测异常，及时通知扶钻人员
			地质录井安排专人负责观察返出岩屑情况，发现异常，及时通知扶钻人员
			扶钻人员发现异常应停止钻进，分析原因，正确处理
			成立现场工作小组，定期召开生产分析、安全问题讨论和开展各项整顿工作等活动
			目的层和天然气钻进，气体返出口应点长明火
			钻井液定期搅拌维护，保证其可泵性
		接单根	钻台上应有专人负责发出停、供气（液）信号
			泄压操作人员清楚工艺流程
			泄压作业按要求进行
			严格执行"晚停气、早开气"的技术措施
		起钻	起钻前充分循环
			起钻过程注意盖好井口，防止落物入井
			拆卸旋塞阀和止回阀按顺序进行操作
			倒出的止回阀和旋塞阀由钻井队技术负责人检查，确认合格方可再次入井
			地层有显示时按要求进行起钻
			起钻完按要求对井口装置进行吹扫和活动井控装置

序号	工序过程	检查项	检查内容及要求
8	气体钻井	下钻	钻具组合符合要求
			空气锤入井前应进行测试
			下钻过程注意盖好井口，防止落物入井
			下钻至适当位置，按井控要求活动井控装置
			长段划眼不应用空气锤，应使用牙轮钻头
			划眼时严格控制钻压和速度，密切注意吨位，扭矩等参数变化，防止发生钻具事故
			地层有显示时按要求进行下钻
			替入钻井液充分循环
			替浆施工中应始终保持转动和均匀上提下放钻具，防止卡钻
			替浆施工应保持连续作业
			据井下情况，替浆后可采用不同排量、高密度钻井液循环举砂，以确保井眼正常
			无油气显示时井筒返出泥浆通过排砂管线至振动筛
			有油气显示时井筒返出泥浆通过分离器至振动筛
9	欠平衡钻井	准备	专业技术人员进行技术交底
			对欠平衡钻井设备进行试运转，确认固定部位安全可靠，转动部分运转正常，仪表准确灵活
		欠平衡钻进	钻井队、录井队指定专人进行循环罐液面坐岗监测，并做好记录
			欠平衡钻进期间，欠平衡值班人员对旋转防喷器、欠平衡节流管汇、液气分离器等欠平衡设备巡查，填写好记录
			钻井队、录井队和欠平衡值班人员均配备可燃气体监测仪
			接单根后，打磨钻具接头上的毛刺
			控压钻进过程中接单根，开泵、停泵司钻控制台应发出信号
		更换胶芯	更换胶芯前，应保证井筒内钻具位于安全井段
			打开卡箍之前，泄环形防喷器和旋转防喷器之间的圈闭压力
			人员在井口拆装旋转控制头时，必须系好保险带
			旋转控制头拆装过程中，钻井队指定专人操作气动绞车
			吊装旋转控制头使用绳索具应有足够载荷
			上提、下放旋转控制头时，气动绞车配合游车同步移动

序号	工序过程	检查项	检查内容及要求
9	欠平衡钻井	起下钻	钻遇油气显示后，起钻前必须进行短程起下钻作业
			起下钻过程中，专人进行液面坐岗监测，做好记录
			起钻过程中，应连续向井筒中灌入钻井液，所灌入钻井液体积不能小于起出钻具体积，安排专人对灌浆量进行核实
			钻头起过全封闸板后，必须关闭全封闸板
			下钻过程中，液面坐岗人员应对井筒返出钻井液量进行核实
			更换钻头／钻具组合下钻到井底后，按规定做低泵冲试验，记录试验数据
10	控压钻井	准备	设备试压合格
			设备进行试运转，确认固定部位安全可靠，转动部分运转正常，仪表准确灵敏
			专业技术人员进行技术交底
			防喷演习达到要求
			开钻验收合格
		控压钻进	按要求作低泵冲试验，并做好记录
			含硫地层按要求加入除硫剂，pH 值符合要求
			钻井队、录井队指定专人进行循环罐液面坐岗监测，并做好记录
			控制井筒压力当量密度在安全密度窗口范围内钻进
			实时监测或计算井底压力变化，控制井底压力平稳
			发现硫化氢按照相关应急预案执行
			值班人员定期对控压钻井设备进行巡查，填写好记录
			含硫地层各岗位按照要求携带便携式硫化氢气体检测仪
			接立柱（单根）后，打磨钻具接头上的毛刺
			始终保持井底压力的平稳
		换胶心	更换胶芯前，应保证井筒内钻具位于安全井段
			打开卡箍之前，泄环形防喷器和旋转防喷器之间的圈闭压力
			人员在井口拆装旋转控制头时，必须系好保险带
			旋转控制头拆装过程中，钻井队指定专人操作气动绞车
			上提、下放旋转控制头时，气动绞车配合游车同步移动
			始终保持井底压力的平稳
			起钻速度符合井控要求，并能满足井口套压稳定和旋转防喷器允许起钻速度的要求
			坐岗人员核对好灌入量，发现异常立即汇报
			替入重浆帽后，液面不在井口，宜采用环空液面监测仪定期监测液面高度，根据漏失情况确定灌入量
			钻具外径超过旋转防喷器通过能力，应提前取出旋转总成

续表

序号	工序过程	检查项	检查内容及要求
10	控压钻井	控压下钻	止回阀入井之前，检查其密封可靠性
			坐岗人员核对好返出量，发现异常立即汇报
			下钻至重浆帽底部，安装旋转总成，替出重浆帽
			控压下钻速度符合井控要求，并能满足井口套压稳定和旋转防喷器允许起钻速度的要求
			控压下钻要求每柱打磨钻杆接头毛刺
			下钻到底，循环排后效，钻井液密度循环均匀恢复钻井
			有线绞车电缆线无腐蚀、无断丝、无变形、无松散，通信良好，由定向井现场负责人负责检查
			绞车刹车系统、提升系统负载可靠，由随钻测量工负责检查
			有线绞车各油、气、水、电路完好，由绞车工负责检查
			探管连线接头密封圈完好，触点清洁，无断路、无漏电，由定向井现场负责人负责检查
			加长杆长度应保证仪器传感器的位置处于距无磁钻铤下端3m以上，且连接牢固；抗压筒无弯曲变形，密封圈完好；减震弹簧无变形，配有保护帽，由随钻测量工负责检查
			下放仪器时，观察计算机上的探管温度显示不得超过探管最大允许工作温度，由定向井现场负责人负责检查
			电缆卡子卡好后，将绞车倒至空挡，缓慢松开刹车，检查电缆卡子是否卡牢，确认卡牢后，将刹车全部松开。由定向井现场负责人负责检查
		钻进	不应采用转盘带动钻具方式钻进，由井队负责检查
			钻进过程中，应将绞车挡位倒至空挡，滚筒刹车松开，由随钻测量工负责检查
		取仪器	钻井队打开小循环，卸掉立管压。由随钻测量工负责检查
			随钻测量工将手压泵泄压，由随钻测量工负责检查
			绞车工应控制电缆上提速度，电缆的松紧及拉力显示应处于正常范围，由随钻测量工负责检查
			绞车工在上提电缆过程中，绞车电缆应排列整齐，最上一层电缆应涂油防锈，由随钻测量工负责检查
		卸天滑轮	钻井队先用气动绞车提起天滑轮后，井架工再撤卸天滑轮，由定向井现场负责人负责检查
			钻井队用气动绞车缓慢将天滑轮下放至跑道上，由随钻测量工负责检查
		卸地滑轮	钻井队用气动绞车缓慢将地滑轮下放至跑道上，由随钻测量工负责检查

序号	工序过程	检查项	检查内容及要求
11	定向井作业（无线）	施工现场准备	仪器工作间宜摆放在井场安全平整易于观察井口的位置
			各种地面传感器安装在指定位置，按井场安全要求布线，连接地线，接入电源，由定向井现场负责人负责检查
			安装、拆卸压力传感器前，要求钻井队停止钻井泵运转，上锁挂签，确认压力表显示压力为零、小循环泄压阀门打开后，方可作业
			按仪器的操作规程组装仪器，组装仪器时不得阻挡井场通道
			仪器组装完，上下钻台时应使用专业吊索、吊具，钻井队操作风动绞车，定向井现场负责人负责指挥，其他人员站位正确
		仪器测试	仪器浅层测试前应检查循环系统、立管闸门开关是否正确
		下钻	如有高温地层，在下钻时宜采取分段循环降温的措施
			弯螺杆马达钻具组合下井，不应划眼和悬空处理钻井液，遇阻应起钻通井，避免划出新眼
			下钻过程遇阻，缓慢转动转盘下放
		钻进	下钻到底后，开泵循环，观察悬重、泵压变化情况并记录，待仪器信号正常后，再逐步加至给定钻压。钻进时，密切注意泵压变化，当发现泵压突然上升时，应及时将钻具提离井底，分析原因，决定是否起钻检查
			仪器入井后，开泵循环及钻进时，钻杆上必须安放钻杆滤清器
			钻具在裸眼井段静置时间不能太长，不允许长时间定点连续转动钻具
		起钻	起钻时按照井控要求灌满钻井液，认真记录每次起钻遇阻卡位置，键槽遇卡时不应硬拔
		回收与保养	井口操作仪器时检查提升杆件，做好安全措施
			确认锂电池组无发热、膨胀现象后，方可拆卸锂电池。否则立即将锂电池组件隔离、放置到远离人员活动的区域，进行专门处理
12	取心作业	作业要求	作业前对工具全面检查，工具钻头完好、外径符合井眼直径
			不同类型的取心工具按照相关规定调整纵向间隙值
			按照要求的转速、排量、钻压进行作业
			欠平衡取心作业在井口组装拆卸工具时关好防喷器
			岩心出筒时应配备有害气体监测仪，灵敏可靠
			出心时正确使用岩心钳，岩心不应滑出
		工具装卸	装卸和拉运取心工具时，应该防止管端下垂造成弯曲；螺纹戴好护丝，避免碰坏螺纹
			卸车时，应该两头用绳子慢慢下放，防止把取心工具碰扁摔弯

序号	工序过程	检查项	检查内容及要求
12	取心作业	钻台组装	认真检查绳套，戴好护丝，平稳上吊至钻台，在吊装过程中，防止碰撞
			上钻台后卸掉外筒护丝，用液气大钳或 B 型钳将取心钻头上紧，在紧钻头扣时，在钻头周围加保护物，防止紧扣时损伤取心钻头
			内筒螺纹用链钳紧扣，调好间隙，用液气大钳或 B 型钳上紧外筒螺纹
			装、卸钻头应使用钻头装卸器；井口操作过程中，盖好井口，严防落物入井
			欠平衡取心作业在井口组装拆卸工具时关好防喷器
		下钻	下钻操作平稳，不得猛刹、猛放、猛顿、猛转、防止钻具剧烈摆动
			下钻至井底 0.5～1m 时，开单泵循环钻井液（控制启动泵压），并平稳地上提下放和适当转动钻具，以排除下钻时塞入取心工具的滤饼，清洗井底的沉砂；下放时校正好指重表。充分循环后，逐渐将钻头下至井底，校正井深
		取心	若使用投球式取心工具，在井底冲洗干净以后，卸开方钻杆，投入钢球，并接上方钻杆，以较大排量送球，然后，将钻头缓慢下至井底树心（非投球式取心工具不需要该步骤）
			取心钻进时，应该尽可能地保持转速和排量平稳不变；在地层变化需要调整钻压时，应该均匀逐渐地调整，避免剧烈变动；当地层变软时，钻压应该平稳地跟上，防止损伤岩心
			在取心钻进过程中，钻时、泵压、转盘负荷、憋钻、跳钻等都是判断井下是否正常的主要依据，应当仔细观察、认真记录、及时判断、果断处理
			在油气层取心钻进，要有专人看守钻井液出口管和循环罐液面，按规定做好记录
			非顶驱钻机，钻井取心时应调整好方入，尽量避免中途接单根，或尽量减少接单根的次数
		割心	刹住刹把，视地层软硬，恢复悬重（钻压减小至 10～30kN）
			若井下情况比较复杂，岩心根部地层较硬，也可以不停泵割心
		起钻	割心后，正常情况下立即起钻；如在油气层段，应循环观察，具备条件后起钻。循环过程中不宜作大幅度活动钻具，循环排量不大于取心钻进量
			起钻操作要平稳，不应猛刹、猛顿，用液压大钳或旋绳卸扣，防止甩掉岩心
			起钻过程中，按相关规定及时向井内灌满钻井液
		出心	钻台出心盖好井口，防止落物
			岩心出筒时应配备有害气体监测仪，灵敏可靠
			岩心取出后，洗净岩心，仔细丈量岩心长度，算出岩心收获率，做好资料记录，并取样后装入岩心盒
			出心时正确使用岩心钳，岩心不应滑出

序号	工序过程	检查项	检查内容及要求
12	取心作业	出心	起下钻阻卡井段，应采用全面钻进钻头划眼通井消除阻卡，不应用取心钻头划眼
			取心钻进中，转盘、钻井泵采用柴油机分开驱动，便于调整取心参数
			若井底有落物，必须进行打捞后方可进行取心作业
			在井口组装、调试取心工具和岩心出心过程中发生溢流时，应立即停止相关作业，将取心工具提出井口，按空井关井程序控制井口
			取心钻进或割心起钻中途出现溢流等异常情况，应立即终止作业，按照钻井井控相关规定进行处理，恢复正常后方可继续作业
			取心钻进中，当出现井漏，应停止取心，进行堵漏处理，井下正常后进行下步作业
			割心后起钻或取心时上提钻具遇阻卡，应在规定权限内活动钻具进行处理，防止工具损坏
13	录井作业	录井准备	员工应持有效证件上岗
			开展危害因素和环境因素识别，对识别出的风险进行分析评价，制订风险削减控制措施
			根据季节特点配备有效的防中暑、防流感、防外伤等医药品
		设备安装	录井仪器房、值班房应架设专用电力线路
			综合录井仪器房内的防雷设备应单独设防雷接地汇流排
			录井仪器开机前，确认安装正确可靠，方可通电。打开各部分电源时，应先开总电源，后开分电源
			氢气发生器保持排气畅通，定期检漏，防止氢气泄漏
			电热器、砂样干燥箱应采取其他隔热措施，周围无易燃易爆物品
			传感器应固定牢靠、整齐排线，电缆跟铁器接触处应加防磨损垫。所有室外电缆线均用密封接线盒及防水接头连接，并用绝缘材料包扎
			井场防爆区域的电气设备应使用防爆（有 EX 标志）器件
		录井操作	各项资料齐全准确
			正确穿戴劳保用品
			室内整洁，室外卫生状况
			按规定对设备进行标定、校验并作好记录
			按要求坐岗、记录齐全
			按要求配备灭火器、有毒有害气体检测仪等安全防护设施，放置在醒目便于拿取处
			清洗砂样及工作产生的废水按规定排放；垃圾倾倒在指定区域

第三节　油气井作业现场监督检查要点

一、井场大门

（一）主要风险

内容如下：

（1）井场线路不规范，营房接地电阻不符合要求，有雷击漏电风险。

（2）崖坡、沟壑坍塌，或失足滑落风险。

（3）井场移动车辆时观察不周，站位不当，造成车辆伤害。

（4）接触裸露线头或漏电带电体，或因接地不良造成触电。

（二）监督内容/要点

内容如下：

（1）严格门禁管理，专人值守并设有入场登记。

（2）井场大门设置施工概述、主要风险告知、经常人员集合卡、井场布局及逃生示意图。

（3）设置紧急集合点及风向标，配备手摇报警器。

（4）大门上设置警示牌，大门两侧距井场外围用围栏进行全封隔离。

（5）井场内无高压线，架空线路不得低于3m，接地电阻符合要求。

（三）监督依据标准

SY/T 5974—2020《钻井井场设备作业安全技术规程》内容如下。

井场布置：

（1）井场布置应考虑当地季节风的风频、风向，钻井设备应根据地形条件和钻机类型合理布置，利于防爆、操作和管理。

（2）井场周围应设置不少于两处临时安全区，一处应位于当地季节风的上风方向处，其余与之呈90°~120°分布。

SY/T 5466—2013《钻前工程及井场布置技术要求》内容如下。

1. 井场方向的规定

（1）以井口为中点，以井架底座的两条垂直平分线的延长线为准线，划分井场的前、后、左、右。

（2）以与大门平行的井架底座的垂直平分线为准线，大门所在区域为前。

（3）站在大门前方的准线上，面对大门，准线左侧区域为左，准线右侧区域为右。

2. 大门方向的确定

（1）大门方向应符合井控安全要求。

（2）布置大门方向应考虑风频、风向。大门方向应面向季节风。一般情况下的井架大门方向要朝南或东南。

（3）大门方向宜面向进入井场的道路，井场道路宜从前方进入。

（4）含硫油气井的大门方向应面向盛行风。

（四）典型隐患示例

典型隐患如图4-5、图4-6所示。

图 4-5　硫化氢、一氧化碳警示牌数据未更新

图 4-6　紧急集合点 A 标识牌缺失

二、值班房

（一）主要风险

内容如下：

（1）用电气火灾风险。

（2）化学药品中毒风险。

（3）人员触电风险。

（二）监督内容／要点

内容如下：

（1）交接班记录、班前班后会记录、HSE 周检查、干部值班记录等。

（2）井控、有毒有害气体、火灾等各类突发情况的应急预案。

（3）每口井建立废弃物处理台账、岩屑、环境污染等措施及转运台账。

（4）急救箱有无药品，是否在有效期内，张贴药品清单。

（5）全员进行作业计划交底、签字，与相关方人员签订 HSE 管理协议。

（6）HSE 证、硫化氢证、井控证及特种作业操作证等持证情况。

（7）及时组织、学习落实上级下发的管理文件，定期开展法律法规知识宣贯。

（三）监督依据标准

SY/T 5466—2013《钻前工程及井场布置技术要求》内容如下。

1. 房屋

（1）井场生产用房的布置应本着因地制宜、合理布局、有利于安全生产的原则综合考虑。

（2）野营房应置于井场边缘 50m 外的上风处。含硫油气井施工时，野营房离井口不小于 300m。

（3）钻井的主要设备宜设置遮盖棚。

2. 井场主要用房

（1）综合录井房、地质值班房、钻井液化验房、值班房应摆放在大门右前方井场边缘安全位置。

（2）材料房、消防房、工具房等井场用房宜摆放在井场左前方有利于生产的位置。平台经理房（队长房）、钻井监督房等用房宜摆放在井场前侧有利于安全和指挥生产的位置。

（3）锅炉房距井口应不小于 50m，距油罐区应不小于 30m。

（4）含硫油气井井场工程值班房、地质值班房、钻井液化验房设置的位置应按 SY/T 5087《硫化氢环境钻井场所作业安全规范》的规定执行。

（四）典型隐患示例

典型隐患如图 4-7、图 4-8 所示。

图 4-7 会议记录随意乱扔未归类存放

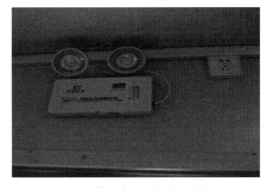

图 4-8 值班房应急灯未连接电源

三、工程值班房（MWD 随钻监控房）

（一）主要风险

内容如下：

（1）电器电路私拉乱接等触电风险。

（2）废旧电池混放、冲击、挤压风险。

（3）定向仪器电池爆炸，无防爆措施等防护用品。

（二）监督内容/要点

内容如下：

（1）设计是否到位，有无审批、设计交底。

（2）核查定向技术服务人员持证情况（HSE证、硫化氢证、井控证）。

（3）定向仪器配套情况，建立使用台账。

（4）查验入井钻具、接头、工具及探伤记录情况。

（5）检查钻井参数、工况、井深、井斜、方位、钻压、泵压、密度、黏度、失水等是否与设计要求相符。

（6）防碰图绘制，核对复测坐标，是否绘制规范。

（7）工程班报表、钻具原始记录、套管记录、井控综合资料、测斜等数据。

（三）监督依据标准

SY/T 5466—2013《钻前工程及井场布置技术要求》内容如下。

1. 房屋

（1）井场生产用房的布置应本着因地制宜、合理布局、有利于安全生产的原则综合考虑。

（2）野营房应置于井场边缘50m外的上风处。含硫油气井施工时，野营房离井口不小于300m。

（3）钻井的主要设备宜设置遮盖棚。

2. 井场主要用房

（1）综合录井房、地质值班房、钻井液化验房、值班房应摆放在大门右前方井场边缘安全位置。

（2）材料房、消防房、工具房等井场用房宜摆放在井场左前方有利于生产的位置。平台经理房（队长房）、钻井监督房等用房宜摆放在井场前侧有利于安全和指挥生产的位置。

（3）锅炉房距井口应不小于50m，距油罐区应不小于30m。

（4）含硫油气井井场工程值班房、地质值班房、钻井液化验房设置的位置应按 SY/T 5087《硫化氢环境钻井场所作业安全规范》的规定执行。

（四）典型隐患示例

典型隐患如图4-9、图4-10所示。

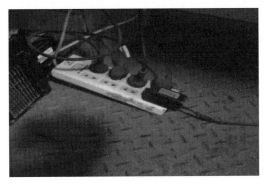

图 4-9 电源插板未固定

图 4-10 电热板温控器开关手柄缺失

四、泥浆化验房

（一）主要风险

内容如下：

（1）仪器漏电触电的风险。

（2）劳保护具穿戴不全钻井液飞溅伤害风险。

（3）使用仪器操作不当的风险。

（4）废样，废液未及时清理到指定地点污染环境风险。

（二）监督内容 / 要点

内容如下：

（1）钻井液测量仪器（钻井液密度计、马氏漏斗黏度计、六速旋转黏度计、中压滤失仪、浮筒切力计、含砂测量仪）清洁、调校精准、能正常使用，计量器具应在校验期使用。

（2）用电仪器插头、插座完好，接地良好，线路无破损老化。

（3）各仪器设备操作流程图、注意事项、操作步骤等张贴齐全。

（4）防尘面罩、口罩，围裙、橡胶手套满足配浆要求。

（5）实验室设专用废样、废样桶，并分类标注：泥浆样品使用后倒至废样桶，回收到沉砂池；实验废液倒至废液桶，回收到污水池，并将废液桶清洗干净，归位摆放。

（三）监督依据标准

SY/T 5974—2020《钻井井场设备作业安全技术规程》内容如下。

井场布置：

（1）钻台、油罐区、机房、泵房、钻井液助剂储存场所、净化系统、远程控制系统、电气设备等处应有明显的安全标志。井场入口、钻台、循环系统等处应设置风向标，井场安全通道应畅通。

（2）方井、柴油机房、泵房、发电房、油罐区、油品房、远程控制台、钻天液储备罐区、钻井液材料房、收油计量橇、循环罐及其外侧区域、岩屑收集区和转移通道、废油暂存区、油基岩屑暂存区等区域地面宜做防渗处理。重点防渗区应铺设防渗膜，油罐区、钻井液储备罐区、收油计量橇、废油暂存区、油基岩屑暂存区应设置围堰。

SY/T 5466—2013《钻前工程及井场布置技术要求》内容如下。

1. 房屋

（1）井场生产用房的布置应本着因地制宜、合理布局、有利于安全生产的原则综合考虑。

（2）野营房应置于井场边缘 50m 外的上风处。含硫油气井施工时，野营房离井口不小于 300m。

（3）钻井的主要设备宜设置遮盖棚。

2. 井场主要用房

（1）综合录井房、地质值班房、钻井液化验房、值班房应摆放在大门右前方井场边缘安全位置。

（2）材料房、消防房、工具房等井场用房宜摆放在井场左前方有利于生产的位置。平台经理房（队长房）、钻井监督房等用房宜摆放在井场前侧有利于安全和指挥生产的位置。

（3）锅炉房距井口应不小于 50m，距油罐区应不小于 30m。

（4）含硫油气井井场工程值班房、地质值班房、钻井液化验房设置的位置应按 SY/T 5087《硫化氢环境钻井场所作业安全规范》的规定执行。

（四）典型隐患示例

典型隐患如图 4-11、图 4-12 所示。

图 4-11　仪器使用完未定置摆放

图 4-12　六速仪使用完电源未关闭

五、钳工房

（一）主要风险

内容如下：

（1）电源漏电触电的风险。

（2）电焊弧光伤害的风险。

（3）电焊烟尘伤害的风险。

（4）电焊、切割作业烧伤风险。

（5）使用切割机飞溅伤害的风险。

（6）使用充气泵高压伤害风险。

（二）监督内容／要点

内容如下：

（1）电焊机护罩齐全，操作手柄齐全，操作规程完备。

（2）电辉机电源线无龟裂。破损，接头无外松动，接地良好。

（3）电焊钳接线固定牢固，手把无破损。

（4）电焊么电焊手套干燥无磨损，电焊面梁无破损并为双层设置，手把齐全：自动变光等高子电焊面罩电池电量充足、遮光号旋钮调节完好。

（5）控制开关标识与控制对象一致。且采取分路控制方式。

（6）砂轮机、切割机、台站等手工具无损坏，接头无裸露，松动，设备接地良好。

（7）砂轮机、切割机、台钻等电动手工具护罩操作手柄齐全紧固，操作规程完毕、周围无杂物。

（8）砂轮片切割磨损厚度不小于卡盘直径 10mm，且表面无变形、破损，托架不小于5mm。

（9）电钻在使用完的情况下卸掉钻头。

（10）拉制开关标识与拉制对象一致，采取分路控制方式。并使用完断电。

（11）电源，气源，水源无漏电、漏气、漏水，接地或接零安全可靠。

（12）气源管道气压应保持在 0.6MPa 以上，减压阀完好。

（13）连接导线刀闸或空气开关与所用机型功率匹配。

（14）割炬中的电极、喷嘴安装到位（割炬未安装电极及喷嘴时，不能接通割炬开关），固定无松动，内腔干净。

（15）切割机的通风口未被杂物覆盖或者堵塞，切割机与周围物体的距离不小于0.3m，保持工作场地通风良好。

（16）消防器材房应有明显的标识，生产期间房门严禁上锁，摆放推车式 MFT35 型干粉灭火器 4 具、MF2 型 8kg 干粉灭火器 10 具、5kg 二氧化碳，灭火器 2 具、消防斧 2 把、消防钩 2 把、消防铲 6 把、消防桶 8 只、消防毡 10 条。

（17）推车式灭火器滚轮无破损、变形，手把牢靠，出气管无缠绕、破损脱胶，回型折叠存放，压力正常，保险销铅封无脱落：干粉灭火器压力正常，出气管、喷嘴齐全无破损，保险销铅封无脱落，压把手柄无变形，二氧化碳灭火器出气管、喷嘴、手柄齐全无破损，保险销铅封无脱落，压把手柄无变形，称重记录及时、准确并配备防冻手套。

（18）消防桶清洁无杂物、无油污、无变形。

（19）消防锹、消防斧、消防钩无变形、断裂，表面光滑无障碍，手柄连接牢靠：消防斧为铸钢。

（20）消防器材定期检查保养填卡，完好有效，未挪作他用。

（21）正压呼吸器戴上面罩堵住接口吸气并保持 5s，无漏气现象：面罩无破损，卡扣完好。

（22）背架，背带无破损，扣件齐全完好，气瓶固定牢靠。

（23）压力表反应灵敏，压力下降至 5MPa ± 0.5MPa 时报警器鸣响。

（24）关闭气瓶阀，观察压力表 lmin。指示值下降不允许超过 2MPa。

（25）面罩视窗应具备防雾功能，清晰度良好。

（26）气瓶在合格期内。各部件连接无漏气，25～30MPa。

（27）充气泵电源线无破损老化，快装插头开关接线密封线头无外漏，接地良好压力表完好，气瓶快装接头无损坏，各阀件手柄齐全，安全阀完好。

（28）正压式呼吸器应保存在温度有：0～30℃的封闭干燥的保管柜中，注意防潮避免阳光直射，有取暖设备时距离取暖设备≥1.5m。

（三）监督依据标准

SY/T 5974—2020《钻井井场设备作业安全技术规程》内容如下。

电气焊设备及安全使用：

（1）电焊机、氧气瓶、乙炔气瓶等应由专人保管，焊接人员应持证上岗。

（2）电焊机应完好，使用前应接好地线，电焊线完整。

（3）氧气瓶、乙炔气瓶应有安全帽和防震圈，分库存放在阴凉通风处的专用支架上，不应暴晒。氧气瓶、焊枪上不应有油污。

（4）氧气瓶、乙炔气瓶相距应大于 5m，距明火处应大于 10m；乙炔气瓶应直立使用，氧气和乙炔气瓶上应加装回火保护装置。

（5）焊割作业宜使用等离子切割机；等离子切割机不应在雨天和露天进行焊割作业；在潮湿地带作业时，操作人员应站立在铺有绝缘物品的地方，绝缘鞋等个体劳动保护用品应穿戴齐全；切割机长时间停用时，应将其存放于干燥的环境空间，并定期用干燥清洁的压缩空气吹去灰尘、检查电缆绝缘皮，确保无破损。

（6）电焊面罩、电焊钳和焊工专用手套应符合有关要求。

（7）焊接、切割作业应符合 GB 9448《焊接与切割安全》的要求。

（四）典型隐患示例

典型隐患如图 4-13 至图 4-18 所示。

图 4-13 正压呼吸器压力不足 25MPa

图 4-14 消防室电子称无电

图 4-15 电焊机接地线裸露固定松动

图 4-16 面罩玻璃破损

图 4-17 充气泵快拔接头无防护措施

图 4-18 电源开关未标识

六、远控房

（一）主要风险

内容如下：

（1）摆放位置选址错误，放置在易坍塌，滑坡地带造成远控房倾覆风险。

（2）手柄开关位置未按要求在待命状态井控风险。

（3）房体接地失效，造成漏电人员触电事故风险。

（4）远控房未使用专用线路控制，不能随时处于待命工况，开合闸刀时触电风险。

（5）管线接头漏油，造成环境污染风险。

（6）高压刺漏风险。

（7）人员误操作风险。

（8）防提装置失效风险。

（二）监督内容 / 要点

内容如下：

（1）监督搬迁摆放位置的选择，放置在上方安全地带，位于面对井架大门左侧前方与井口距离大于 25m，四周预留 2m 的安全距离。

（2）监督现场远控台处于待命状态时液压油油面位于厂家规定的最高油位与最低油位之间，油品无变质现象，各仪表压力在规定范围，保证井控设备完好、灵活。

（3）监督现场接地线，接地极安装符合要求，线路无破损，接地电阻符合要求。

（4）监督现场电源从发电房或配电房使用大于 6m³ 专线架空或地埋引出，单独开关控制，开合闸刀时戴好绝缘手套，开关前铺设绝缘胶皮并保持干燥。

（5）监督远控房、液控管线接头处不允许遮盖，车辆跨越处安装过桥盖板并用胶皮衬垫，下方铺设土工膜，并保持完好，加强日常维护检查。

（6）监督现场各连接部位紧固无渗漏油现象，待命状态时加强岗位巡检。

（7）监督警示牌齐全，控制剪切闸板换向手柄安装限位装置，控制全封闸板换向手柄安装防止误操作的防护罩完好。储能器手柄处于开位。

（8）半封闸板防喷器的控制液路上安装防提装置，其气路与防碰天车气路并联，油、气路管线接头完好，灵敏可靠。

（三）监督依据标准

SY/T 5974—2020《钻井井场设备作业安全技术规程》内容如下。

防喷器远程控制台安装要求如下：

（1）安装在面对井架大门左侧、距井口不少于 25m 的专用活动房内，周围 10m 内不得堆放易燃、易爆、腐蚀物品。

（2）管排架与防喷管线、放喷管线之间应保持一定距离，在穿越汽车道、人行道处用防护装置保护。不允许在管排架上堆放杂物和以其作为电焊接地线或在其上进行焊割作业。

（3）总气源应从气源房单独接出，与司钻控制台气源分开连接，并配置气源排水分离器；不应强行弯曲和压折气管束。

（4）电源应从配电板总开关处用专线直接引出，并用单独的开关控制。

（5）蓄能器完好，压力达到规定值，并始终处于工作压力状态。

（6）全封闸板换向阀应装罩保护，剪切闸板控制换向阀应限位保护。

（四）典型隐患示例

典型隐患如图 4-19、图 4-20 所示。

图 4-19　接地线高于地面 15cm

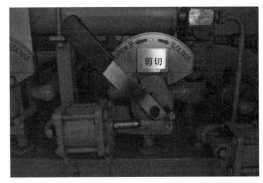

图 4-20　剪切手柄无限位装置

七、二层台逃生装置

（一）主要风险

内容如下：

（1）安装位置选址不合理，安装在易坍塌，滑坡、有障碍物附近风险。

（2）地锚安装不到位风险。

（3）手动控制器检查不到位，破损、锈蚀阻卡风险。

（4）钢丝绳变形、缠绕、断丝、固定不牢等风险。

（5）缓冲沙堆放不合理风险。

（二）监督内容／要点

内容如下：

（1）监督安装位置的选择，安装在实方安全地带，避开悬崖、坎坡等不利于逃生地点，四周预留 2m 安全距离，周围无异物。

（2）监督现场安装两地锚相距不小于 4m，旋入地下 1.5m，露出地面不大于 10cm，导向绳夹角 30°～75°。腰钩距地面 1m 左右，腰钩保险装置可靠。

（3）监督日常检查，控制器下警示牌完整并卡好，上警示牌不能卡在控制器上，存在隐患及时整改、更换。

（4）监督检查承重绳，导向绳无交叉、缠绕、变形，悬挂点高于二层台 3m 左右井架本体上，各部件连接可靠，绳卡固定牢靠，花篮螺栓无变形。

（5）监督缓冲沙堆或海绵垫尺寸 1.0m×1.0m×0.2m 符合要求，周围 2m 范围无异物，逃生通道畅通。

（三）监督依据标准

SY/T 5974—2020《钻井井场设备作业安全技术规程》内容如下。

井架逃生装置的安装：

井架逃生装置安装要求按 SY/T 7028《钻（修）井井架逃生装置安全规范》的要求执行；所用安全带应符合 GB 6095《坠落防护　安全带》的要求，安全带应与井架逃生装置配套；井架逃生装置应满足连续逃生的需要，导绳与地面夹角宜为 30°～75°。

SY/T 7028—2022《钻（修）井井架逃生装置安全规范》内容如下。

安全管理：

（1）每套装置至少应配备两副与逃生装置相配套的多功能安全带，井架工在二层操作平台工作时应全过程穿着多功能安全带。

（2）缓降器不得同水及油品接触，不得遭受其他硬物的挤压、碰撞。

（3）手动控制器调节丝杠处的两个加油口应适当注油润滑，滑动体、制动块等部位应保持清洁，不得有油污。

（4）导向绳上不得有油泥和冰溜。

（5）导向绳和限速拉绳不得相互缠绕。

（6）两个手动控制器应始终分别处在二层操作平台和地锚处，每次使用完毕，应把下部手动控制器的防锁警示牌卡在滑动体和制动块之间，防止有人随意关紧下部手动控制器，致使逃生人员不能下滑，上部手动控制器的防锁警示牌应在取下状态，以确保上部手动控制器处在备用状态。

（7）从上口井的拆卸到下口井的安装，可由井队安排经过培训的人员负责拆安，但不得拆卸缓降器、手动控制器等关键部件本身的固定部位，不得私自更换限速拉绳、导向滑绳。需要更换悬挂绳套、导向绳的连接固定螺丝、钢丝绳卡、花篮螺丝、卸扣等配件时，应与原配件的规格型号相同。

（8）钢丝绳不得与锋利物品、焊接火花、酸碱物品或其他对钢丝绳有破坏性的物体接触；不得把钢丝绳用作电焊地线或吊重物用；钢丝绳不得受挤压、弯折等。井队搬家时，钢丝绳应有序地盘在一起，盘放直径 400～500mm 为宜，妥善保管。

（9）下滑人员的落地点处，应设置缓冲沙坑或软垫。

（10）下滑人员的落地点，应尽量选择在季风方向的上风口处。

（四）典型隐患示例

典型隐患如图 4-21、图 4-22 所示。

图 4-21　二层台逃生装置与二层台摩擦　　　图 4-22　二层台逃生装置导向绳与承重绳缠绕

八、场地

（一）主要风险

内容如下：

（1）车辆移动过程中碰伤人员风险。

（2）装载机运移物件时工具等物件脱落砸伤人员风险。

（3）管架上管具滚落伤害。

（4）排管具时撬杠未正确使用反弹伤人。

（5）人员在管具上行走跌落伤害。

（6）通套管时配合不当通径规铁丝扎伤人员。

（7）绷钻具时人员站位不当单根脱落砸伤人员。

（8）钳工房电焊作业电弧灼伤或触电伤害。

（9）接头房搬运吊卡等井口工具配合不当夹伤或挤伤。

（10）固井或试压时高压管线刺漏伤害。

（二）监督内容/要点

内容如下：

（1）车辆移动专人及指挥操作人员精力集中。

（2）装载机运移物件时加紧抓牢主要观察周围环境。

（3）管架上挡销齐全且超过两层管具捆扎固定。

（4）排管具时撬杠正确使用不得正对身体。

（5）人员不得在管具上行走作业。

（6）通套管时不得低头观察铁丝位置站位合理。

（7）绷钻具时人员站于安全位置待钻具下方至滑道。

（8）钳工房电焊作业劳保护具齐全，检查接地漏电保护。

（9）搬运管具时使用好钻杆钩或引绳避免肢体接触。

（10）固井或试压时高压区域进行隔离专人监护。

（三）监督依据标准

SY/T 5974—2020《钻井井场设备作业安全技术规程》内容如下。

井场布置：

（1）井场应有足够的抗压强度。场面应平整、中间略高于四周，井场周围排水设施应畅通。基础平面应高于井场面 100～200mm。

（2）井场周围应设置不少于两处临时安全区，一处应位于当地季节风的上风方向处，其余与之呈 90°～120°分布。

（3）石油钻井专用管材应摆放在专用支架上，管材各层边缘应用绳系牢或专用设施固定牢，排列整齐，支架稳固。

（4）方井、柴油机房、泵房、发电房、油罐区、油品房、远程控制台、钻天液储备罐区、钻井液材料房、收油计量橇、循环罐及其外侧区域、岩屑收集区和转移通道、废油暂存区、油基岩屑暂存区等区域地面宜做防渗处理。重点防渗区应铺设防渗膜，油罐区、钻井液储备罐区、收油计量橇、废油暂存区、油基岩屑暂存区应设置围堰。

（5）地处海滩、河滩的井场，在洪汛、潮汛季节应修筑防洪防潮堤坝和采用其他相应预防措施。

SY/T 5466—2013《钻前工程及井场布置技术要求》内容如下。

1. 井场

（1）井场应平坦坚实，能承受大型车辆的行驶。

（2）井场应满足钻井设备的布置及钻井作业的要求。

（3）井场中部应高于四周，以利于排水。

（4）井场、钻台下、机房下、泵房要有通向污水池的排水沟。

（5）雨季时，井场周围应挖环形排水沟。

（6）井场应有利于污水处理设施的布置。

（7）井架绷绳锚坑或绷绳墩位置应按相应类型钻机的井架安装说明书执行。

（8）在草原、苇塘、林区的井，布置井场时应按照防火、防爆、防污染等国家及地方性法规执行。

（9）在山区、丘陵地区、河床、海滩、湖泊、盐田、水库、水产养殖场钻井，井场应相应设置防洪、防泥石流、防山体滑坡、防腐蚀、防污染等安全防护设施。

（10）在沙漠布置井场应注重防风、防沙。

（11）农田内井场四周应挖沟或围土堤，与毗邻的区田隔开。井场内的污油、污水、钻井液等不得流入田间或水溪。

2. 井场环保

（1）在钻前工程设计和施工中，环境保护按照 SY/T 6276《石油天然气工业 健康、安全与环境管理体系》的要求执行。

（2）井场内应有良好的清污分流系统。

（3）井场后（或右）侧应修建钻井液储备池（罐）。净化系统一侧应修建排污池，配备废液处理装置。振动筛附近应修建沉砂坑。

（4）钻井液储备池、排污池、沉砂坑应采取防渗漏及其他防污染措施。

（5）发电房和油罐区四周应有环形水沟，并配备污油回收罐。

（6）使用油基钻井液的排污池和沉沙坑应满足油基和水基钻屑分开的要求。

（四）典型隐患示例

典型隐患如图 4-23、图 4-24 所示。

图 4-23　接头房工具摆放凌乱　　　　图 4-24　管架上挡销缺失

九、钻台下

（一）主要风险

内容如下：

（1）钻台梯子悬空不平整踩空伤害。

（2）钻台底座上行走滑跌伤害。

（3）接管汇法兰螺栓时敲击铁屑飞溅伤害。

（4）使用 BUP 安装运移防喷器时碰伤人员。

（5）安装防喷器时高处作业跌落伤害。

（6）安装防喷器时榔头等工具落物伤害。

（7）安装防喷器敲击作业时榔头飞出伤人。

（8）挖方井时塌方风险。

（9）下导管时人员井口作业跌落方井风险。

（10）井口钻井液多作业时滑跌风险。

（二）监督内容/要点

内容如下：

（1）钻台梯子安装平整不得悬空。

（2）钻台底座上安装滑栏铁网和护栏。

（3）敲击作业时戴好护目镜。

（4）使用 BUP 运移防喷器时监督人员安全合理站位危险区不得进入。

（5）高处作业时使用好防坠落装置系牢保险带。

（6）高处作业使用工具系牢尾绳。

（7）敲击作业时榔头的运行轨迹内部的站人。

（8）挖方井时办理许可专人监护边挖边加固方井。

（9）下导管人员井口作业时系牢保险带专人监护。

（10）井口作业钻井液及时清理。

（三）监督依据标准

SY/T 5974—2020《钻井井场设备作业安全技术规程》内容如下。

钻台梯子应符合以下要求：

（1）钻台应安装分别通向钻台前方场地、后场机房、侧方循环罐的梯子，且应保持钻台梯子畅通无阻，梯子出口前方 2m，侧方各 1m 范围内无杂物。

（2）梯子安装宜采用销轴连接方式，且装有防脱落别针，与地面角度不应大于 60°。

（3）梯子防护栏应符合 GB 4053.3《固定式钢梯及平台安全要求　第 3 部分：工业防护栏杆及钢平台》的要求。

（四）典型隐患示例

典型隐患如图 4-25 所示。

图 4-25　钻台梯子未安装平整悬空

十、钻台上

（一）主要风险

内容如下：

（1）临边作业人员坠落风险。

（2）钻台面钻井液未及时清理滑跌风险。

（3）设备护罩不全机械伤害。

（4）司钻误挂合操作手柄造成设备启动伤害配合作业人员的风险。

（5）钻具粘扣大钳拉扣物体打击伤害。

（6）载人绞车取挂顶驱调节扳手工具固定不牢高空落物风险。

（7）使用清洗机措施不到位触电风险。

（8）钻具管柱摆动物体打击伤害。

（9）井架附件高空落物物体打击伤害。

（10）转盘误操作人员滑跌伤害。

（11）起下钻作业单吊环物体打击伤害。

（12）下套管作业套管钳摆动物体打击伤害。

（13）上下梯子不抓扶手人员滑跌风险。

（14）处理井下复杂无有效措施方案人员伤害或设备损坏风险。

（15）B 型大钳摆动伤人风险。

（16）使用链钳上卸扣时人员滑倒或绊倒风险。

（17）气（电）动小绞车排绳时夹伤人员手臂风险。

（18）场地，钻台双绞车配合抬钻铤及其他工具时摆动，脱落下砸风险。

（19）卸护丝时钻具下落伤人风险。

（20）套管钳及液气大钳受力摆动伤人风险。

（21）套管吊卡活门被挂开的风险。

（22）装卸大小方瓦倾倒砸伤风险。

（23）取挂吊环时吊环弹出打伤风险。

（24）防碰过卷及气路失灵造成上顶下砸风险。

（25）人员高处和临边作业时坠落的风险。

（26）敲击作业榔头碰伤，飞溅物伤眼风险。

（27）拆卸线缆时高压或触电风险。

（28）安装附件对正销孔时夹手或不正确使用工具伤人风险。

（29）拆卸钻台梯子及滑道时吊索绷紧过度，固定销砸出后吊物弹起碰撞风险。

（30）拆卸水龙带及吊环等附件时摆动坠落砸伤风险。

（31）游车吊车配合吊移顶驱等设备时配合不当，损坏设备或伤人风险。

（32）吊装高位绞车时摆动，碰撞，挤压作业人员风险。

（33）井口对接钻头及接头时倾倒砸伤风险。

（34）井口及鼠洞对扣时夹伤，压手风险。

（35）钻台面钻井液过多人员滑倒摔伤风险。

（36）高压刺漏风险。

（37）方钻杆及钻具立柱等摆动伤人风险。

（二）监督内容 / 要点

内容如下：

（1）钻台护栏齐全安装牢固。

（2）钻台面防滑垫齐全连接好及钻台面清洁。

（3）设备护罩齐全，旋转部位有醒目标识。

（4）监督现场将不用的手柄锁定，司钻挂合离合器开关前确认正确后再操作。井口配合人员严禁站在转盘旋转面操作（电动转盘除外）。

（5）按要求及时倒换钻具，入井钻具涂抹好丝扣油。

（6）高处作业使用手工具必须按要求配备尾绳并固定良好。

（7）使用清洗机时必须佩戴绝缘手套。

（8）控制上提速度，使用好钻杆钩子。

（9）起下钻时按规定锁定转盘。

（10）严禁边起边挂吊环，刹把与井口人员相互配合好。

（11）控制上扣速度，平稳操作。

（12）上下梯子扶好扶手。

（13）严格作业程序人员远离危险区。

（14）现场 B 型大钳拉紧后全部人员撤离到安全位置后再操作上卸扣。

（15）现场使用链钳上卸扣时清理干净作业区域钻井液及障碍物，平稳均匀用力。

（16）操作气（电）动小绞车排绳时使用好排绳器，严禁将手伸入滚筒手推钢丝绳排绳。

（17）监督现场吊索具选用正确，吊物在猫道或大门坡道正前方，气动绞车操作人员视线清楚，配合人员远离吊物下砸区域并落实专人指挥。

（18）监督作业人员卸护丝时戴好防滑手套，手放在护丝侧面，严禁放在护丝下方，操作人员不得背对气动绞车操作者。

（19）监督现场人员远离受力方向，平稳操作控制摆动幅度。

（20）监督现场使用防挂开吊卡，严禁小绞车与游车同起同放。随时关注悬吊系统绳索，避免相互干涉。

（21）监督现场使用专用工具提放大小方瓦，大小方瓦在钻台面放置平稳，人员不得在倾倒范围内作业。

（22）监督现场作业人员取挂吊环时站在吊环侧面作业，严禁正对吊环操作。司钻操作刹把下放时控制下放速度，平稳操作严禁猛刹。

（23）监督作业现场冬季施工时对防碰过卷及气路安装加热装置及气路放水设备，专人检查并做好相应记录。刹把操作过程中严格按照冬季操作规程进行操作。平时做好阀件的维护保养工作。

（24）监督安装锚固点，差速器，人员系好安全带。

（25）佩戴好护目镜，站位安全。

（26）切断液压站工作泄压。VFD房进行断电，上锁挂签，依次拆卸电缆及液压管线。

（27）使用撬杠对正销孔，规范正确使用各类工具。

（28）将吊索拉直即可，不得有上提吨位。配合作业人员安全站位。

（29）使用合适的吊索拴牢，并拴挂引绳牵引控制摆动范围。

（30）现场落实专人指挥，吊车操作与刹把操作步调一致，平稳缓慢操作，其他人员撤离到安全区域。

（31）现场落实专人指挥，吊索选用正确，引绳栓挂牢靠，观察被吊物走向，人员不得在受挤压空间作业。

（32）使用多功能井口管串拆接装置，人员站在安全位置，提放钻头及接头时使用专业提丝。

（33）扶正接头时手放在接头中部，司钻操作刹把下放时控制速度缓慢下放，作业人员站位不得挡住司钻视线。

（34）现场及时清理洒落钻井液，铺设好防滑垫，脚下踩稳。

（35）现场人员远离钻台高压区域，严禁站在水龙带附近或下方作业。

（36）现场推拉方钻杆及钻具立柱等使用钻杆钩子及引绳，人员禁止站在方钻杆及钻具立柱摆动方向操作。

（三）监督依据标准

SY/T 5974—2020《钻井井场设备作业安全技术规程》内容如下。

1. 井场布置

钻台、油罐区、机房、泵房、钻井液助剂储存场所、净化系统、远程控制系统、电气设备等处应有明显的安全标志。井场入口、钻台、循环系统等处应设置风向标，井场安全通道应通畅。

2. 钻台设备及辅助设施的安装

（1）游动系统的安装：

①游动滑车的螺栓、销子应齐全紧固，护罩完好无损。

②大钩及吊环的安装：

（a）大钩钩身、钩口锁销应操作灵活，大钩耳环保险销应齐全、安全可靠。

（b）吊环应无变形、裂纹，保险绳用中$\phi16mm$钢丝绳。

③水龙头的安装：

（a）鹅颈管法兰盘密封面应平整光滑。

（b）提环销锁紧块应完好紧固。

（c）各活动部位应转动灵活，无渗漏。

（2）液动绞车、气动绞车的安装：

①绞车底座四角应紧固、平稳，刹车可靠。

②起重钢丝绳应采用与绞车相适应的钢丝绳，不打结。滑轮应封口并有保险绳。

③ 液动、气动绞车的安装应牢固、平稳、刹车可靠，并采用有防脱功能的吊钩。

（3）大钳的安装：

① B 型大钳的钳尾销应齐全牢固，大销与小销穿好后应加穿保险销

② B 型大钳的吊绳应用 ϕ16mm 钢丝绳，悬挂大钳的滑轮其公称载荷应不小于 30kN。滑轮固定应用中 16mm 的钢丝绳绕两圈卡牢。大钳尾绳应用中 22mm 的钢丝绳固定于尾绳桩上。

③ 液气大钳的吊绳应用中 16mm 的钢丝绳，两端各卡 3 只绳卡。

④ 液气大钳移送气缸应固定牢固并有保险绳，各连接销应穿开口销，高低调节灵敏，使用方便。

⑤ 悬挂液气大钳的滑轮其公称载荷应不小于 50kN。

（4）钻台和转盘的安装：

① 转盘应紧固，天车、转盘、井口三者的中心线应在一条垂直线上，最大偏差不应大于 10mm。

② 钻台各连接销应穿齐保险销。钻台各定位固定螺栓应上紧并戴上止退螺帽。

③ 大门坡道应拴保险绳。

④ 拆卸和安装过程中遇到防护设施不齐全时，应在该处设置明显的安全警示标志并采取必要的防范措施。

⑤ 临边作业应有防坠落措施。

（5）顶驱装置的安装：

① 顶驱电控房应合理放置，顶驱电控房四周应留有工作空间。

② 顶驱吊运至钻台面前，应对所用绳套进行检查，确保其无断丝。

③ 顶驱导轨上端宜通过耳板与天车底梁相连，并有一条安全链；顶驱导轨下端宜与固定在井架下段或人字架之间的反扭矩梁固定连接。导轨各段应连接牢固可靠。

④ 顶驱装置液压管线应连接正确、紧固、无泄漏，电路应连接正确、安全。

（6）防碰天车的安装：

① 过卷阀式防碰天车：过卷阀的拔杆长度和位置根据游车上升到工作所需要极限高度时钢丝绳在滚筒上的缠绳位置来调整（依据使用说明书或现场设备要求）。气路应无泄漏。臂杆受碰撞时，反应动作应灵敏，总离合器、高低速离合器同时放气，刹车气缸或液压盘式刹车应在 1s 内动作，刹住滚筒。

② 机械式防碰天车（插拔式或重锤式防碰天车）：阻拦绳距天车梁下平面距离应依据使用说明书或现场设备要求进行安装，不扭、不打结，不与井架和电缆干涉、灵敏、制动速度快。用无结钢丝绳作引绳应走向顺畅，钢丝绳与上拉销连接后的受力方向与下拉销的插入方向所成的夹角应不大于 30°，上端应固定牢靠，下端用开口销连接，松紧度合适，不打结，不挂磨井架或大绳。

③ 数字式、电子式防碰天车：其数据采集传感器应连接牢固，工况显示正确，动作反应灵敏准确。

（7）气控和液控的安装：

①气控台和液控台仪表应齐全，灵敏可靠。

②气路管线应排列规整，各种阀件工作性能良好。

③检修保养时，应切断气源、关停动力，总离合器手柄应固定好并挂牌。

（8）钻台工具配备及其他：

①钻台应清洁，有防滑措施；设备、工具应摆放整齐，通道畅通。

②井口工具应符合以下要求：

（a）吊卡活门、弹簧、保险销应灵活，手柄应固定牢固，吊卡销子应有防脱落措施。

（b）卡瓦固定螺栓、卡瓦压板、销子应齐全紧固，灵活好用。

（c）安全卡瓦固定螺栓，开口销、卡瓦牙、弹簧销子应齐全，销子应拴保险链。

③指重表装置应符合以下要求：

（a）指重表、记录仪应读数准确、灵敏，工作正常。

（b）传压器及其传压管线应不渗漏。

④钻台梯子应符合以下要求：

（a）钻台应安装分别通向钻台前方场地、后场机房、侧方循环罐的梯子，且应保持钻台梯子畅通无阻，梯子出口前方 2m，侧方各 1m 范围内无杂物。

（b）梯子安装宜采用销轴连接方式，且装有防脱落别针，与地面角度不应大于 60°。

（c）梯子防护栏应符合 GB 4053.3《固定式钢梯及平台安全要求　第 3 部分：工业防护栏杆及钢平台》的要求。

⑤逃生滑道应符合以下要求：

（a）钻台逃生滑道宜采用销轴连接，并有防坠绳，销轴应有防脱别针。

（b）钻台逃生滑道内应清洁无阻，逃生滑道上端应安装 1 道安全链，防止人员意外坠落。

（c）钻台逃生滑道出口处应设置缓冲沙堆或缓冲设施，周边无障碍物。

（四）典型隐患示例

典型隐患如图 4-26 至图 4-33 所示。

 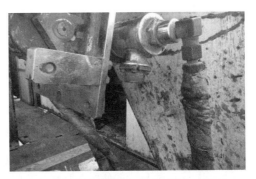

图 4-26　高处手工具尾绳断裂　　　　图 4-27　冬季操作插拔式加热头未接线

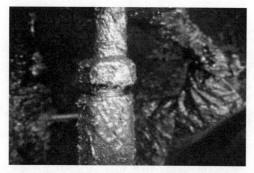

图 4-28　过卷阀阀杆退扣且被油泥未清理

图 4-29　刹把角度小于 45°

图 4-30　钻台栏杆卡扣脱开防护失效

图 4-31　刹带调节螺丝并帽松动

图 4-32　站在 B 型钳上固定油路管线

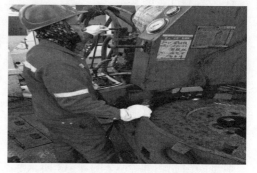

图 4-33　操作液气大钳时手扶在转盘护罩上

十一、井架

（一）主要风险

内容如下：

（1）拆装井架时吊点选择不当，井架失衡摆动伤害作业人员风险。

（2）绳套断裂或脱钩，井架或附件下砸伤人风险。

（3）井架安装人员高处坠落风险。

（4）井架销子飞出或工具掉落伤人风险。

（5）鹅颈管转动或水龙带憋劲伤人或夹手风险。

（6）井架笼梯开合夹伤碰伤风险。

（7）横梁、拉筋摆动、碰伤井架作业人员风险。

（8）起升井架时井架上遗留工具或杂物下砸伤人风险。

（9）起升滑轮卡死或起架大绳断裂，井架下砸风险。

（10）大绳及耳板断裂，井架下砸伤人风险。

（11）起下钻或检查井架时高处坠落或高空落物风险。

（12）顶驱倾斜臂下压猴台或吊卡压断兜绳风险。

（13）水平井完井电测通经规掉落滑脱下砸或落井风险。

（14）起下钻时二层台吊卡及立柱夹手风险。

（15）高空作业人员坠落造成伤害。

（16）高空落物造成人员伤害。

（二）监督内容 / 要点

内容如下：

（1）现场正确选用专用吊点挂绳套，安装前先试吊找平，起吊时人员保持安全距离，引绳牵引长度和牵引位置正确。井架安装人员待井架平稳后再配合对正销孔作业。

（2）监督现场绳套载荷匹配，检查合格，吊挂牢靠，棱刃处加衬垫，吊物 1.5 倍范围内严禁站人。

（3）现场在安装前检查井架各部位生命线处于完好待用状态，人员上井架作业时使用双尾绳安全带，拴挂正确牢靠，移动时站稳扶好，交替取挂尾绳。安装前找好位置及躲避路线，避免碰挂。

（4）现场销子下方及运动方向严禁站人或穿行，井架上不存放杂物，工具完好，尾绳栓挂牢靠。

（5）现场安装鹅颈管保险绳。严禁将手放在鹅颈管与井架空隙之间。水龙带油任砸松，释放扭矩后再旋开，吊挂时避免憋劲，吊带拴挂牢靠。

（6）现场开合笼梯时人员站位正确，远离夹碰范围。运移井架过程中使用铁丝捆绑牢靠。

（7）现场吊挂时绳索选用合适，两端拴牢引绳，吊车配合对装时，提直绳套，避免憋劲，吊车匀速转动，控制摆动幅度。

（8）现场在正式起升井架前落实专人检查制度，确认井架各部位无遗留物后再进行起升作业。

（9）现场起井架各滑轮润滑转动良好，滑轮挡销紧固，间隙合适，低挡起升，刹把操作平稳，中途无紧急情况不得刹停或放气摘挂。

（10）现场耳板定期探伤检查，大绳落实专人检查制度，达到报废期限时强制更换。起升时井架坠落前后及侧面严禁站人。

（11）上下井架人员正确使用防坠落等安全防护设施，并系好安全带。操作时不跨出栏杆，工具必须拴保险绳并拴挂牢靠。

（12）司钻在下放前操作吊环至浮动位置，并确认。井架工在立柱下放前去掉兜绳，并向司钻发出下放手势后再操作刹把下放立柱。

（13）现场在吊环上拴挂专用通经规吊索保险绳，严禁挂在吊卡销子或吊卡手柄上，上提游车前井口钻具水眼加盖。井口作业人员撤离至井架两侧安全位置。井架工将通经规放入钻具水眼后再去掉吊索保险绳。确认通经规完全出水眼后再上提对扣。

（14）提示二层台开扣吊卡时手放位正确，送立柱入吊卡时手不得扶吊卡。大风天气时立柱及时使用兜绳固定，人员不得手扶二层台栏杆。

（15）高空作业使用好安全防护设施，安全带高挂低用。

（16）严格落实周检查及岗位巡查检查各部件连接。

（三）监督依据标准

SY/T 5974—2020《钻井井场设备作业安全技术规程》内容如下。

井架的拆卸、安装和起放：

1. 井架的拆卸及安装

（1）钻井队在安装井架和底座前，应对其进行检查。井架不应有弯曲、变形、严重伤痕或破损等情况。

（2）拆卸和安装井架时，应有专人指挥，信号应统一。

（3）井架和底座的连接销子应对号入座，不应将销子随意更换或用螺栓代替。

（4）拆卸和安装井架连接销子时，危险区域内不应站人。

（5）拆卸和安装井架过程中，地面人员不应在井架周围停留。任何人不应随同起吊物升降和转动。

（6）作业人员不应在同一垂直面上交叉作业。

2. 起放井架

（1）井架起放作业时应注意以下特殊要求：

① 能见度小于 100m，或风速大于 5 级（7.9m/s）时，不应进行井架起放作业。

② 井架起放作业不应在 −40℃ 以下的天气条件下进行。

③ 井架起放作业不应在夜间进行。

④ 不得以牵引车代替柴油机为动力起放井架作业。

⑤ 对于新配套或大修后第一次组装的井架，井架起放作业应在厂方指导下完成。

（2）起放井架前应做好以下检查事项：

① 检查销子、别针、滑轮，并确保齐全完好，螺栓紧固。

② 指重表应读数准确，记录仪应工作正常。

③ 钻机控制系统各阀件应灵敏可靠。

④ 绞车刹车及辅助刹车应工作状态正常。

⑤各绳索应安装到位，滑轮应固定牢靠、润滑充足、转动灵活，起井架大绳应无交叉，绳卡紧固。

⑥井架底座应连接可靠，拉筋无损伤或变形。

⑦供气气压应在0.8～1MPa，气路畅通，无积水。

⑧左、右缓冲液缸应行程一致，并调整至最大位置。

⑨人字架支撑轴头挡销螺栓应齐全紧固，天车、大钩、游车、绞车、井架上各滑轮应完好、灵活。

⑩钻井钢丝绳活绳头和死绳应固定可靠。

⑪柴油机、发电机、电气系统、液压系统和刹车系统等应运转正常。

（3）起升井架时应注意以下事项：

①井架起升作业现场应有专人指挥、监护，一人操作刹把，一人协助。

②先试起井架，当井架起离支架100～200mm时，现场人员应检查以下各项：

（a）大绳和起井架大绳应进入滑轮槽，死（活）绳头及各绳卡应卡紧，钢丝绳无滑动痕迹。

（b）钢丝绳在滚筒上应排列整齐。

（c）供气系统及气控系统应正常，储气罐压力不应低于0.8MPa。

（d）人字架缓冲器活塞杆应达到行程。

（e）二层平台应收拢捆好，井架上无遗留工具和物件。

（f）刹车系统及辅助刹车各连接部位应正确、可靠，绞车水柜应装满水。

（g）备用动力设备应启动。

（h）钢鼓冷却水应备好。

③起井架时，井场内应无影响井架起升的障碍物，且能见度应不低于100m。井架上的物件应采取防坠落措施，配重水柜内应注满水。除机房留守人员、司钻、关键部位观察人员、现场安全员和指挥者外，其他人员和所有施工机具应撤至安全区。安全距离应为正前方距井口不少于70m，两边距井架两侧不少于20m。

（4）井架校正后，井架连接处的所有螺栓应再紧固一次。

（5）放井架时应注意以下事项：

①下放作业应在一名指挥的统一指挥下进行，指挥所处位置应在操作者能直接看到且安全的地点。

②井架支架位置应放置正确。影响放井架的井架附属物应全部拆除。

（6）底座的起升及下放应执行钻机操作规程。

3.钻机平移

（1）钻机平移前，应根据不同平移方式制订作业方案。

（2）钻机平移前，影响平移的设施应拆除，且钻台上活动的工具器材应固定牢固。

（3）钻机平移前，应召开安全会议，分析存在风险，制订并落实消减措施。

（四）典型隐患示例

典型隐患如图 4-34、图 4-35 所示。

图 4-34　井架照明灯线外皮破损线束裸露　　　　图 4-35　二层台围挡固定别针损坏

十二、机房

（一）主要风险

内容如下：

（1）安装机房底座时吊物摆动，碰撞，挤压作业人员的风险。

（2）敲击作业存在飞溅，打击风险。

（3）对销孔夹手或撬杠弹伤人员风险。

（4）人员滑跌，底座上坠落伤人风险。

（5）安装铺台时下砸伤人风险。

（6）噪声伤害作业人员风险。

（7）设备启动试运转时零部件松动飞出伤人风险。

（8）检查柴油机或添加防冻液时高温烫伤风险。

（9）冬季使用喷灯时引发火灾及人员烧伤事故风险。

（10）检修检查柴油机时，作业人员跌落摔伤风险。

（11）万向轴机械劳损断裂飞出伤人风险。

（12）误合操作手柄造成设备启动伤害作业人员风险。

（13）油路管线脱开破损油污泄漏造成环境污染风险。

（14）高温部位接触烫伤风险。

（15）设备校准不到位设备损坏风险。

（16）电机防御措施不到位人员触电风险。

（17）检维修能量隔离不彻底造成人员伤害。

（18）旋转部位护罩不全或缺失造成人员伤害。

（二）监督内容 / 要点

内容如下：

（1）现场落实专人指挥，十不吊及五个确认，注意观察被吊物走向，人员扶正设备时不得处在可能受挤压的空间作业。

（2）现场检查好榔头及保险绳，敲击作业戴好护目镜，榔头运行轨迹方向和下放严禁站人。

（3）现场对正销孔时严禁用手代替工具，严禁手摸销孔。使用撬杠严禁站在撬杠受力方向。

（4）现场清理干净底座油污及积水积冰，行走过程中注意脚下坑洞。

（5）现场安装铺台时按照先后顺序进行安装，人员不得进入铺台下方对销孔砸连接销，站在铺台侧面操作。

（6）人员在噪声区作业过程中佩戴好耳塞。

（7）现场落实启动前的安全检查表运行，启动试运转时人员远离危险区域。

（8）现场检查柴油机时高温部位停机冷却后再进行操作。排气管及增压器安装防烫设施。检查及添加防冻液时待水箱温度降低至安全值后再打开检查。

（9）现场落实动火作业许可制度，清理作业区域易燃物，配备灭火器，落实专人监护，严格落实喷灯使用管理规定。

（10）现场柴油机处设置安全带挂点，检修人员系挂好安全带，清理脚下油污。作业时精力集中，脚下踩稳。

（11）现场落实定期探伤制度，保养检查制度。运转期间严禁在万向轴附近长时间停留。

（12）现场设备停用时手柄固定，检修过程中停动力，断气路，开关上锁挂签，专人监护作业。

（13）现场各管线安装紧固，落实岗位检查，存在渗漏隐患及时消除。

（14）严禁触摸高温区域或私自打开高温闸门。

（15）安装设备时按要求校准，提高设备安装质量。

（16）严格用电设备的安装质量，按要求接地及防雨措施到位。

（17）严格落实检维修制度，上锁挂签，能量释放，监护人员到位。

（18）各护罩连接固定密封。

（三）监督依据标准

SY/T 5974—2020《钻井井场设备作业安全技术规程》内容如下。

动力机组的安装：

（1）液力变矩器或耦合器应固定在传动箱底座上，并车联动装置顶杠应灵活。各传动部分护罩应齐全完好，固定牢靠。所有管路应清洁、畅通，排列整齐。各连接处应密封，无渗漏。截止阀、单向阀、四通阀等阀件应灵活。机房四周栏杆应安装齐全，固定牢靠，梯子应稳固且有光滑的扶手。

（2）配套机安装时，应将柴油机底盘置于平台底座或基础之上。各底座、柴油机、并车联动装置及万向轴等的螺栓连接应采取正确的防松措施。

（3）柴油机与被驱动的钻机并车联动装置，其相互位置应统一找正并保持传动皮带张紧度一致，然后固牢，保持相对位置正确。柴油机与钻机并车联动装置减速箱之间不允许用刚性连接。采用万向联轴节连接时，柴油机连接器端面与被驱动的机械连接盘端面之间，在直径500mm范围内，平行度应为0.5mm。被驱动的机械连接盘外径对柴油机曲轴轴心径向跳动应为1mm。万向联轴器花键轴轴向位移应为15～20mm。输出连接部分调好后，应将两连接盘用螺栓固紧。

（4）润滑系统用机油应在清洁、封闭的油箱内存放，并经充分沉淀和严格滤清后方可注入柴油机内使用。

（四）典型隐患示例

典型隐患如图4-36至图4-39。

图4-36　机房电机进线口未密封，不防爆

图4-37　噪声区域巡检时人员未佩戴耳塞

图4-38　柴油机急停防爆装置锈蚀卡死

图4-39　飞轮护罩变形

十三、VFD 房

（一）主要风险

内容如下：

（1）人员触电伤害。

（2）电气火灾造成人员伤害。

（3）开关标识不清误挂合，造成人员伤害或设备损坏风险。

（4）绝缘防护不到位风险。

（5）电辐射的风险。

（6）拆卸安装电气线路时隔离不彻底触电风险。

（7）电缆断接连接漏电，短路风险。

（8）使用万用表检测线路时打火烧伤作业人员风险。

（9）检修更换部件后供电着火风险。

（10）发生火灾使用二氧化碳灭火器灭火时冻伤及窒息的风险。

（11）正常使用过程中房子前后门堵塞影响应急操作的风险。

（二）监督内容／要点

内容如下：

（1）检查电路连接绝缘性检修时落实上锁挂签制度。

（2）配备相应的灭火器材检查完整性。

（3）现场所有设备标识清楚，控制对象相对应。

（4）人员佩戴完好的绝缘手套、绝缘鞋，严禁戴湿手套操作各类电器开关。

（5）电磁辐射量不超过国家规定的职业照射数值，个人防护齐全且屏护有效。

（6）现场拆卸安装电气线路时必须从 VFD 房控制源头处隔绝动力，并上锁挂签，专人监护。

（7）现场使用完整电缆连接用电设备，断接部位必须使用防爆分线盒连接。

（8）作业人员正确使用万用表，选择合适挡位操作。

（9）提示作业现场更换新旧部件时，用记号笔标记好元器件端子接线，更换元器件时正确接线，连接牢靠。

（10）作业现场使用二氧化碳灭火器时佩戴防冻手套，室内佩戴正压式呼吸器。

（11）作业现场在房子投入使用过程中时刻保持前后门安全通道畅通，不得上锁及放置杂物阻挡通道。

（三）监督依据标准

SY/T 5974—2020《钻井井场设备作业安全技术规程》内容如下。

1. 井场照明

（1）照明线路应安装符合技术要求的漏电保护器。

（2）井控系统照明电源、探照灯电源应从配电室控制屏处设置专线。

（3）移动照明电源的输入与输出电路应实行电路上的隔离。

2. 电气系统的安装

（1）电气控制系统应符合 GB/T 23507.2《石油钻机用电气设备规范　第 2 部分：控制系统》的规定，电动钻机用柴油发电机组应符合 GB/T 23507.3《石油钻机用电气设备规范　第 3 部分：电动钻机用柴油发电机组》的规定，辅助用电设备及井场电路应符合 GB/T 23507.4《石油钻机用电气设备规范　第 4 部分：辅助用电设备及井场电路》的规定，石油钻井利用网电应符合 SY/T 7371《石油钻井合理利用网电技术导则》的规定。

（2）电气作业人员应符合 GB/T 13869《用电安全导则》的规定。

（3）移动式发电房的安装应符合 GB/T 2819《移动电站通用技术条件》的有关规定，发电房应用耐火等级不低于四级的材料建造，且内外清洁无油污。发电机组应固定牢靠，且运转平稳；仪表应齐全、灵敏、准确，且工作正常。发电机外壳应接地，接地电阻应不大于 4Ω。

（4）井场电气线路的安装应符合 SY/T 6202《钻井井场油、水、电及供暖系统安装技术要求》的规定。井场距井口 30m 以内所有电气设备应符合 SY/T 5225《石油天然气钻井、开发、储运防火防爆安全生产技术规程》的防爆要求。

（5）野营房电器线路安装时进户线应加绝缘护套管。在电源总闸，各分闸后和每栋野营房应分别安装漏电保护设备。

（6）电控房的接线安装应符合以下要求：

① 接线安装或检修时，应断电、上锁挂签，并专人监护。

② 配电柜金属构架应接地，接地电阻不宜超过 10Ω。

③ 配电柜前地面应设置绝缘胶垫。

（7）电动机安装应符合以下要求：

① 露天使用电动机时，应有防雨水措施。

② 电动机运转部位护罩应完好，且固定牢固。

③ 电动机外壳应接地、接地电阻不应大于 4Ω。

（四）典型隐患示例

典型隐患如图 4-40、图 4-41 所示。

图 4-40 VFD 房门上锁，无法应急操作

图 4-41 电器控制线外皮老化开裂

十四、气源房

（一）主要风险

内容如下：

（1）进出房子时房门夹伤风险。

（2）气瓶安全阀失效或气瓶超压爆炸风险。

（3）检修气路气水分离器时未排气造成高压气体释放伤人风险。

（4）拆装房顶散热管时人员坠落及物体下砸风险。

（5）冬季施工电磁阀失效气路冻结风险。

（二）监督内容／要点

内容如下：

（1）监督现场进出房子时房门使用限位装置固定牢靠。

（2）监督现场落实气瓶及安全阀检验检测制度，落实班前班中巡检制度，对安全阀做定期检查，验证良好情况，存在问题及时更换，严禁带病运行。

（3）监督现场检修作业时，落实作业许可制度。停机排气验证，无风险后再进行检修作业。

（4）监督现场房顶生命线完好牢靠，作业人员上下房顶时系挂好安全带，作业区域下方严禁站人及交叉作业。

（5）严格落实冬防保温措施及冬季操作规程，定时定点定人对气瓶放水。

（三）监督依据标准

SY/T 5974—2020《钻井井场设备作业安全技术规程》内容如下。

气控和液控的安装：

（1）气控台和液控台仪表应齐全，灵敏可靠。

（2）气路管线应排列规整，各种阀件工作性能良好。

（3）检修保养时，应切断气源、关停动力，总离合器手柄应固定好并挂牌。

十五、油罐区

（一）主要风险

内容如下：

（1）罐体摆放靠近滑坡下沉及坍塌区域造成掩埋倾斜风险。

（2）安装拆卸上罐时柴油泄漏及人员高处坠落或落物下砸风险。

（3）罐体腐蚀穿孔，焊缝开裂密封损坏造成柴油泄漏污染环境风险。

（4）接地效果不好，造成雷击着火，爆炸事故风险。

（5）作业人员私自进入罐内造成窒息事故风险。

（6）罐体呼吸阀堵塞造成憋罐泄漏事故风险。

（7）油品泄漏造成环境污染。

（二）监督内容／要点

内容如下：

（1）监督作业现场摆放设备时选择安全牢靠的硬地面进行安装，与滑坡坍塌及下陷区域保持符合安全要求的距离。

（2）监督现场安装拆卸上罐前将罐内油品全部转移至下罐，关闭闸门后再拆卸连接管并进行封口包扎。作业人员上下油罐时佩戴好安全带使用好差速器，作业过程中安全带挂钩拴挂牢靠。作业区域下方严禁站人，严禁高处抛物。

（3）监督现场定期检测检查，各部件安装牢靠后再进行承装油品。

（4）监督现场接地线，跨接线，接地极安装牢固，线路无损伤，断裂，接地极电阻符合要求，罐区外静电释放手扶体正常使用。

（5）监督现场作业人员禁止进入罐内作业。

（6）监督现场定期检查维护呼吸阀，时刻保持畅通。

（7）检查各管线连接密封性，打油期间专人值守监控，严禁擅自离开现场。

（三）监督依据标准

SY/T 5974—2020《钻井井场设备作业安全技术规程》内容如下。

油罐的安装：

（1）罐内应无杂物或泥沙。各部分应完好，无焊口开焊、裂缝。呼吸孔应畅通，罐盖、法兰、阀门等部件应齐全完好。

（2）油罐的安装摆放位置应考虑井场地形、地貌、环境等因素，宜摆放在井场左侧；油罐区设置在土坎、高坡等特殊地形时，应有防滑、防塌等措施；油罐不应摆放在高压线路下方，且距放喷管线应保持一定安全距离。

（3）油罐与发电房距离应不小于 20m；井场条件达不到时，宜采取安全措施，设立安全墙、挡墙等。

（4）各类油罐应分类集中摆放，不应直接摆放到地面。

（5）高架油罐供油面应高于最高位置柴油机输油泵 0.5～1m；罐体支架结构应稳定牢固，无开焊断裂；罐上应安装流量表和设置溢流回油管线，流量表应在检测周期内；应设置梯子，并固定牢靠，安装防坠器。

（6）油罐应接地。单体容积大于 30m^3 的油罐应有 2 组接地。

（四）典型隐患示例

典型隐患如图 4-42 至图 4-45 所示。

图 4-42　油罐静电释放装置损坏

图 4-43　油罐对角接地线距离罐体小于 3m

图 4-44　油罐呼吸阀被包裹无法使用

图 4-45　油罐上罐差速器牵引绳未拉至地面

十六、电代油设备

（一）主要风险

内容如下：

（1）房体接地失效，造成漏电人员触电事故风险。

（2）线路连接错误，固定松动造成火灾事故风险。

（3）人员挂合开关时触电事故风险。

（4）检修电器线路时触电风险。

（5）主电缆未采用架空或埋地，造成电缆损伤漏电风险。

（6）配电室四周无防护隔离措施，人员随意进入存在触电风险。

（7）控制柜开关未有效隔离人员误挂合风险。

（8）应急措施程序不完善造成井下复杂事故风险。

（9）防雨措施不到位人员触电风险。

（二）监督内容 / 要点

内容如下：

（1）监督现场接地线，接地极安装符合要求，线路无破损，接地电阻符合要求。

（2）监督现场线路安装正确，各连接点紧固牢靠，无松动。落实启动前的安全检查。

（3）监督现场严格按照电代油操作规程进行操作，使用好绝缘手套，绝缘靴等安全防护设施。

（4）监督现场在电气设备检修前落实作业许可制度，断电上锁，验电确认，专人监护，专业人员检修，同时使用专业检修工具。

（5）监督现场主电缆采用架空或埋地敷设，不得在井场内穿越，架空或埋地符合国家标准，设置警示标志。

（6）监督现场在配电室四周设置防护围栏，悬挂警示标志，并进行上锁管理，禁止非岗位人员随意进入。

（7）各控制开关上锁挂签真实有效，标识与控制对象功能对应。

（8）制订相应的应急措施并定期演练。

（9）严格用电设备的日常管理，加工安装防雨罩。

（三）监督依据标准

Q/SYCQZ 1289—2021《钻机电代油设备配置技术规范》内容如下。

1."电代油"设备要求

（1）箱变房：

① 箱变房内变压器采用不低于 S11 系列变压器，不少于 5 挡有载调压。

② 变压器需配置温控仪，检测变压器绕组温度，具有超温报警、高温跳闸保护功能。

③ 机械钻机全面电代油箱变房分 600V（690V）输出和 400V 输出。600V（690V）输出供电机传动控制房和滤波补偿装置，400V 输出接入钻机原 400V 配电系统。

④ 电代油设备高压侧设备设施投运前，应按照 GB 26860《电力安全工作规程 发电厂和变电站电气部分》的规定，拆除所有接地线、拆除所有标示牌、拆除临时装设的遮拦等，应由有资质的检测机构对高压侧避雷器、高压开关、变压器、高压电缆现场检验检测，出具检测试验合格报告，验收合格后方可投运。

（2）高压开关柜：

① 高压开关柜由高压进线柜和高压出线柜组成，高压开关柜具有防带负荷误操作、防止带接地线误合断路器、防止带电误合接地开关、防止误入带电间隔、防止带电开门"五防"闭锁保护功能。

② 高压进线柜安装避雷器、有功、无功电度表等，具备来电显示、电压显示功能和高压计量装置。

③ 高压出线柜，装高压真空断路器、接地刀闸、避雷器和微机保护单元等，具备速断保护、过电流保护、过负荷保护等功能及双电源切换保护连锁功能。

（3）低压开关柜：

① 具有电压、电流、频率、功率因数显示功能。

② 低压开关柜主断路器，具有速断、过流、过负荷、欠压保护等功能。

③ 低压开关柜输出电源与钻机发电房输出电源宜使用单刀双投开关，具有双电源互锁或隔离功能。

（4）传动控制房：

① 传动控制房分交流电机传动控制房和直流电机传动控制房。

② 传动控制房通过司钻操作箱控制电机转速及输出扭矩。

③ 传动控制房装机功率不小于所配电机总功率。

④ 电机传动方向仅设正转功能，调速范围 0～1500r/min。

（5）司钻操作箱：

① 采用不锈钢材质满足防爆要求，可在防爆 2 区使用。

② 设置手轮或脚踏开关进行电机速度控制，具备紧急停机功能，运行、故障及检修指示。

③ 设置电流表、转速表、急停装置，显示屏幕数字司钻清晰可见。

（6）电源滤波无功补偿装置：

① 无源滤波无功补偿装置采用晶闸管过零投切技术，开关无触点，响应速度快，电容投切过程中无涌流冲击、无操作过电压、无电弧重燃现象、无电压闪变现象，能根据负荷情况自动投切。

② 有源滤波无功补偿装置采用 IGBT 驱动，投运后系统功率因数不低于 0.9，电网电压畸变率小于 5%。经过无功补偿及谐波抑制后，能够满足国家对公用电网功率因数和谐波限制的标准要求。

（7）电源供电质量：

① 电网电压及电流谐波符合 GB/T 14549《电能质量　公用电网谐波》要求。

② 35kV 电压偏差小于 ±10%。

③ 10kV 及以下电压偏差小于 ±7%。

④ 电源频率 50Hz，偏差允许值为 ±0.5Hz 以内。

⑤ 功率因数钻井工况不小于 0.93，起下钻工况不小于 0.85。

（8）高压线路：

① 高压线路距井口不小于 75m，距放喷管线的放喷口不小于 100m，严禁跨越油罐、污水池。

② 高压供电线路终端杆至井场箱变房采用铠装高压电缆，井场落地部分采用直埋铺沙盖砖敷设，在穿越过车道时，应穿钢管敷设或埋地深度不小于 1m。

③ 高压架空线路及终端杆下杆高压电缆敷设应符合设计和国家标准规范，架线施工应符合 GB 50061《66kV 及以下架空电力线路设计规范》、DL/T 5220《10kV 及以下架空配电线路设计规范》、GB 50150《电气装置安装工程　电气设备交接试验标准》、DL/T 995《继电保护和电网安全自动装置检验规程》国家相关标准的规定。

④ 在雷区高压线路架设宜架设避雷线。

2. 安全设施配置

（1）高压防护用品配置：高压室内应配备不低于等级电压的拉闸杆、绝缘靴、绝缘手套、验电棒。

（2）消防设施配置：箱变房、电传动控制房应配有应急照明灯，2 具二氧化碳灭火器。

（3）网电供电设备周围 1m 设置隔离栏。

（4）警示标识：

① 在配电室、开关房设置"当下触电""配电重地，闲人莫入"警示标识。

② 围栏周围设置"当心触电"和"严禁翻越"警示标识。

③ 埋地电缆处设置"下有电缆"警示标识。

（四）典型隐患示例

典型隐患如图 4-46 和图 4-47 所示。

图 4-46　电机温度传感器线缆未留松弛度

图 4-47　电控房隔离栅栏未封闭

十七、循环罐区

（一）主要风险

内容如下：

（1）上下循环罐梯子时不扶扶手滑跌摔伤风险。

（2）罐面行走时坑洞陷落，踩空摔伤风险。

（3）拆卸循环罐电缆时电击风险。

（4）安装设备时敲击作业飞溅伤人风险。

（5）拆卸安装固控设备时吊装风险。

（6）拆卸连接后罐内钻井液，沉沙造成环境污染风险。

（7）罐体临边作业时跌落摔伤风险。

（8）清罐作业时搅拌机未断电上锁，人员误挂合造成设备启动伤害作业人员风险。

（9）进入罐内作业时中毒风险。

（10）人员劳保护具不全钻井液飞溅伤人风险。

（11）钻井液泄漏造成环境污染。

（12）开启固控设备造成人员触电伤害。

（13）发生溢流有毒有害气体泄漏造成人员伤害。

（14）护栏存在缺陷人员跌落风险。

（二）监督内容 / 要点

内容如下：

（1）监督提示现场作业人员上下循环罐时抓好扶手，脚下踩稳。

（2）监督现场在循环罐作业时必须注意脚下，避免失足不慎掉入坑洞造成人员受伤。

罐口打开后必须及时隔离警示。

（3）监督作业现场在电缆拆除前进行断电，验证。禁止带电作业。

（4）监督现场敲击作业时戴好护目镜，作业人员抓牢榔头把，配合人员禁止站在榔头运行方向。

（5）监督现场落实专人指挥，十不吊及五个确认。四根绳套挂平，拴挂好引绳。人员推扶设备时不得站在可能受挤压的空间作业，吊物摆动范围内严禁站人。

（6）监督现场地面铺设土工膜，集中清理钻井液沉沙。

（7）监督现场在罐体临边作业时系好安全带，并拴挂牢靠。

（8）监督落实搅拌机电源断电上锁，现场验证。

（9）监督现场进入前测量气体含量，达到要求方可作业。进入后随身佩戴便携式检测仪检测，专人监护。

（10）监督现场作业人员戴好安全帽，护目镜，劳保护具穿戴齐全。

（11）监督现场铺设标准土工膜，排水沟通畅。

（12）现场使用干手套操作电气设备，设备接地保护完整。

（13）监督检查固定式检测仪功能齐全，检测性能灵敏，附有井控职能人员落实坐岗制度与有毒有害气体检测。

（14）护栏安装固定可靠，不得随意拆除护栏。

（三）监督依据标准

SY/T 5974—2020《钻井井场设备作业安全技术规程》内容如下。

1. 钻井液净化设备的安装、拆卸

（1）安装：

① 钻井液罐应以井口为基准进行安装，钻井液罐、高架槽应有一定坡度。

② 高架槽宜有支架支撑，支架应摆在稳固平整的地面上。

③ 钻井液罐上应铺设用于巡回检查的通道，通道内应无杂物。

④ 护栏应齐全、紧固、不松动。防护栏杆要求应符合 GB 4053.3《固定式钢梯及平台安全要求　第 3 部分：工业防护栏杆及钢平台》的规定。

⑤ 上、下钻井液罐组的梯子不应少于 3 个。

⑥ 钻井液净化设备的电器应由持证电工安装；电动机的接线应牢固、绝缘可靠。

⑦ 安装在钻井液罐上的除泥器、除砂器、除气器、离心机及混合漏斗应与钻井液罐固定牢靠。振动筛找平、找正后，应用压板固定。

⑧ 振动筛、除砂器、除泥器、除气器、离心机、搅拌器应安装牢固，传动部分护罩应齐全、完好。设备应运转正常，仪表灵敏准确；连接管线，旋流器管线应不泄漏，设备清洁。

（2）拆卸：

① 影响搬迁运输的固控设备、井控设备应拆除。

②钻井液罐中应无残液、残渣。

③钻井液罐过道、台板、支撑应固定牢固。

④吊装钻井液罐的钢丝绳不应小于 $\phi 22mm$。

2. 液面报警仪的安装

（1）自浮式液面报警器应固定牢靠，标尺清楚，气路畅通，气开关和喇叭正常。

（2）感应式液面报警器应固定牢靠，反应灵敏，电路供电可靠，蜂鸣器灵活好用。

（3）液气分离器：

①安装在节流管汇汇流管一侧，与节流管汇之间用专用管线连接。

②安全泄压阀出口应朝向井场外侧，不应接泄压管线。

③排液管线接至循环罐上振动筛的分配箱，悬空长度超过 6m 应支撑固定。管口不应埋在箱内液体中。

④排气管线按设计通径配置，沿当地季节风风向接至下风方向安全地带；出口处固定牢固并配置点火装置。

（四）典型隐患示例

典型隐患如图 4-48 至图 4-52 所示。

图 4-48　罐体临边作业时未使用安全带

图 4-49　坐岗房线缆穿孔无防护

图 4-50　循环罐面多个罐口盖板未关闭

图 4-51　循环罐总等电位接地线未安装

图 4-52　检修离心机电源开关处未上锁挂签

十八、泵房

（一）主要风险

内容如下：

（1）拆卸泵房设备时拴挂绳套受力夹伤人员手部风险。

（2）拆卸连接法兰螺栓时扳手打滑碰伤或管线转动夹手风险。

（3）抬护罩时配合不当夹手，压伤，砸伤风险。

（4）万向轴吊起后花键滑出脱落砸伤风险。

（5）皮带轮及高处临边作业滑跌坠落风险。

（6）取皮带时夹伤手部，皮带掉落打伤人员风险。

（7）钻井泵吊移过程中吊车千斤下限，吊车倾覆造成人员伤害或设备损坏。

（8）拆卸安装销轴时敲击销轴飞出伤人风险。

（9）高压刺漏风险。

（10）检修作业时误挂合风险。

（11）手工具及附件从泵头滑落砸伤风险。

（12）敲击作业铁屑飞溅或榔头飞出风险。

（13）检修盘泵时人员站在拉杆箱内夹伤腿脚风险。

（14）更换空气包胶囊时未放尽空气包余气，高压气流伤人风险。

（15）泵房区域钻井液未清理滑跌摔伤或排水沟未加盖人员踩空风险。

（二）监督内容 / 要点

内容如下：

（1）监督现场挂绳套时使用绳套取挂钩，吊车停止动作，指挥人员确认拴挂牢靠后再指挥起吊。

（2）监督现场拆卸连接法兰螺栓时手不得放在可能被夹伤的部位，扳手选择适当，合理使用。

（3）监督现场作业人员相互协调配合好，手不得放在可能被夹伤，压到的地方，人员不得站在狭小空间。

（4）监督现场起吊万向轴前对万向轴进行捆绑，配合人员站在安全位置。

（5）监督现场在皮带轮及高处临边作业时必须系好安全带，移动时双钩交替。

（6）监督现场取皮带时使用专用取挂钩进行操作，严禁用手直接去取。

（7）监督现场车辆位置停靠合适，场地平整，试起吊千斤有下陷迹象要及时放下垫实千斤支腿，吊车吊臂长度适中，操作平稳。四角引绳牵引合理，用力适中，缓慢转动。

（8）监督现场人员站位安全，相互提醒。

（9）监督现场各连接部位紧固，开泵前专人检查闸门组开关状态，开泵时人员远离高压危险区域后发信号挂合运转。

（10）监督现场落实作业许可制度，检修前断开离合器开关，拆掉气路管线，对开关及气路管线上锁挂牌标识。专人监护，钻台与泵房联系畅通。

（11）监督现场将手工具及拆卸的附件放在地面，严禁放在泵头或缸盖上。

（12）监督现场敲击作业戴好护目镜，人员不得站在榔头运行方向。

（13）监督现场盘泵时人员严禁站在拉杆箱内，禁止挂车盘泵。

（14）监督现场落实作业许可制度，拆卸前放气，检测，角式截止阀始终处于开位，严禁人员站在各气管线出口位置。

（15）监督现场及时清理现场洒落的泥浆，排水沟覆盖盖板防护。

（三）监督依据标准

SY/T 5974—2020《钻井井场设备作业安全技术规程》内容如下。

钻井泵、管汇及水龙带的安装：

1. 钻井泵的安装

（1）吊装钻井泵应用抗拉强度合适、等长的 4 根索具。

（2）钻井泵找平、找正后，泵与联动机之间应用顶杠顶好并锁紧；转动部位应采用全封闭护罩，且固定牢固无破损。

（3）钻井泵的弹簧式安全阀应垂直安装，并戴好护帽；应定期检查安全阀，不应将安全阀堵死或拆掉；剪切销钉应符合厂家要求。

（4）钻井泵安全阀的开启压力不应超过循环系统部件的最低额定压力。

（5）钻井泵安全阀泄压管宜采用 $\phi 75mm$ 的无缝钢管制作，其出口应通往钻井液池或钻井液罐，出口弯管角度应大于 120°，两端应采取保险措施。

（6）预压式空气包应配压力表，空气包只准许充装氮气，充装压力应为钻井泵工作压力的 1/3。

（7）维护钻井泵前应执行上锁挂签程序，维护钻井泵时应先关闭断气阀，上锁后在钻台控制钻井泵的气开关上挂"有人检修"的警示牌。

2.地面高低压管汇安装

（1）高压软管的两端应用直径不小于φ16mm的钢丝绳缠绕后与相连接的硬管线接头卡固，或使用专用软管安全链卡固。

（2）高低压阀门应用螺栓紧固，手轮应齐全，开关灵活，无渗漏。

3.立管及水龙带安装

（1）立管与井架间应固定牢靠，不应将弯头直接挂在井架拉筋上；用花篮螺栓及φ19mm的钢丝绳套绕两圈将立管吊挂在井架横拉筋上，弯管应正对井口，立管下部应坐于水泥基础或立管架上。

（2）井架的立管在各段井架对接的同时应上紧活接头，水龙带在立井架前与立管应连接好，用棕绳捆绑在井架上；水龙带宜用φ16mm的钢丝绳缠绕好作保险绳，并将两端分别固定在水龙头提梁上和立管弯管上。

（四）典型隐患示例

典型隐患如图4-53至图4-56所示。

图4-53 钻井泵拉杆箱未落实上锁管理

图4-54 钻井泵泄压阀护罩固定螺栓缺失

图4-55 高压软管钢丝断裂

图4-56 泵头配件及工具未放至地面

十九、生产水罐

（一）主要风险

内容如下：

（1）水罐安放位置选址错误，放置在易坍塌，滑坡地带造成水罐倾覆风险。

（2）安装上罐及防护栏杆时跌落风险。

（3）罐体接地失效造成漏电风险。

（4）开合闸刀时触电风险。

（5）人员落水造成人员伤害。

（二）监督内容／要点

内容如下：

（1）监督搬迁安装位置的选择，放置在实方安全地带，四周预留足够的安全距离。

（2）监督现场作业人员系挂好安全带，上下罐时使用好差速器。

（3）监督现场接地线，及等电位的正确安装，检测接地电阻在正常范围内。

（4）监督现场开合闸刀时戴好绝缘手套，开关前铺设绝缘胶皮并保持干燥。

（5）监督高温天气人员私自进入罐内游泳、消暑，高架罐内侧防护栏杆齐全有效

（三）监督依据标准

SY/T 5974—2020《钻井井场设备作业安全技术规程》内容如下。

1. 井场布置

（1）井场布置应考虑当地季节风的风频、风向，钻井设备应根据地形条件和钻机类型合理布置，利于防爆、操作和管理。

（2）井场应有足够的抗压强度。场面应平整、中间略高于四周，井场周围排水设施应畅通。基础平面应高于井场面 100～200mm。

（3）井场周围应设置不少于两处临时安全区，一处应位于当地季节风的上风方向处，其余与之呈 90°～120°分布。

（4）地处海滩、河滩的井场，在洪汛、潮汛季节应修筑防洪防潮堤坝和采用其他相应预防措施。

2. 井场消防的要求

（1）井场消防器材应配备 35kg 干粉灭火器 4 具、8kg 干粉灭火器 10 具、5kg 二氧化碳灭火器 7 具、消防斧 2 把、消防钩 2 把、消防锹 6 把、消防桶 8 只、消防毡 10 条、消防砂不少于 4m³、消防专用泵 1 台、ϕ19mm 直流水枪 2 支、水罐与消防泵连接管线及快速接头 1 个、消防水龙带 100m。机房应配备 8kg 干粉灭火器 3 具，发电房应配备 7kg 及以上二氧化碳灭火器 2 具。野营房区应按每 40m² 不少于 1 具 4kg 干粉灭火器进行配备。

600V 以上的带电设备不应使用二氧化碳灭火器灭火。

（2）消防器材应挂牌专人管理，并定期检查、维护和保养，不应挪为他用。消防器材摆放处应保持通道畅通，取用方便，悬挂牢靠，不应暴晒或雨淋。

（3）井场动火应按规定办理动火作业手续。

（4）探井、高压井、气井施工中，供水管线上应装有合格的消防管线接口。

（5）井场火源、易燃易爆物源的安全防护距离应符合 SY/T 5225《石油天然气钻井、开发、储运防火防爆安全生产技术规程》的规定。

第四节　安全评价技术

一、安全评价的定义

安全评价（也称风险评价或危险评价），是以实现工程和系统的安全为目的，应用安全系统工程的原理和方法，对工程和系统中存在的危险及有害因素进行识别与分析，判断工程和系统发生事故和职业病的可能性及其严重程度，提出安全对策及建议，从而为工程和系统制订防范措施和管理决策提供依据。

安全评价既需要安全评价理论支撑，又需要理论与实践相结合，两者缺一不可。

二、安全评价的内容

安全评价是一个利用安全系统工程原理和方法，识别和评价系统及工程中存在的风险的过程、这一过程包括危险危害因素及重大危险源辨识、重大危险源危害后果分析、定性及定量评价、提出安全对策措施等内容。安全评价的基本内容如图 4-57 所示。

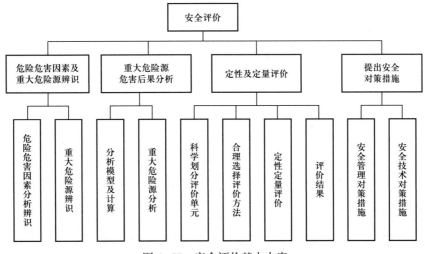

图 4-57　安全评价基本内容

（一）危险危害因素及重大危险源辨识

根据被评价对象，识别和分析危险危害因素，确定危险危害因素的分布、存在的方式，事故发生的途径及其变化规律；按照国家重大危险源辨识标准（GB 18218—2018《危险化学品重大危险源辨识》）进行重大危险源辨识，确定重大危险源。

（二）重大危险源危害后果分析

选择合适的分析模型，对重大危险源的危害后果进行模拟分析，为制订安全对策措施和事故应急救援预案提供依据。

（三）定性与定量评价

划分评价单元，选择合理的方法，对工程和系统中存在的事故隐患和发生事故的可能性和严重程度进行定性及定量评价。

（四）提出安全对策措施

提出消除或减少危害因素的技术和管理对策措施及建议。

三、安全评价的分类

通常根据工程和系统的生命周期和评价的目的，将安全评价分为安全预评价、安全验收评价、安全现状评价和专项安全评价四类。

（一）安全预评价

在项目建设前，应用安全评价的原理和方法对该项目的危险性、危害性进行预测性评价。安全预评价以拟建设项目作为评价对象，根据项目可行性研究报告内容，分析和预测该项目可能存在的危险及有害因素的种类和程度，提出合理可行的安全对策措施及建议。

（二）安全验收评价

在建设项目竣工验收之前、试生产运行正常之后，通过对建设项目的设施、设备、装置实际运行状况及管理状况的安全评价，查找该项目投产后存在的危险、有害因素，确定其影响程度，提出合理可行的安全对策措施及建议。

（三）安全现状评价

针对系统及工程的安全现状进行的安全评价，通过评价找出其存在的危险、有害因素，确定其影响程度，提出合理可行的安全对策措施及建议。

（四）专项安全评价

根据政府有关管理部门的要求，对专项安全问题进行的专题安全分析评价，一般是针对某一项活动或某一个场所，如一个特定的行业、产品、生产方式、生产工艺或生产装置等存在的危险及有害因素进行的安全评价，目的是查找其存在的危险、有害因素，确定其影响程度，提出合理可行的安全对策措施及建议。

四、安全评价的程序

安全评价的基本程序主要包括：准备阶段、危险有害因素识别与分析、定性定量评价、提出安全对策措施、形成安全评价结论及建议、编制安全评价报告。安全评价程序如图 4-58 所示。

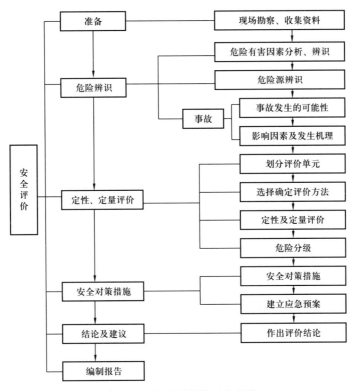

图 4-58　安全评价的基本程序

五、常用安全评价方法

（一）安全检查表分析法（SCA）

安全检查表分析法是依据相关的标准、规范，对工程和系统中已知的危险类别、设计缺陷及与一般工艺设备、操作、管理有关的潜在危险性和有害性进行判别检查的方法。评价过程中，为了查找工程和系统中各种设备、设施、物料、工件、操作及管理和组织实施中的危险和有害因素，事先把检查对象加以分类，将大系统分割成若干小的系统，以提问或打分的形式，将检查项目列表逐项检查。

1.安全检查表的编制依据

（1）国家、地方的相关安全法规、规定、规程、规范和标准，行业、企业的规章制度、标准及企业安全生产操作规程。

（2）国内外行业、企业事故案例。

（3）行业及企业安全生产的经验，特别是本企业安全生产的实践经验，引发事故的各种潜在不安全因素及成功杜绝或减少事故发生的成功经验。

（4）系统安全分析结果，即是为防止重大事故的发生而采用事故树分析方法，对系统进行分析得出能导致引发事故的各种不安全因素的基本事件，作为防止事故控制点源列入检查表。

2. 安全检查表的编制步骤

（1）熟悉系统：包括系统的结构、功能、工艺流程、主要设备、操作条件、布置和已有的安全消防设施。

（2）搜集资料：搜集有关的安全法规、标准、制度及本系统过去发生过事故的资料，作为编制安全检查表的重要依据。

（3）划分单元：按功能或结构将系统划分成若干个子系统或单元，逐个分析潜在的危险因素。

（4）编制检查表：针对危险因素，依据有关法规、标准规定，参考过去事故的教训和本单位的经验确定安全检查表的检查要点、内容和为达到安全指标应在设计中采取的措施，然后按照一定的要求编制检查表。

（5）编制复查表，其内容应包括危险、有害因素明细，是否落实了相应设计的对策措施，能否达到预期的安全指标要求，遗留问题及解决办法和复查人等。

3. 安全检查表应用举例

安全检查表应用举例见表4-3。

（二）故障假设分析法（What…If，WI）

故障假设分析法是一种对系统工艺过程或操作过程的创造性分析方法，要求评价人员用"What…If"开头，对任何与工艺安全有关的问题都记录下来，然后分门别类进行讨论，找出危险、可能产生的后果、已有安全保护装置和措施、可能的解决方法等，以便采取对应的措施。

故障假设分析法由三个步骤组成，即分析准备、完成分析、编制结果文件。评价结果一般以表格的形式显示，主要内容包括：提出的问题、回答可能的后果、降低或消除危险性的安全措施。

（三）故障假设分析/检查表分析法（What…If/Checklist Analysis，WI/CA）

故障假设分析/检查表分析法是将故障假设分析法与安全检查表法组合而成的一种分析方法，可用于工艺项目的任何阶段，一般主要对过程中的危险进行初步分析，然后可用其他方法进行更详细的评价。

表4-3 移动式起重机安全检查表

车 号:	车 型:	驾驶员:	检查人:	检查日期:	
序号	检查内容			检查结果	
1	额定起重能力是否满足现场需要			是□	否□
2	操作室雨刮器、窗户、喇叭、踏板是否完好有效			是□	否□
3	操作室操作杆是否完好有效			是□	否□
4	轮胎螺栓是否完整,是否拧紧,气压是否符合要求			是□	否□
5	刹车系统操作是否完好有效			是□	否□
6	倒车报警器是否完好			是□	否□
7	支腿固定销是否完好			是□	否□
8	支腿垫板是否符合要求			是□	否□
9	液压油面高度是否符合标准要求			是□	否□
10	油缸是否有渗漏			是□	否□
11	液压系统运动部件是否抖动			是□	否□
12	液压管线是否渗漏、擦挂、磨损			是□	否□
13	转盘轴承间距,螺栓、螺母安装是否到位			是□	否□
14	平台和走道是否符合防滑要求			是□	否□
15	起重臂中心销是否有裂缝、润滑是否到位			是□	否□
16	绳鼓总成是否有裂缝、润滑是否到位			是□	否□
17	导向滑轮、滑轮组是否有裂缝、润滑是否到位			是□	否□
18	吊钩、辅钩是否完好、是否有保险装置			是□	否□
19	起重臂是否完好			是□	否□
20	主辅钩钢丝绳直径及滑轮是否符合要求			是□	否□
21	主辅钩钢丝绳末端连接是否符合要求			是□	否□
22	主辅钩钢丝绳楔座尺寸是否符合要求			是□	否□
23	主辅钩钢丝绳长短是否符合要求			是□	否□
24	主辅钩钢丝绳是否完好			是□	否□
25	当起重臂伸长到最大长度,臂角为最大,吊钩在最低工作点时,绳鼓上的钢丝绳是否有2圈以上			是□	否□
26	转动部件是否有防护罩			是□	否□
27	力矩限制器是否完好			是□	否□
28	上升极限位置限制器、上限位开关是否完好			是□	否□
29	下降极限位置限制器是否完好			是□	否□
30	幅度指示器、水平仪是否完好			是□	否□
31	消防器材是否齐全有效			是□	否□

故障假设分析/检查表分析法分析步骤主要包括：

（1）分析准备。

（2）构建一系列的故障假定问题和项目。

（3）使用安全检查表进行补充。

（4）分析每一个问题和项目。

（5）编制分析结果文件。

（四）预先危险分析法（PHA）

预先危险分析法又称初步危险分析，用于对危险物质和装置的主要区域进行分析，包括在设计、施工和生产前，对系统中存在的危险性类别、出现条件、事故导致的后果进行分析，其目的是识别系统中潜在的危险，确定其危险等级，防止发生事故。通常用在对潜在的危险了解较少和无法凭经验察觉的工艺项目的初期阶段。

1.预先危险分析步骤

预先危险分析步骤主要包括：

（1）通过经验判断、技术诊断或其他方法调查确定危险源（即危险因素存在于哪个子系统中），对所需分析系统的生产目的、物料、装置及设备、工艺过程、操作条件及周围环境等，进行充分详细的了解。

（2）根据过去的经验教训及同类行业生产中发生的事故或灾害情况，对系统的影响、损坏程度，类比判断所要分析的系统中可能出现的情况，查找能够造成系统故障、物质损失和人员伤害的危险性，分析事故或灾害的可能类型。

（3）对确定的危险源分类，制成预先危险性分析表。

（4）转化条件，即研究危险因素转变为危险状态的触发条件和危险状态转变为事故（或灾害）的必要条件，并进一步寻求对策措施，检验对策措施的有效性。

（5）进行危险性分级，排列出重点和轻、重、缓、急次序，以便处理。

（6）制定事故或灾害的预防性对策措施。

2.预先危险性分析的等级划分

为了评判危险、有害因素的危害等级及它们对系统破坏性的影响大小，预先危险性分析法给出了各类危险性的划分标准。该法将危险性的划分4个等级：

（1）安全的：不会造成人员伤亡及系统损坏。

（2）临界的：处于事故的边缘状态，暂时还不至于造成人员伤亡。

（3）危险的：会造成人员伤亡和系统损坏，要立即采取防范措施。

（4）灾难性的：造成人员重大伤亡及系统严重破坏的灾难性事故，必须予以果断排除并进行重点防范。

3.预先危险分析法应用举例

应用举例见表4-4。

表 4-4 拆卸吊装钻台偏房预先危害分析

施工阶段	危害因素	可能性	严重性	风险等级	预防控制措施
吊车移动	车辆伤害	4	2	中度风险	回收吊臂、支腿，移动车辆专人指挥、驾驶员鸣笛警示
挂吊索拴引绳	高处坠落	3	4	中度风险	临边作业人员系好安全带
拆除偏房连接固定	高处坠落	3	4	中度风险	临边作业人员系好安全带
	物体打击	3	3	中度风险	手工具系好尾绳，偏房下人员撤离到安全区域
起吊偏房	触电伤害	2	4	中度风险	起吊前断电，并回收电缆
	脱钩	3	5	高度风险	吊索长度满足吊绳夹角＜120°，吊钩自锁装置齐全、完好
	断钩	3	5	高度风险	吊具端部吊环、吊钩无裂纹、扭曲、严重磨损等严重缺陷
	断绳	3	5	高度风险	吊索具载荷满足要求，无腐蚀、断丝、变形等严重缺陷
	吊物坠落	3	4	中度风险	起吊前清理、固定偏房内及房顶物件，房门上锁，使用引绳控制吊物摆动
	吊车倾翻	3	5	高度风险	支腿支撑稳固、调整水平，控制吊臂仰角大于30°，平稳操作，专人指挥、用好引绳

半定量风险矩阵评价分析方法应用说明见表 4-5。

表 4-5 半定量风险矩阵评价分析方法

后果严重性					发生可能性				
					1	2	3	4	5
	人	财物	环境	声誉	同类作业中未听说	同类作业中发生过	本单位发生过	本单位每年几次	本作业队每年几次
1	可忽略的	极小	极小	极小	1	2	3	4	5
2	轻微的	小	小	小	2	4	6	8	10
3	严重的	大	大	一定范围	3	6	9	12	15
4	个体死亡	重大	重大	国内	4	8	12	16	20
5	多人死亡	巨大	巨大	国际	5	10	15	20	25

按照严重性与可能性分值乘积，确定风险大小：1～6 为低度风险，可承受；8～12 为中度风险，需重视；15～25 为高度风险，不可承受。

（五）危险和可操作性研究（HAZOP）

危险和可操作性研究是以系统工程为基础的一种定性的安全评价方法，基本过程是以引导词为引导，找出过程中工艺状态的变化（即偏差），然后分析偏差产生的原因、后果及可采取的措施。其本质就是通过会议对系统工艺流程图和操作规程进行分析，由各种专业人员按照规定的方法对偏离设计的工艺条件进行过程危险和可操作性研究。

危险和可操作性研究分析评价流程如图 4-59 所示。

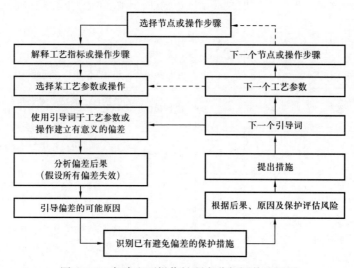

图 4-59　危险和可操作性研究分析评价流程图

（六）故障类型和影响分析（FMEA）

故障类型和影响分析是系统安全工程的一种方法，根据系统可以划分为子系统、设备和元件的特点，按实际需要将系统进行分割，然后分析各自可能发生的故障类型及其产生的影响，以便采取相应的对策，提高系统的安全可靠性。

1. 故障类型和影响分析程序和主要步骤

故障类型和影响分析程序和主要步骤包括：

（1）确定 FMEA 的分析项目、边界条件（包括确定装置和系统的分析主题、其他过程和公共 / 支持系统的界面）。

（2）标识设备：设备的标识符是唯一的，它与设备图纸、过程或位置有关。

（3）说明设备：包括设备的型号、位置、操作要求及影响失效模式和后果、特征（如高温、高压、腐蚀）。

（4）分析故障模式：相对设备的正常操作条件，考虑如果改变设备的正常操作条件后所有可能导致的故障情况。

（5）说明对发现的每个失效模式本身所在设备的直接后果及对其他设备可能产生的后果，以及现有安全控制措施。

（6）进行风险评价。

（7）建议控制措施。

2. 故障类型和影响分析应用举例

应用举例见表4-6。

（七）故障树分析法（FTA）

故障树分析法又称事故树分析法，通常以系统可能发生或已经发生的事故（称为顶事件）作为分析起点，将导致事故发生的原因事件按因果逻辑关系逐层列出，用树形图表示出来，构成一种逻辑模型，然后定性或定量地分析事件发生的各种途径及发生的概率，找出避免事故发生的各种方案并选出最佳安全对策。

故障树（事故树）应用举例见图4-60。

（八）事件树分析法（ETA）

事件树分析法是用来分析普遍设备故障或过程被动（称为初始时间）导致事故发生的可能性的方法。它与事故树分析法刚好相反，是一种从原因到结果的自下而上的分析方法。评价中首先从一个初始时间开始，交替考虑成功与失败的两种可能性，然后再以这两种可能性作为新的初始时间，如此进行下去，直到找到最后结果。

1. 事件树的编制程序和步骤

事件树的编制程序和步骤主要包括：

（1）确定初始事件：初始事件是事故在未发生时，其发展过程中的危害事件或危险事件，如机器故障、设备损坏、能量外溢或失控、人的误动作等。

（2）判定安全功能：系统中包含许多安全功能，在初始事件发生时消除或减轻其影响以维持系统的安全运行。常见的安全功能主要有：对初始事件自动采取控制措施的系统，如自动停车系统等；提醒操作者初始事件发生了的报警系统；根据报警或工作程序要求操作者采取的措施；缓冲装置，如减振、压力泄放系统或排放系统等；局限或屏蔽措施等。

（3）绘制事件树：从初始事件开始，按事件发展过程自左向右绘制事件树，用树枝代表事件发展途径。首先考察初始事件一旦发生时最先起作用的安全功能，把可以发挥功能的状态画在上面的分枝，不能发挥功能的状态画在下面的分枝。然后依次考察各种安全功能的两种可能状态，把发挥功能的状态（又称成功状态）画在上面的分枝，把不能发挥功能的状态（又称失败状态）画在下面的分枝，直到到达系统故障或事故为止。

（4）简化事件树：在绘制事件树的过程中，可能会遇到一些与初始事件或与事故无关的安全功能，或者其功能关系相互矛盾、不协调的情况，需用工程知识和系统设计的知识予以辨别，然后从树枝中去掉，即构成简化的事件树。

（5）事件树的定性分析：在绘制事件树的过程中，根据事件的客观条件和事件的特征作出符合科学性的逻辑推理，找出导致事故的途径（即事故连锁）和预防事故的途径。

表4-6 钻井现场常用吊索具故障类型及影响分析表

分析元素	故障类型	故障影响	故障原因	故障辨识	校正/处置措施
起重钢丝绳	局部有断丝	载荷下降、容易拉断	正常磨损、防护不当	目测检查	局部可见断丝超过3根
	绳端断丝	载荷下降、容易拉断	正常磨损、防护不当	目测检查	索眼表面出现集中断丝，或断丝集中在插接处附近，插接连接绳胶中，应报废
	无规则分布断丝损坏	载荷下降、容易拉断	正常磨损、防护不当	目测检查	6倍绳径长度范围内，可见断丝超过钢丝总数的5%应报废
	局部或整体磨损	载荷下降、容易拉断	使用中的正常磨损	精确测量	直径磨损超过10%，应报废或降级使用
	局部锈蚀	柔性降低、载荷下降	日常管理防护不当	目测+测量	锈蚀部位外径小于公称直径的93%应报废
	打结、扭曲、挤压	载荷下降、容易拉断	管理、使用、防护不当	目测检查	钢丝绳畸变、压破、绳芯损坏，或钢丝绳压扁超过原公称直径的20%时，应报废
	钢丝绳中间有连接	应力集中、容易拉断	制造缺陷、私自改装	目测检查	必须由整根绳索制成，中间不得有接头
插编索扣钢丝绳吊索	插编部分长度不够	承载时插编部分抽出	制造缺陷、质量检验不够	精确测量	插编长度不小于钢丝绳公称直径的10倍
	绳股钢丝端毛刺	可能划伤使用人员	制造缺陷、质量检验不够	目测检查	插编部的绳胶钢丝端应用金属丝扎牢
绳夹固定钢丝绳吊索	绳夹有裂纹、变形、数量和固定不符合规定	承载后钢丝绳从绳夹中抽脱	绳夹卡反、绳夹与绳径不相符、数量、间距不够	目测检查	根据钢丝绳直径按标准要求选择绳夹数量，绳夹间距等于6~7倍钢丝绳直径
	绳夹反向安装	承载后拉断钢丝绳	设计制造缺陷	目测检查	U形螺栓置于钢丝绳尾段，卡好拧紧
金属套管压制接头钢丝绳吊索	金属套管出现裂纹	承载时金属套管断裂	质量缺陷、使用方法不当	外观检查	定期探伤，使用铝合金压制接头吊索时，金属套管不应受室向力或受夸矩作用
	金属套管变形、松动	钢丝绳从金属套管抽出	质量缺陷、超载使用	外观检查	压制连接强度不小于该绳最小破断拉力，被吊物重量与吊索规格匹配，起吊前试吊
吊链	局部链环拉伸	载荷下降、容易拉断	超载使用塑性变形	目测+测量	链环伸长量达原长度5%应报废
	局部链环磨损、锈蚀	载荷下降、容易拉断	长期使用、正常磨损	目测+测量	连接接触部位磨损到直径的80%应报废
	裂纹、扭曲	载荷下降、容易拉断	超载使用或防护不当	目测检查	使用前认真检查，发现故障及时更换

续表

分析元素	故障类型	故障影响	故障原因	故障辨识	校正/处置措施
起重横梁	横梁有裂痕或弯曲	负载后断裂	超载使用或制造缺陷	目测+探伤	横梁应安全可靠，安全系数不应小于4
	各吊具分布不均匀	影响吊装物件的平衡性	设计制造缺陷，私自调整	试吊调整	横梁上的吊具应对称地分布，且横梁与吊具承载点之间的垂直距离应相等
吊带	织带（含保护套）磨损、穿孔、切口、撕断	载荷下降、容易拉断	管理、防护、使用不当	目测检查	及时报废、更换
	承载接缝绽开、缝线断	载荷下降、容易拉断	管理、防护、使用不当	目测检查	按标准要求缝合修复，或报废、更换
	纤维软化、老化	弹性变小、强度减弱	管理、防护、使用不当	目测检查	及时报废、更换
	出现死结	应力集中、容易拉断	私自改变、使用不当	目测检查	及时报废、更换
	表面流质、发霉变质、腐蚀、酸碱及热烧损	载荷下降、容易拉断	管理、防护、使用不当	目测检查	及时报废、更换
吊索具端部附件　吊钩	表面有裂纹、折叠、锐角、过烧等缺陷	承载后可能引发断钩	超负荷使用，防护不当	目测检查	及时报废，不得在吊钩上私自钻孔、电焊
	内部裂纹或缺陷	强度降低，承载时断钩	制造缺陷，质量检验不够	探伤检验	及时报废，更换，不可修复焊接
	防脱装置损坏或缺失	使用中引发吊物脱钩	设计缺陷，使用防护不当	外观检查	损则修复，不得在吊钩上私自钻孔、电焊
	危险断面磨损、腐蚀	应力集中，承载时断钩	超载使用，管理防护不当	外观检查	危险断面磨损或腐蚀达到5%应及时报废
	钩柄产生塑性变形	断面缩小，强度降低	超载使用或质量缺陷	目测+测量	及时报废，更换
	开口度比原尺寸增大	承载后钩口拉直，断裂	超载使用，质量检验不够	目测+测量	吊钩开口度比原尺寸增加10%报废更换
卸扣	表面裂纹、过烧等缺陷	降低强度，承载后断裂	制造缺陷，使用防护不当	目测检查	卸扣及其销轴上有裂缝等严重缺陷应报废
	销轴与轴套配合间隙大	退扣、脱落	磨损或使用方法不当	目测检查	销轴断面磨损达原尺寸5%，应报废销轴，轴
	销轴与轴套塑料变形	强度降低、断裂	超载使用	目测+测量	销螺栓（螺钉）按要求拧紧，铰链锁定
套环	与钢丝绳贴合不紧密	滑脱造成钢丝绳损伤	制造缺陷，检查维护不当	目测检查	包络套环的钢丝绳贴合紧密、平整
	断面腐蚀、磨损	载荷下降、容易拉断	长期使用，正常磨损	目测+测量	连接接触部位磨损超过10%应报废
吊环	裂纹、严重扭曲	载荷下降、容易拉断	超载使用或使用防护不当	目测+测量	使用前认真检查，发现故障及时更换
	塑性变形	载荷下降、容易拉断	超载使用塑性变形	目测+测量	局部伸长量达原长度5%应报废

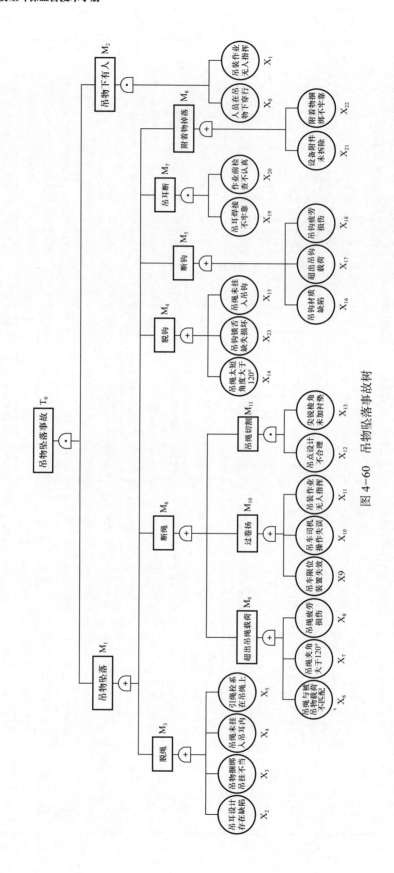

图 4-60　吊物坠落事故树

（6）事件树的定量分析：事件树定量分析是指根据每一事件的发生概率，计算各种途径的事故发生概率，比较各个途径概率值的大小，作出事故发生可能性序列，确定最易发生事故的途径，为设计事故预防方案，制订事故预防措施提供有力的依据。

2. 事件树分析举例

分析举例如图 4-61 所示。

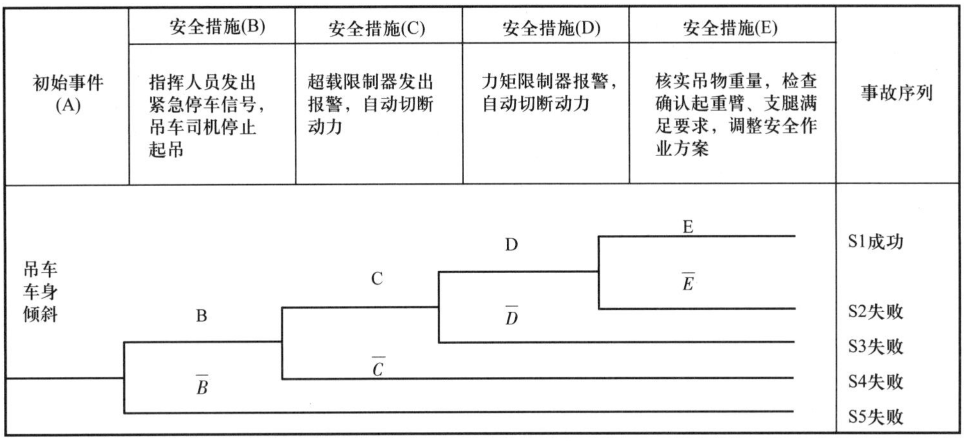
初始事件(A)
安全措施(B)
指挥人员发出紧急停车信号，吊车司机停止起吊
安全措施(C)
超载限制器发出报警，自动切断动力
安全措施(D)
力矩限制器报警，自动切断动力
安全措施(E)
核实吊物重量，检查确认起重臂、支腿满足要求，调整安全作业方案
事故序列
吊车车身倾斜
B
$\overline{B}$
C
$\overline{C}$
D
$\overline{D}$
E
$\overline{E}$
S1成功
S2失败
S3失败
S4失败
S5失败

图 4-61　吊车倾翻事件树

通过事件树分析，在起重作业中当出现“吊车车身倾斜”时，只有一条成功途径，即由 B → C → D → E 逐项落实安全措施。否则，如果任意一条安全措施不落实，就会出现四个事故路径，即：A → $\overline{B}$；A → B → $\overline{C}$；A → B → C → $\overline{D}$；A → B → C → D → $\overline{E}$，这四种路径都可能引发吊车倾翻事故。

（九）人员可靠性分析法（HRA）

人员可靠性分析法主要研究人员行为的内在和外在影响因素，通过识别和改进行为成因要素，从而减少人为失误的机会，常用分析方法主要有：

1. 人的失误率预测技术（HTEER）

THERP 模式主要基于人因可靠性事件树模型，它将人因事件中涉及的人员行为按事件发展过程进行分析，并在事件树中确定失效途径后进行定量计算。人因可靠性事件树描述人员进行操作过程一系列操作事件序列，按时间为序，以两态分支扩展，其每一次分叉表示该系统处理任务过程的必要操作，有成功和失败两种可能途径。因而某作业过程中的人因可靠性事件树，便可描述出该作业过程中一切可能出现的人因失误模式及其后果。对树的每个分枝赋予其发生的概率，则可最终导出作业成功或失败的概率。

2. 人的认知可靠性模型（HCR）

HCR 是用来量化作业班组未能在有限时间内完成动作概率的一种模式。它基于将系统中所有人员动作的行为类型，依据其是否为例行工作规程和培训程度等情况，分为技能型、规则型和知识型三种进行量化评价分析。

3. HTEER+HCR 模型

复杂人—机系统中人的行为均包括感知、诊断和操作 3 个阶段。若只用 THERP 法分析评价，则可能使人因事件中事实存在的诊断太粗糙；若只用 HCR 法分析评价，对具体操作又不如 THERP 法可反映出各类操作的不同失误特征。因此较好的方法是 THERP 与 HCR 相结合。在诊断阶段，用 HCR 方法对该阶段可能的人员响应失效概率进行评价，而对感知阶段和操作阶段中可能的失误用 THERP 方法评价，两者相互补充共同构成一个整体。

人员可靠性分析法大多数情况下往往在其他安全评价方法（HAZOP/FMEA/FTA）之后使用，识别出具体的、有严重后果的人为失误。

人员可靠性分析举例见表 4-7。

表 4-7　起重作业人员可靠性分析

评价对象	任务分解	可能的失误	行为后果	导致失误的可能原因
司索工	选择、检查吊索具	吊索具选择不当	断绳、脱绳	知识缺乏、缺乏限制
		未检查、消除吊索具缺陷	断绳	知识缺乏、失误频繁
	检查、捆绑吊物	吊物连接未消除	断绳、吊车倾翻	检查不到、错误反馈
		吊物附着物连接不可靠	吊物坠落	缺乏限制、检查不到
		吊物棱刃部位无衬垫	断绳	知识缺乏、布置不合理
		吊物重量估算错误	断绳、吊车倾翻	知识缺乏、错误的标签
		设备电力线路未切断	触电	次序颠倒、沟通不够
	挂钩吊装	未检查消除吊耳缺陷	吊物坠落	工艺缺陷、布置不合理
		吊具未挂好	脱绳、吊物坠落	失误频繁、沟通不够
		一绳多吊	吊物失去控制	与次序不符、不良习惯
		超高、超长、外形不规格及柔性物件等，吊具悬挂、缠绕方法不当	脱绳、脱钩、吊物坠落	知识缺乏、联络沟通不够、布置不合理、缺乏实际限制
		未使用引绳，站位不当	挤撞打击伤害	违反习惯、沟通不够
	摘钩卸载	吊物未放稳提前摘钩	吊物失控倾倒	违反程序、沟通不够
		吊物支撑不稳攀爬摘钩	高处坠落、夹伤	沟通不够、观察不周
		吊绳被压，利用人力或吊车强力抽绳	吊物失稳后滚动、翻转，吊绳断裂或弹起	次序不符、沟通不够、布置不合理、不良习惯

续表

评价对象	任务分解	可能的失误	行为后果	导致失误的可能原因
吊装指挥	检查确认	未检查吊物连接及固定	断绳、吊车倾翻	与次序不符、不良习惯
		未检查危险区是否有人	挤撞伤害	与次序不符、不良习惯
		未检查吊具选择及使用	脱绳、断绳、脱钩	与次序不符、不良习惯
		未检查物件捆绑及固定	吊物坠落	与次序不符、不良习惯
		未检查支腿伸出及支撑	吊车倾翻	与次序不符、不良习惯
		信号服、指挥哨、旗帜及通信器材缺失	吊车司机与司索工配合失误	与次序不符、错误反馈、失效的设备及控制
		未确认气候条件（风、雨、雷电、沙尘暴）及作业环境（输电线路、安全距离、地基等）符合作业要求	触电、吊车倾翻、吊物失控坠落、挤撞打击等	与次序不符、错误反馈、观察不周、知识缺乏、联络沟通不够
	指挥吊装	发送错误的起吊信号	吊装坠落、挤撞打击	知识缺乏、错误反馈
		信号发送提前或滞后	挤撞打击、吊物坠落	通信匮乏、联络沟通不够
		指挥信号不准确	误导吊车司机操作	过于疲劳、通信匮乏
		选择站位不当	信息传递不及时	不良习惯、联络沟通不够
	结束吊装	吊具、吊绳未摘除就指挥收吊钩或摆动吊臂	挤撞打击、吊物坠落	观察不周、联络沟通不够
		支腿、起重臂未回收指挥引导车辆移动	挤撞打击、吊车倾翻	与次序不符、不良习惯
吊车司机	吊车检查	限位装置故障未排除	过卷扬、吊车倾翻	无效或仪表失效、失效的设备、布置不合理、超灵敏控制、知识缺乏、不良习惯等
		超载限制器故障未排除	断绳、吊车倾翻	
		力矩限制器故障未排除	吊车倾翻	
		控制系统漏电、漏油	触电、吊车失控	
		吊车钢丝绳断丝、腐蚀	吊物坠落	
		吊车转盘固定螺栓断裂	吊臂折损、吊物坠落	
	移动停车	移动车辆未鸣笛示警	车辆伤害	错误反馈、通信匮乏
		移动车辆不收吊臂、千斤	车辆伤害、吊车倾翻	联络沟通不够、不良习惯
		支腿未完全伸出并锁定	吊车倾翻	知识缺乏、布置不合理
		千斤支腿支撑不稳固	吊车倾翻	布置不合理、不良习惯
		支腿未调整水平	吊车倾翻	布置不合理、不良习惯

评价对象	任务分解	可能的失误	行为后果	导致失误的可能原因
吊车司机	起重操作	不按规定试起吊	脱钩脱绳、吊物坠落	与次序不符；实施不一致
		回转、变幅、起升等操作前，不鸣笛示意	挤撞打击	错误反馈；与次序不符
		未按指挥信号操作	挤撞打击、吊物坠落	联络沟通不够
		斜拉歪拽	吊车倾翻	与次序不符；超灵敏控制
		负载中急速回转转盘、升降臂杆或紧急制动	吊车倾翻、吊物坠落	知识缺乏；不良的习惯
		负载下离开控制室	吊物坠落	违反习惯、操作失误
		吊物、吊臂、吊索与输电线路无安全距离	触电	联络沟通不够、布置不合理、缺乏实际限制
	回收吊车	未按指挥，在吊具未摘除便起吊钩、摆动吊臂	挤撞打击	与次序不符；联络沟通不够；错误反馈
		结束作业未切断动力、操作杆复位、锁车门就离开		违反习惯；失去控制；缺乏实际限制

（十）作业条件危险性分析法（LEC）

作业条件危险性分析法是用与系统风险率有关的三种因素的乘积来评价系统人员伤亡风险大小的。用公式表示为：

$$D=LEC \tag{4-1}$$

式中　D——作业条件的危险性（D 值越大表明危险性越大）；

L——事故或危险事件发生的可能性；

E——暴露于危险环境的频率；

C——发生事故或危险事件的可能结果。

L、E、C 的取值参考表和危险性（D）分级对照表见表 4-8 至表 4-11。

表 4-8　事故或危险事件发生的可能性（L）取值参考表

分值	事故发生的可能性
10	完全可以预料到（每周 1 次以上）
6	相当可能（每 6 个月发生 1 次）
3	可能但不经常（1 次 /3 年）
1	可能性小，完全意外（1 次 /10 年）

分值	事故发生的可能性
0.5	很不可能，可以设想（1次/20年）
0.2	极不可能（只是理论上的事件）
0.1	实际不可能

表4-9　暴露于危险环境的频率（E）取值参考表

分值	人员暴露于危险环境的频繁程度
10	连续（每天2次以上）暴露
6	频繁（每天1次）暴露
3	每周一次，或偶然暴露
2	每月一次暴露
1	每年几次暴露
0.5	非常罕见的暴露

表4-10　发生事故可能造成的后果（C）取值参考表

分值	发生事故可能造成的后果
100	许多人死亡
40	数人死亡
15	1人死亡
7	重伤
3	轻伤
1	轻微伤害

表4-11　危险性（D）分级对照表

风险级别	D值	危险程度	是否需要继续分析
一级	>320	极其危险，不能继续作业	需进一步分析
二级	160～320	高度危险，需要立即整改	
三级	70～160	显著危险，需要整改	可进一步分析
四级	20～70	一般危险，需要注意	不需要进一步分析
五级	<20	稍有危险，可以接受	

作业条件危险性分析法应用举例见表4-12。

表4-12　电网附近吊装作业的作业条件危险性评价表

危害辨识	高压输电线路					
风险识别	在高压输电线路附近进行起重作业时，由于操作控制不当，吊物、吊索及起重机吊臂摆动，接触或靠近高压线时，可能引发触电伤害或电路着火					
风险评价	评价因子分值			取值说明		
	事故发生的可能性：$L=6$			相当可能发生		
	暴露于危险环境频率：$E=2$			大约每月一次暴露		
	危险严重程度：$C=15$			可能造成作业人员1人死亡		
	风险度：$D=L \times E \times C=180$			二级，高度危险，需要立即整改		
推荐做法	GB/T 6067.1—2010《起重机械安全规程　第1部分：总则》规定： 起重机工作时，臂架、吊具、辅具、钢丝绳、缆风绳及载荷等，与输电线的最小距离满足如下规定：					
	输电线路电压，kV	<1	1～20	35～110	154	220	330
	最小安全距离，m	1.5	2	4	5	6	7

第五节　事故调查分析技术

一、事故事件分类分级

（一）事故按严重程度分类

轻伤事故：指损失工作日低于105日的失能伤害事故。

重伤事故：损失工作日等于和超过105日的失能伤害事故。

死亡事故：（1）重大伤亡事故，指一次事故死亡1～2人的事故。（2）特大伤亡事故，指一次事故死亡3人以上的事故（含3人）。

（二）事故等级划分

根据生产安全事故（以下简称事故）造成的人员伤亡或者直接经济损失，事故一般分为以下等级：

（1）特别重大事故，是指造成30人以上死亡，或者100人以上重伤（包括急性工业中毒，下同），或者1亿元以上直接经济损失的事故。

（2）重大事故，是指造成10人以上30人以下死亡，或者50人以上100人以下重伤，或者5000万元以上1亿元以下直接经济损失的事故。

（3）较大事故，是指造成3人以上10人以下死亡，或者10人以上50人以下重伤，或者 1000 万元以上 5000 万元以下直接经济损失的事故。

（4）一般事故，是指造成 3 人以下死亡，或者 10 人以下重伤，或者 1000 万元以下直接经济损失的事故。

这里所说的"以上"包括本数，"以下"不包括本数。比如，10 人以上 30 人以下，实际上是指 10~29 人；3 人以上 10 人以下，实际上是指 3~9 人。

二、常见事故类型

根据 GB/T 6441—1986《企业职工伤亡事故分类》，把伤亡事故划分为 20 类：

（1）物体打击：失控物体的惯性力造成的人身伤害事故。适用于落下物、飞来物、滚石、崩块所造成的伤害，但不包括因爆炸引起的物体打击。

（2）机械伤害：机械设备与工具引起的绞、辗、碰、割、戳、切等伤害。如工件或刀具飞出伤人、切屑伤人、手或身体被卷入、手或其他部位被刀具碰伤、被转动的机构缠绕、压住等。但属于车辆、起重设备的情况除外。

（3）车辆伤害：机动车辆引起的机械伤害事故。适用于机动车辆在行驶中的挤、压、撞车或倾覆等事故及在行驶中上下车，搭乘矿车或放飞车，车辆运输挂钩事故，跑车事故。这里的机动车辆是指：汽车，如载重汽车、自动卸料汽车、大客车、小汽车、客货两用汽车、内燃叉车等；电瓶车，如平板电瓶车、电瓶叉车等；拖拉机，如方向盘式拖拉机、手扶拖拉机、操纵杆式拖拉机等；轨道车，如有轨电动车、电瓶机车及挖掘机、推土机、电铲等。

（4）起重伤害：从事起重作业时引起的机械伤害事故，它适用各种起重作业。这类事故主要包括：桥式类型起重机，如龙门起重机、缆索起重机等；臂架式类型起重机，如塔式起重机、悬臂起重机、桅杆起重机、铁路起重机、履带起重机、汽车和轮胎起重机等；升降机，如电梯、升船机、货物升降机等；轻小型起重设备，如千斤顶、滑车、葫芦（手动、气动、电动）等作业。起重伤害的主要伤害类型有起重作业时，脱钩砸人，钢丝绳断裂抽人，移动吊物撞人，绞入钢丝绳或滑车等伤害，同时包括起重设备在使用、安装过程中的倾翻事故及提升设备过卷、蹲罐等事故。但不适用于下列伤害：触电、检修时制动失灵引起的伤害、上下驾驶室时引起的坠落或跌倒。

（5）触电：电流流经人体，造成生理伤害的事故。触电事故分电击和电伤两大类。这类伤害事故主要包括触电、雷击伤害：如人体接触带电的设备金属外壳、裸露的临时电线，接触漏电的手持电动工具；起重设备操作错误接触到高压线或感应带电；触电坠落等事故。

（6）淹溺：因大量水经口、鼻进入肺内，造成呼吸道阻塞，发生急性缺氧而窒息死亡的事故。这类伤害事故适用于船舶、排筏、设施在航行、停泊、作业时发生的落水事故。其中设施是指在水上、水下各种浮动或固定的建筑、装置、管道、电缆和固定平台。作业是指在水域及其岸线进行装卸、勘探、开采、测量、建筑、疏浚、爆破、打捞、救助、捕捞、养殖、潜水、流放木材、排除故障及科学实验和其他水上、水下施工。

（7）灼烫：强酸、强碱等物质溅到身体上引起的化学灼伤，因火焰引起烧伤，高温物体引起的烫伤，放射线引起的皮肤损伤等事故。灼烫主要包括烧伤、烫伤、化学灼伤、放射性皮肤损伤等。但不包括电烧伤及火灾事故引起的烧伤。

（8）火灾：造成人身伤亡的企业火灾事故。这类事故不适用于非企业原因造成的火灾，如居民火灾蔓延到企业，此类事故属于消防部门统计的事故。

（9）高处坠落：由于危险重力势能差引起的伤害事故。习惯上把作业场所高出地面2m以上称为高处作业，高空作业一般指10m以上的高度。这类事故适用于脚手架、平台、陡壁施工等高于地面的坠落，也适用于由地面踏空失足坠入洞、坑、沟、升降口、漏斗等情况。但必须排除因其他类别为诱发条件的坠落，如高处作业时，因触电失足坠落应定为触电事故，不能按高空坠落划分。

（10）坍塌：建筑物、构筑物、堆置物等倒塌及土石塌方引起的事故。这类事故适用于因设计或施工不合理而造成的倒塌，以及土方、岩石发生的塌陷事故，如建筑物倒塌、脚手架倒塌；挖掘沟、坑、洞时导致土石的塌方等情况。由于矿山冒顶片帮事故或因爆炸、爆破引起的坍塌事故不适用这类事故。

（11）冒顶片帮：矿井工作面、巷道侧壁由于支护不当、压力过大造成的坍塌，称为片帮；顶板垮落称为冒顶。二者常同时发生，简称为冒顶片帮。这类事故适用于矿山、地下开采、掘进及其他坑道作业发生的坍塌事故。

（12）放炮：施工时由于放炮作业造成的伤亡事故。这类事故适用于各种爆破作业，如采石、采矿、采煤、开山、修路、拆除建筑物等工程进行的放炮作业引起的伤亡事故。

（13）透水：矿山、地下开采或其他坑道作业时，意外水源带来的伤亡事故。这类事故适用于井巷与含水岩层、地下含水带、溶洞或与被淹巷道、地面水域相通时，涌水成灾的事故。不适用于地面水害事故。

（14）瓦斯爆炸：可燃性气体瓦斯、煤尘与空气混合形成了浓度达到燃烧极限的混合物，接触点火源而引起的化学性爆炸事故。这类事故适用于煤矿，同时也适用于空气不流通，瓦斯、煤尘积聚的场合。

（15）火药爆炸：火药与炸药在生产、运输、储藏的过程中发生的爆炸事故。这类事故适用于火药与炸药生产在配料、运输、储藏、加工过程中，由于震动、明火、摩擦、静电作用，或因炸药的热分解作用、储藏时间过长，或因存储量过大发生的化学性爆炸事故；以及熔炼金属时，废料处理不净，残存火药或炸药引起的爆炸事故。

（16）锅炉爆炸：利用各种燃料、电或者其他能源，将所盛装的液体加热到一定的参数，并承载一定压力的密闭设备，其范围规定为容积大于或等于30L的承压蒸气锅炉；出口水压大于或等于0.1MPa（表压），且额定功率大于或等于0.1MW的承压热水锅炉；有机热载体锅炉发生的物理性爆炸事故。但不适用于铁路机车、船舶上的锅炉及列车电站和船舶电站的锅炉。

（17）压力容器爆炸：根据《特种设备安全监察条例》（国务院令第549号），容器是

指盛装气体或者液体，承载一定压力的密闭设备，其范围规定为最高工作压力大于或等于
0.1MPa（表压），且压力与容积的乘积大于或等于 2.5MPa·L 的气体、液化气体和最高工
作温度高于或等于标准沸点的液体的固定式容器和移动式容器；盛装公称工作压力大于或
等于 0.2MPa（表压），且压力与容积的乘积大于或等于 1.0MPa·L 的气体、液化气体和标
准沸点等于或低于 60℃液体的气瓶、氧舱等。容器爆炸就是容器发生爆炸事故。

（18）其他爆炸：不属于瓦斯爆炸、锅炉爆炸和容器爆炸的爆炸。主要包括可燃气体
与空气混合形成的爆炸性气体引起的爆炸，可燃蒸气与空气混合产生的爆炸性气体引起的
爆炸，以及可燃性粉尘与空气混合后引发的爆炸。

（19）中毒和窒息：中毒是指人接触有毒物质，如误食有毒食物，呼吸有毒气体引起
的人体在 8h 内出现的各种生理现象的总称，也称为急性中毒；窒息是指在废弃的坑道、
竖井、涵洞、地下管道等不能通风的地方工作，因为氧气缺乏，有时会发生突然晕倒，甚
至死亡的事故。两种现象合为一体，称为中毒和窒息事故。这类事故不适用于病理变化导
致的中毒和窒息的事故，也不适用于慢性中毒的职业病导致的死亡。

（20）其他伤害：凡不属于上述伤害的事故均称为其他伤害，如扭伤、跌伤、冻伤、
野兽咬伤、钉子扎伤等。

三、事故调查组织及原则

（一）事故调查

事故调查是掌握整个事故发生过程、原因和人员伤亡及经济损失情况的重要工作，根
据调查结果，分析事故责任，提出处理意见和事故预防措施，并撰写事故调查报告书。伤
亡事故调查是整个伤亡事故处理的基础。通过调查可掌握事故发生的基本事实，以便在此
基础上进行正常的事故原因和责任分析，对事故责任者提出恰当的处理意见，对事故预防
提出合理的防范措施，使职工从中吸取深刻教训，并促使企业在安全管理上进一步进行
完善。

（二）事故调查程序

包括组成调查组，进行现场勘察、人员调查询问、事故鉴定、模拟试验等，并收集各
种物证、人证、事故事实材料（包括人员、作业环境、设备、管理、事故过程材料）。调
查结果是进行事故分析的基础材料。《生产安全事故报告和调查处理条例》（国务院令第
493 号）中关于事故的调查程序规定如下：

（1）成立事故调查小组。

（2）事故的现场处理。

（3）物证搜集。

（4）事故事实材料的搜集。

（5）证人材料搜集。

（6）现场摄影。

（7）事故图绘制。

（8）事故原因分析。

（9）事故调查报告编写。

（10）事故调查结案归档。

（三）事故调查组织及原则

1. 事故调查组的组成

事故调查组的组成应当遵循精简、效能的原则。根据事故的具体情况，事故调查组由有关人民政府、安全生产监督管理部门、负有安全生产监督管理职责的有关部门、监察机关、公安机关及工会派人组成，并应当邀请人民检察院派人参加。事故调查组成员应当具有事故调查所需要的知识和专长，并与所调查的事故没有直接利害关系。事故调查组组长由负责事故调查的人民政府指定，主持事故调查组的工作。

2. 事故调查组的职责

（1）查明事故发生的经过、原因、人员伤亡情况及直接经济损失。

（2）认定事故的性质和事故责任。

（3）提出对事故责任者的处理建议。

（4）总结事故教训，提出防范和整改措施。

（5）提交事故调查报告。

3. 事故调查应遵循的原则

事故调查处理应当坚持实事求是、尊重科学的原则，及时、准确地查清事故经过、事故原因和事故损失，查明事故性质，认定事故责任，总结事故教训，提出整改措施，并对事故责任者依法追究责任。事故调查处理应当坚持实事求是、尊重科学、"四不放过"、分级管辖的原则。

（1）实事求是的原则：

实事求是是唯物辩证法的基本要求。这一原则有以下几个方面的含义。一是必须全面、彻底查清生产安全事故的原因，不得夸大事故事实或缩小事实，不得弄虚作假；二是一定要从实际出发，在查明事故原因的基础上明确事故责任；三是提出的处理意见要实事求是，不得从主观出发，不能感情用事，要根据事故责任划分，按照法律、法规和国家有关规定对事故责任人提出处理意见；四是总结事故教训、落实事故整改措施要实事求是，总结教训要准确、全面，落实整改措施要坚决、彻底。

（2）尊重科学的原则：

尊重科学是事故调查处理工作的客观规律。生产安全事故的调查处理具有很强的科学性和技术性，特别是事故原因的调查，往往需要作很多技术上的分析和研究，利用很多技术手段。尊重科学，要做到以下两点：一是要有科学的态度，不主观臆想，不轻易下结论，防止个人意识主导，杜绝心理偏好，努力做到客观、公正；二是要特别注意充分发挥专家和技术人员的作用，把对事故原因的查明，事故责任的分析、认定建立在科学的基础上。

（3）"四不放过"原则：

"四不放过"，即事故原因未查清不放过，事故责任者没有受到处理不放过，职工群众未受到教育不放过，防范措施不落实不放过。

（4）分级管辖原则：

事故调查的处理是依据事故的严重级别来进行的，根据不同行业中事故的严重级别进行分级管辖。

① 工矿商贸企业事故的分级调查。

轻伤、重伤事故由生产经营单位组织成立事故调查组。事故调查组由本单位安全、生产、技术等有关人员及本单位工会代表参加。

重伤事故发生的县级人民政府安全生产监督管理部门认为有必要时，可以派员参加事故调查组或直接组织成立事故调查组。

一般死亡事故由事故发生地县级人民政府安全生产监督管理部门组织成立事故调查组，安全生产监督管理部门负责人任组长，有关部门负责人任副组长。

重大事故由事故发生地市级人民政府安全生产监督管理部门组织成立事故调查组，安全生产监督管理部门负责人任组长，市级行政监察部门、工会组织负责人和县级人民政府负责人任副组长。

特大事故由事故发生地省级人民政府安全生产监督管理部门组织成立事故调查组，安全生产监督管理部门负责人任组长，省级行政监察部门、工会组织负责人和市级人民政府负责人任副组长。

同级地方人民政府认为有必要时，可以直接组织成立事故调查组，地方政府负责人任调查组组长，安全生产监督管理部门和地方人民政府指定的其他部门负责人任副组长。

② 煤矿事故的分级调查。

特别重大事故的调查，由国家煤矿安全监察机构组织成立事故调查组，国家煤矿安全监察机构负责人任组长，国家监察委员会、中华全国总工会、省级人民政府负责人任副组长；国务院认为必要时，对特别重大煤矿事故直接组织成立事故调查组。

特大事故的调查，由省级煤矿安全监察机构组织成立事故调查组，省级煤矿安全监察机构负责人任组长，省级行政监察部门、工会组织和市级人民政府负责人任副组长。

重大、死亡事故的调查，由煤矿安全监察办事处组织成立事故调查组，煤矿安全监察办事处负责人任组长，有关地方政府或其有关部门负责人任副组长。

③ 其他行业特别重大事故的分级调查。

除煤矿特别重大事故外，特别重大事故由国家安全生产监督管理部门组织成立事故调查组，国家安全生产监督管理部门负责人任组长，国家监察委员会、中华全国总工会、国务院有关部门负责人和省级人民政府负责人任副组长；必要时，由国务院或其授权的部门组织成立事故调查组。

④ 火灾、道路交通、铁路交通、水上交通、民用航空事故的调查。

除特别重大事故外，火灾、道路交通、铁路交通、水上交通、民用航空事故按照各行业的法规规定进行组织调查。

四、事故调查分析规则

（一）现场处理

（1）事故发生后，应救护受伤害者。采取措施制止事故蔓延扩大。

（2）认真保护事故现场。凡与事故有关的物体、痕迹、状态，不得破坏。

（3）为抢救受伤害者需要移动现场某些物体时，必须做好现场标志。

（二）物证搜集

（1）现场物证包括：破损部件、碎片、残留物、致害物的位置等。

（2）在现场搜集到的所有物件均应贴上标签，注明地点、时间、管理者。

（3）所有物件应保持原样，不准冲洗擦拭。

（4）对健康有危害的物品，应采取不损坏原始证据的安全防护措施。

（三）事故事实材料的搜集

1. 与事故鉴别、记录有关的材料

（1）发生事故的单位、地点、时间。

（2）受害人和肇事者的姓名、性别、年龄、文化程度、职业、技术等级、工龄、本工种工龄、支付工资的形式。

（3）受害人和肇事者的技术状况，接受安全教育情况。

（4）出事当天，受害人和肇事者什么时间开始工作、工作内容、工作量、作业程序、操作时的动作（或位置）。

（5）受害人和肇事者过去的事故记录。

2. 事故发生的有关事实

（1）事故发生前设备、设施等的性能和质量状况。

（2）使用的材料：必要时进行物理性能或化学性能实验与分析。

（3）有关设计和工艺方面的技术文件、工作指令和规章制度方面的资料及执行情况。

（4）关于工作环境方面的状况：包括照明、湿度、温度、通风、声响、色彩度、道路、工作面状况及工作环境中的有毒、有害物质取样分析记录。

（5）个人防护措施状况：应注意它的有效性、质量、使用范围。

（6）出事前受害人或肇事者的健康状况。

（7）其他可能与事故致因有关的细节或因素。

（四）证人材料搜集

要尽快找被调查者搜集材料。对证人的口述材料，应认真考证其真实程度。

（五）现场摄影

（1）显示残骸和受害者原始存息地的所有照片。

（2）可能被清除或被践踏的痕迹：如刹车痕迹、地面和建筑物的伤痕、火灾引起损害的照片、冒顶下落物的空间等。

（3）事故现场全貌。

（4）利用摄影或录像，以提供较完善的信息内容。

（六）事故图

报告中的事故图。应包括了解事故情况所必需的信息。如：事故现场示意图、流程图、受害者位置图等。

（七）事故分析

整理和阅读事故调查材料，主要围绕受伤部位、受伤性质、起因物、致害物、伤害方式、不安全状态、不安全行为等七项内容，分析确定事故的直接原因、间接原因和事故责任者。

1. 事故原因分析

（1）属于下列情况者为直接原因：

① 机械、物质或环境的不安全状态：见 GB/T 6441—1986 附录 A 中 A.6 不安全状态。

② 人的不安全行为：见 GB/T 6441—1986 附录 A 中 A.7 不安全行为。

（2）属下列情况者为间接原因：

① 技术和设计上有缺陷—工业构件、建筑物、机械设备、仪器仪表、工艺过程、操作方法、维修检验等的设计、施工和材料使用存在问题。

② 教育培训不够、未经培训、缺乏或不懂安全操作技术知识。

③ 劳动组织不合理。

④ 对现场工作缺乏检查或指导错误。

⑤ 没有安全操作规程或不健全。

⑥ 没有或不认真实施事故防范措施，对事故隐患整改不力。

⑦ 其他。

2. 事故责任分析

根据事故调查所确认的事实，通过对直接原因和间接原因的分析，确定事故中的直接责任者和领导责任者。

在直接责任者和领导责任者中，根据其在事故发生过程中的作用，确定主要责任者。

根据事故后果和事故责任者应负的责任提出处理意见。

（八）事故结案归档材料

当事故处理结案后，应归档的事故资料如下：

（1）职工伤亡事故登记表。

（2）职工死亡、重伤事故调查报告书及批复。

（3）现场调查记录、图纸、照片。

（4）技术鉴定和试验报告。

（5）物证、人证材料。

（6）直接和间接经济损失材料。

（7）事故责任者的自述材料。

（8）医疗部门对伤亡人员的论断书。

（9）发生事故时的工艺条件、操作情况和设计资料。

（10）处分决定和受处分的人员的检查材料。

（11）有关事故的通报、简报及文件。

（12）注明参加调查组的人员姓名、职务、单位。

五、事故原因分析技术

事故原因分析常用的方法有事故树分析（Fault Tree Analysis，FTA）、事件树分析（Event Tree Analysis，ETA）。以下重点介绍事故树分析方法的应用。

（一）事故树分析的基本步骤

基本步骤如图 4-62 所示。

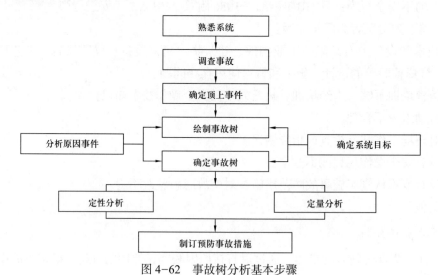

图 4-62　事故树分析基本步骤

1. 熟悉系统

详细了解系统状态及各种参数，绘出工艺流程图。

2. 调查事故

收集事故案例，进行事故统计，设想给定系统可能要发生的事故。

3. 确定顶上事件

对所调查事故进行全面分析，从中找出后果严重且较易发生的事故作为顶上事件。

4. 确定目标值

根据经验教训和事故案例，经统计分析后，求解事故发生的概率（频率），作为要控制的事故目标值。

5. 调查原因事件

调查与事故有关的所有原因事件和各种因素。

6. 画出事故树

从顶上事件开始，一级一级找出直接原因事件，直到所要分析的深度，按其逻辑关系，画出事故树。

7. 定性分析

按事故树结构化简，确定各个基本事件的结构重要度，进而找出事故连锁，找出预防事故的途径。

8. 定量分析

定量分析是指根据每一事件的发生概率，计算各种途径的事故发生概率，比较各个途径概率值的大小，做出事故发生可能性序列，确定最易发生事故的途径。

9. 制订措施

通过事故树分析，把事故的发生发展过程表述清楚，采取各种可能措施，控制事件的可能性状态，减少危害状态的出现概率，增大安全状态的出现概率，把事件发展过程引向安全的发展途径。

（二）事故树的画法及逻辑运算

1. 事故树分析中常用符号和意义

（1）矩形符号：□ 表示顶上事件或中间事件。

顶上事件，就是人们所要分析的对象事件，一般是指人们不希望发生的事件，它只能是逻辑门的输出，而不能是输入。

中间事件，指的是系统中可能造成顶上事件发生的某些事件。

用矩形符号表示的事件，也就是需要往下分析的事件，使用时，应将事件内容扼要地填入矩形框内。

（2）圆形符号：○ 表示基本原因事件，它指的是系统中的一个故障，导致发生事故的原因。如人为失误、环境因素等，它表示无法再分解的事件。

（3）屋形符号：⌂ 表示正常事件，即系统在正常状态下发挥正常功能的事件。

（4）菱形符号：◇ 表示省略事件，即表示事前不能分析，或者没有再分析下去的事件。

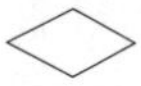

（5）与门（图 4-63）：

表示只有当输入的 E_1、E_2、…、E_n 同时发生时，输出事件 A 才会发生（积事件）。

布尔代数表示：$A=E_1 \cdot E_2 \cdots E_n$。

（6）或门（图 4-64）：

表示输入事件 E_i 中，只要一个发生，A 就发生。

布尔代数表示：$A=E_1+E_2+\cdots+E_n$。

（7）条件与门（图 4-65）：

表示 $E_1 \rightarrow E_n$ 各事件同时发生，且满足条件 a 时，则 A 发生。

布尔代数表示：$A=E_1 \cdot E_2 \cdots E_n \cdot a$。

a 是指 A 发生的条件，不是事件。它是逻辑上的一种修饰。

（8）条件或门（图 4-66）：

表示输入事件 E_i 中任一个发生，且满足条件 b 时，则 A 发生。

布尔代数表示：$A=E_1 \cdot b+E_2 \cdot b+\cdots+E_n \cdot b=（E_1+E_2+\cdots+E_n）\cdot b$。

（9）非门（图 4-67）：

表示当条件 E 不具备时，事件 A 才发生。

布尔代数表示：$A=E'$。

（10）限制门（图 4-68）：

表示事件 E 发生，且满足 c 条件，则 A 发生。

限制门只有一输入（条件与、或）。

布尔代数表示：$A=E \cdot c$。

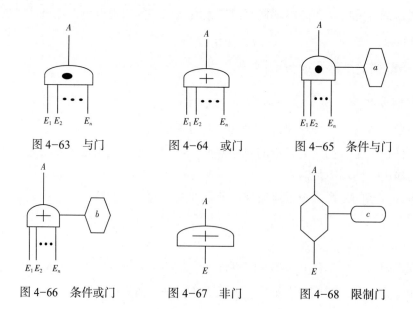

图 4-63 与门   图 4-64 或门   图 4-65 条件与门

图 4-66 条件或门   图 4-67 非门   图 4-68 限制门

（11）转移符号：当事故树规模很大，一张图纸不能绘出树的全部内容，需要在其他图纸上继续完成时需用转移符号。

① 转出符号：⟁ 表示向其他部分转出，三角形内记入向何处转出。

② 转入符号：⟁ 表示从其他部分转入，三角形内记入从何处转入。

2. 事故树的编制

事故树编制是事故树分析中最基本、最关键的环节，通过编制事故树，深入了解和发现系统中的薄弱环节。编制工作一般由系统设计人员、操作人员和可靠性分析人员完成。

（1）事故树编制程序：

① 确定顶上事件（第1层）。

② 找出造成顶上事件的直接原因事件（第2层）。

③ 逐层往下分析，直到找出造成事故的真正原因。

（2）事故树编制举例（钻井井漏事故）：

① 因为我们是分析"钻井井漏事故"，这就为顶上事件。

② 分析认为导致钻井井漏事故的直接原因有三个，即"地质条件不佳""井底压力过大""应急措施失效"，三者之间是逻辑与门，所以将他们放在第二层。

③ 继续展开分析第二层三个原因事件：

（a）地质条件不佳。

可能是"地层裂缝发育不好"或者"地层破裂压力低"，两者是逻辑或门。

（b）井底压力过大。

可能是"钻井液循环当量密度低"，或者"操作失误引起压力激动"，两者是逻辑或门。

（c）应急措施失效。

可能是堵漏工艺技术上的缺陷，或者应急管理上的缺陷，比如井漏初期发现、处置不及时等，两者是逻辑或门。

在上述分析的基础上，整理形成如下事故树（图4-69）：

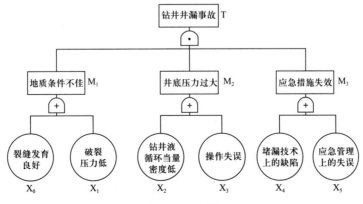

图 4-69　事故树

（3）编制事故树注意事项：

① 充分理解系统，以确定被分析系统的边界条件。

② 确切描述顶上事件，不能太笼统，应选择具体的、风险大的事故／事件作为顶上事件。

③ 应找出所有危险因素，弄清事件间的逻辑关系，反复推敲，做到尽可能不遗漏各种原因事件。

④ 保持门的完整性，不允许门与门直接相连。

⑤ 编制过程中及编成后，需及时进行合理的简化。

3. 逻辑运算和逻辑函数

（1）基本逻辑运算：

逻辑代数：又称布尔代数，是事故（件）逻辑分析方法的理论基础及计算工具。逻辑代数仅有 0、1 两个变量，变量 0、1 并不表示两个具体数值，而是表示两种不同的逻辑状态，如是与否，真与假，高与低，有与无，开与闭等。

在逻辑代数中，最基本的逻辑有 3 种：与、或、非。用逻辑代数符号表示也称：与门，或门，非门，见表 4-13。

表 4-13　布尔代数的基本逻辑运算

名称	逻辑符号	函数式	含义
与门	a ·· $a \cdot b$ / b	$z(ab)=ab$	$1 \times 1=1$ $1 \times 0=0$
或门	a + $a+b$ / b	$z(ab)=a+b$	$1+1=1$ $1+0=1$ $0+0=0$
非门	a + a'	$z(a)=a'$	$a=1$，$a'=0$ $a=0$，$a'=1$

（2）逻辑变量与逻辑函数：

一般来讲，如果输入变量 a，b，c… 的取值确定之后，输出变量 z 的值也就确定了。那么，就称 z 是 a，b，c… 的逻辑函数，并写成：

$$z=F(a, b, c\cdots)$$

（3）布尔代数的运算规律：

① 幂等率：

$$A+A=A$$

根据集合的性质，由于集合中的元素是没有重复现象的，两个 A 集合的并集的元素都具有 A 的属性，所以还是 A。

$$A \cdot A = A$$

两个 A 集合的交集的元素仍具备 A 集合的属性，所以还是 A。

② 交换率：

$$A + B = B + A$$

$$A \cdot B = B \cdot A$$

③ 结合率：

$$A + (B + C) = (A + B) + C$$

$$A \cdot (B \cdot C) = (A \cdot B) \cdot C$$

④ 分配率：

$$A + (B \cdot C) = (A + B) \cdot (A + C)$$

$$A \cdot (B + C) = (A \cdot B) + (A \cdot C)$$

$$(A + B) \cdot (C + D) = A \cdot C + A \cdot D + B \cdot C + B \cdot D$$

⑤ 吸收率：

$$A + A \cdot B = A$$

$$A \cdot (A + B) = A$$

⑥ 互补率：

$$A + A' = 1$$

$$A \cdot A' = 0$$

⑦ 重叠率：

$$A + A' \cdot B = A + B = B + B' \cdot A$$

⑧ 德·摩根定律：

$$(A + B)' = A' \cdot B'$$

$$(A \cdot B)' = A' + B'$$

⑨ 消元律：

$$A \cdot B + A \cdot B' = A$$

$$(A + B)(A + B') = A$$

（4）利用布尔代数简化事故树：

布尔代数式是一种结构函数式，必须将它化简，方能进行判断推理。化简的方法就是反复运用布尔代数法则，化简的程序是：

①代数式如有括号应先去括号将函数展开。

②利用幂等法则，归纳相同的项。

③充分利用吸收法则直接化简。

例如：利用布尔代数对以下事故树（图4-70）进行化简。

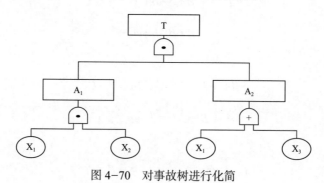

图4-70　对事故树进行化简

解：

$T=A_1 \cdot A_2$

$\quad =X_1 \cdot X_2 \cdot (X_1+X_3)$

$\quad =X_1 \cdot X_2 \cdot X_1 + X_1 \cdot X_2 \cdot X_3$　　　　　（分配律）

$\quad =X_1 \cdot X_1 \cdot X_2 + X_1 \cdot X_2 \cdot X_3$　　　　　（交换律）

$\quad =X_1 \cdot X_2 + X_1 \cdot X_2 \cdot X_3$　　　　　　　（等幂律）

$\quad =X_1 \cdot X_2$　　　　　　　　　　　　　　（吸收律）

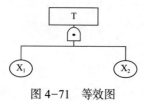

图4-71　等效图

表明：如果 X_1、X_2 发生，则不管 X_3 是否发生，顶上事件都必然发生。然而，当 X_3 发生时，要使顶上事件发生，必须要有 X_1、X_2 发生做条件，因此，X_3 是多余的。T的发生仅依靠 X_1 和 X_2，化简后的事故树可用以下等效图（图4-71）表示：

（三）事故树分析

1. 事故树定性分析

（1）割集与最小割集的分析：

在事故树分析中，把引起顶上事件发生的基本事件的集合称为割集。一个事故树中的割集一般不止一个，在这些割集中，凡不包含其他割集的，叫作最小割集。最小割集是引起顶事件发生的充分必要条件。

计算最小割集时，首先按事故树的结构，由顶端事件开始，由上至下逐次用下一层事件代替上一层事件，写出该事故树以基本事件表示的布尔代数公式。再运用布尔代数运算规则进行简化，求出最小割集。

引用举例：计算以下事故树的最小割集（图4-72）。

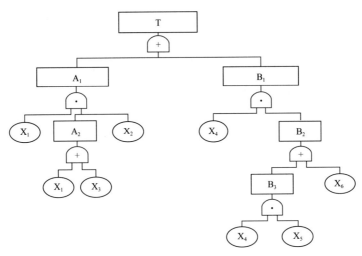

图 4-72　最小割集

T=A$_1$+B$_1$

　=X$_1$A$_2$X$_2$+X$_4$B$_2$

　=X$_1$A$_2$X$_2$+X$_4$（B$_3$+X$_6$）

　=X$_1$（X$_1$+X$_3$）X$_2$+X$_4$（X$_4$X$_5$+X$_6$）

　=X$_1$X$_1$X$_2$+X$_1$X$_2$X$_3$+X$_4$X$_4$X$_5$+X$_4$X$_6$

　=X$_1$X$_2$+X$_4$X$_5$+X$_4$X$_6$

求得的最小割集有三个，分别是：

P（1）={X$_1$，X$_2$}

P（2）={X$_4$，X$_5$}

P（3）={X$_4$，X$_6$}

最后，画出最小割集等效事故树（图 4-73）：

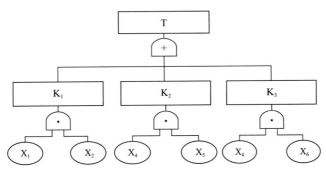

图 4-73　最小割集等效事故树

（2）径集与最小径集的分析：

　　在事故树中，使顶事件不发生的基本事件的集合称为径集。不引起顶端事件发生的最低限度的基本事件的集合称为最小径集，最小径集是保证顶事件不发生的充分必要条件。

求事故树最小径集的方法：首先将事故树变换成其对偶的成功树，然后求出成功树的最小割集，即是事故树的最小径集。

将事故树变为成功树的方法，就是将原来事故树中的逻辑与门改成逻辑或门，将逻辑或门改为逻辑与门，便可得到与原事故树对偶的成功树。

备注：成功树就是将事故树中的与门换成或门，或门换成与门，将顶事件和结果事件换成相应的对立事件，这样所得到的就称为原事故树的成功树。

引用举例：计算以下事故树的最小径集（图 4-74）。

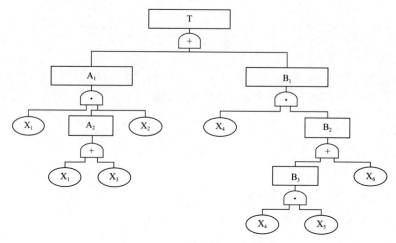

图 4-74 计算最小径集

解：

首先，画出对应的成功树，如图 4-75 所示：

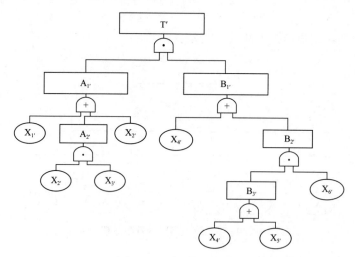

图 4-75 对应的成功树

然后，计算以上成功树的最小割集：

$T' = A_1' B_1'$

$\quad = (X_1' + A_2' + X_2')(X_4' + B_2')$

$\quad = (X_1' + A_2' + X_2')(X_4' + B_3' X_6')$

$\quad = (X_1' + X_2' X_3' + X_2')[X_4' + (X_4' + X_5') X_6']$

$\quad = (X_1' + X_2')(X_4' + X_4' X_6' + X_5' X_6')$

$\quad = (X_1' + X_2')(X_4' + X_5' X_6')$

$\quad = X_1' X_4' + X_1' X_5' X_6' + X_2' X_4' + X_2' X_5' X_6'$

最后，对偶变换即得到事故树的最小径集：

$T = (X_1 + X_4)(X_1 + X_5 + X_6)(X_2 + X_4)(X_2 + X_5 + X_6)$

所以，这个事故树的最小径集共有 4 个，即：

$K(1) = \{X_1, X_4\}$

$K(2) = \{X_1, X_5, X_6\}$

$K(3) = \{X_2, X_4\}$

$K(4) = \{X_2, X_5, X_6\}$

（3）最小割集和最小径集在事故树分析中的作用：

① 最小割集表示系统的危险性，每个最小割集都代表了一种事故模式，最小割集越多说明系统的危险性越大。由事故树的最小割集可以直观地判断哪种事故模式最危险，哪种可以忽略，以便采取措施使事故发生概率下降。

② 最小径集表示系统的安全性，每一个最小径集都是防止顶上事件发生的一个方案。可以根据最小径集中所包含的基本事件个数的多少、技术上的实现难易程度、耗费的时间及投入的资金数量等因素，来选择最经济、最有效的控制事故方案。

（4）系统安全性的改善途径：

① 事故树中或门越多，得到的最小割集就越多，这个系统也就越不安全。对于这样的事故树最好从求最小径集着手，找出包含基本事件较多的最小径集，然后设法减少其基本事件数，或者增加最小径集数，以提高系统的安全程度。

② 事故树中与门越多，得到的最小割集的个数就较少，这个系统的安全性就越高。对于这样的事故树最好从求最小割集着手，找出少事件的最小割集，消除它或者设法增加它的基本事件数，以提高系统的安全性。

（5）基本事件的结构重要度分析：

事故树中各基本事件对顶上事件影响程度是不同的。从事故树分析各基本事件的重要度，或假定各基本事件发生概率相等的情况下，分析各基本事件的发生对顶上事件发生的影响程度，叫结构重要度。结构重要度分析要排出各基本事件的结构重要度顺序，一般采用最小割集或最小径集进行结构重要度分析。

① 最小割集或最小径集排列法。

（a）看频率：单事件最小割集中基本事件结构重要度最大。

例如，某事故树的最小割集为：

$\{X_1, X_2, X_3, X_4\}$, $\{X_5, X_6\}$, $\{X_7\}$, $\{X_8\}$。

则结构重要度顺序为：

$I_\phi(7) = I_\phi(8) > I_\phi(5) = I_\phi(6) > I_\phi(1) = I_\phi(2) = I_\phi(3) = I_\phi(4)$

（b）看频数：当最小割集中基本事件个数相等时，重复在各最小割集中出现的基本事件比只在一个最小割集中出现的基本事件结构重要度大；重复次数多的比重复次数少的结构重要度大。

例如，某事故树有 8 个最小割集：

$\{X_1, X_5, X_7, X_8\}$, $\{X_1, X_6, X_7, X_8\}$, $\{X_2, X_5, X_7, X_8\}$, $\{X_2, X_6, X_7, X_8\}$, $\{X_3, X_5, X_7, X_8\}$, $\{X_3, X_6, X_7, X_8\}$, $\{X_4, X_5, X_7, X_8\}$, $\{X_4, X_6, X_7, X_8\}$

则结构重要度顺序为：

$I_\phi(7) = I_\phi(8) > I_\phi(5) = I_\phi(6) > I_\phi(1) = I_\phi(2) = I_\phi(3) = I_\phi(4)$。

（c）看频率又看频数：在基本事件少的最小割集中出现次数少的事件与基本事件多的最小割集中出现次数多的相比较，一般前者大于后者。

例如，某事故的最小割集为：$\{X_1\}$, $\{X_2, X_3\}$, $\{X_2, X_4\}$, $\{X_2, X_5\}$。则结构重要度顺序为：

$I_\phi(1) > I_\phi(2) > I_\phi(3) = I_\phi(4) = I_\phi(5)$。

上述 3 条原则，对于用最小径集分析同样适用。

② 使用近似判别式，见公式（4-2）。

$$I_\phi(i) = \sum_{x_i \in k_j} \frac{1}{2^{n_{j-1}}} \tag{4-2}$$

式中 $I_\phi(i)$ ——第 i 个基本事件的结构重要度系数；

n_{j-1} ——第 i 个基本事件所在 K_j 的基本事件总数减 1。

例如，已知某事故树的最小割集为：

$K_1 = \{X_1, X_2, X_3\}$, $K_2 = \{X_1, X_2, X_4\}$。

利用公式求解：

$I_\phi(1) = \frac{1}{2^2} + \frac{1}{2^2} = \frac{1}{2}$ $I_\phi(2) = \frac{1}{2^2} + \frac{1}{2^2} = \frac{1}{2}$ $I_\phi(3) = \frac{1}{2^2} = \frac{1}{4}$ $I_\phi(4) = \frac{1}{2^2} = \frac{1}{4}$

故而：$I_\phi(1) = I_\phi(2) > I_\phi(3) = I_\phi(4)$

2. 事故树定量分析：

（1）顶上事件的发生概率分析

① 如果事故树中不含有重复的或相同的基本事件，各基本事件又都是相互独立的，顶上事件发生的概率可根据事故树的结构，用公式（4-3）求得。

用"与门"连接的顶事件的发生概率为：

$$P(T) = \prod_{i=1}^{n} q_i \qquad\qquad (4-3)$$

用"或门"连接的顶事件的发生概率为：

$$P(T) = 1 - \prod_{i=1}^{n} (1 - q_i) \qquad\qquad (4-4)$$

式中　q_i——第 i 个基本事件的发生概率（$i=1$，2，$\cdots$，n）。

例如：某事故树共有 2 个最小割集：

$K_1 = \{X_1,\ X_2\}$，$K_2 = \{X_3,\ X_4,\ X_5\}$。

已知各基本事件发生的概率为 $q_1=0.5$；$q_2=0.2$；$q_3=0.5$；$q_4=0.5$；$q_5=0.1$，求顶事件概率。

$$
\begin{aligned}
P(T) &= 1 - \prod_{i=1}^{2}(1 - P_{K_i}) = 1 - (1 - P_{K_1}) \cdot (1 - P_{K_2}) \\
&= 1 - (1 - \prod_{i=1}^{2} q_i) \cdot (1 - \prod_{i=1}^{3} q_i) \\
&= 1 - (1 - q_1 q_2) \cdot (1 - q_3 q_4 q_5) \\
P(T) &= 1 - (1 - 0.5 \times 0.2) \cdot (1 - 0.5 \times 0.5 \times 0.1) = 0.1225
\end{aligned}
$$

② 当事故树含有重复出现的基本事件时，或基本事件可能在几个最小割集中重复出现时，最小割集之间是相交的，这时，计算顶上事件的发生概率的方法为：

（a）列出顶上事件发生的概率表达式。

（b）展开、消除每个概率积中的重复的概率因子。

（c）将各基本事件概率值带入，计算顶上事件发生概率。

如果各个最小割集中彼此不存在重复的基本事件，可省略第（b）步。

公式如下：

$$P(T) = \sum_{r=1}^{k} \prod_{x_i \in Kr} q_i - \sum_{1 \leqslant r \leqslant s \leqslant k} \prod_{x_i \in Kr \bigcup Ks} q_i + \cdots + (-1)^{k-1} \sum_{r=1}^{k} \prod_{x_i \in K_1 \bigcup K_2 \cdots \bigcup K_k} q_i \qquad (4-5)$$

例如，某事故树共有 3 个最小割集：$K_1 = \{X_1,\ X_2,\ X_3\}$，$K_2 = \{X_1,\ X_4\}$，$K_3 = \{X_3,\ X_5\}$

已知各基本事件发生的概率为：$q_1=0.01$；$q_2=0.02$；$q_3=0.03$；$q_4=0.04$；$q_5=0.05$，求顶事件发生概率。

$P(T) = q_1 q_2 q_3 + q_1 q_4 + q_3 q_5 - (q_1 q_2 q_3 q_4 + q_1 q_2 q_3 q_5 + q_1 q_3 q_4 q_5) + q_1 q_2 q_3 q_4 q_5 = 0.00190487$。

（2）基本事件的概率重要度分析：

概率重要度表示第 i 个基本事件发生的概率的变化引起顶事件发生概率变化的程度。利用顶上事件发生概率 $P(T)$ 函数是一个多重线性函数这一性质，只要对自变量 q_i 求一次偏导数，就可得出该基本事件的概率重要度系数：

$$I_{\mathrm{g}}(i) = \frac{\partial P(T)}{\partial q_i} \qquad (4-6)$$

式中 $P(T)$——顶事件发生的概率；

Q_i——第 i 个基本事件的发生概率。

利用上式求出各基本事件的概率重要度系数，可确定降低哪个基本事件的概率能有效降低顶事件的发生概率。

例如，某事故共有 2 个最小割集：$K_1=\{X_1，X_2\}$，$K_2=\{X_2，X_3\}$。已知基本事件发生的概率为：$q_1=0.4$；$q_2=0.2$；$q_3=0.3$；排列各基本事件的概率重要度。

$$P(T) = q_1 q_2 + q_2 q_3 - q_1 q_2 q_3 = 0.116$$

$$I_{\mathrm{g}}(1) = \frac{\partial P(T)}{\partial q_1} = q_2 - q_2 q_3 = 0.16$$

$$I_{\mathrm{g}}(2) = \frac{\partial P(T)}{\partial q_2} = q_1 + q_3 - q_1 q_3 = 0.49$$

$$I_{\mathrm{g}}(3) = \frac{\partial P(T)}{\partial q_3} = q_2 - q_1 q_2 = 0.12$$

故概率重要度为 $I_{\mathrm{g}}(2) > I_{\mathrm{g}}(1) > I_{\mathrm{g}}(3)$。

（3）基本事件的临界重要度分析：

临界重要度表示第 i 个基本事件发生概率的变化率引起顶事件概率的变化。它是从敏感度和概率双重角度衡量各基本事件的重要度标准，其定义公式为：

$$I_{\mathrm{g}}^{c}(i) = \lim_{\Delta q_i \to 0} \frac{\Delta P(T)}{\Delta q_i} \bigg/ \frac{P(T)}{q_i} = \frac{q_i}{P(T)} \cdot \lim_{\Delta q_i \to 0} \frac{\Delta P(T)}{\Delta q_i} = \frac{q_i}{P(T)} \cdot I_{\mathrm{g}}(i) \qquad (4-7)$$

接上例，求出各基本事件的临界重要度。

$$I_{\mathrm{g}}^{c}(1) = \frac{q_1}{P(T)} I_{\mathrm{g}}(1) = \frac{0.4}{0.116} \times 0.16 = 0.552$$

$$I_{\mathrm{g}}^{c}(2) = \frac{q_2}{P(T)} I_{\mathrm{g}}(2) = \frac{0.2}{0.116} \times 0.49 = 0.845$$

$$I_{\mathrm{g}}^{c}(3) = \frac{q_3}{P(T)} I_{\mathrm{g}}(3) = \frac{0.3}{0.116} \times 0.12 = 0.310$$

故临界重要度为 $I_{\mathrm{g}}^{c}(2) > I_{\mathrm{g}}^{c}(1) > I_{\mathrm{g}}^{c}(3)$。

六、事故树应用举例

结合陆上石油天然气钻探企业风险特点及常见事故类型，本书选取几个典型事故案例，在事故调查的基础上，利用事故树进行定性分析，找出系统安全管理的薄弱环节，提出事故预防和控制措施。

（一）物体打击事故

1. 事故经过

2016 年 4 月 1 日钻二班上夜班，负责接场地 $5\frac{1}{2}$in[1] 钻杆，当吊第 110 根钻杆时，王某在母接头（内螺纹接头）处上提丝和挂风动绞车吊钩，李某套好公接头（外螺纹接头）处绳套后操作地猫头，并指挥金某用风动绞车一同将钻杆从钻杆架吊至跑道上（此时，钻杆母接头距坡道距离约 2.5m），李某便将地猫头绳套卸下，又指挥金某上提风动绞车。金某将钻杆上提约 30cm 时，因风动绞车向前的拉力作用，钻杆向坡道方向缓慢滑动。在滑动过程中，公接头（外螺纹接头）端滑向跑道右侧边沿，即将掉下跑道。此时，李某和王某站在跑道上用白棕绳向跑道内拉钻杆，由于没有拉动，王某走下跑道站在钻杆可能滑落方向用撬杠往内撬，李某站在跑道上继续用白棕绳向内拉，仍没有拉动。李某走向地猫头方向打算用地猫头拉，而王某仍继续向内撬钻杆，由于钻杆回转晃动，突然滑落至跑道下方，王某躲闪不及，钻杆击打在其右脚小腿上，王某当即倒在地上。当班人员迅速赶来，一起将王某用担架抬出井场，并立即送往威远县人民医院，经诊断为：右胫骨骨折。

2. 事故原因分析

围绕顶上事件，调查分析基本原因事件，逐层展开分析，创建事故树（图 4-76）。

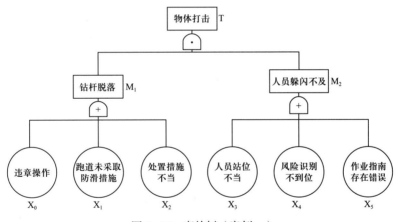

图 4-76　事故树（案例一）

事故原因解析：

（1）违章操作。在钻杆起吊至跑道后，提前取下地猫头绳，导致钻杆失去控制偏离跑道。

（2）跑道未采取防滑落措施。该队使用的跑道和钻杆架为壳牌队伍叉车作业钻杆架和跑道，高度约 1.1m，当拆除另一侧钻杆架时，未采取防滑落措施。

（3）处置措施不当。当钻杆公接头（外螺纹接头）已经滑向边缘即将掉落时，在人工

---

[1] 1in=25.4mm。

拉动无效的情况下，仍采用撬动的方法，未使用地猫头绳的有效方法进行排除。

（4）人员站位不当。王某站在钻杆可能掉落的位置撬动钻杆，当钻杆滑落时躲闪不及。

（5）风险识别不到位。对另一侧没有钻杆架、提前取下地猫头绳，在上提钻杆过程中可能滑落的风险认识不足。

（6）作业指南存在缺陷。制定《钻井工程施工作业指南》中"吊备根入小鼠洞"作业指南，但作业步骤不完善、措施不具体，同时，加重钻杆上下钻台程序缺项，对存在的风险和作业措施缺乏指导性。

3.预防措施

（1）加强教育，狠禁违章作业。组织学习《钻井工程施工作业指南》"吊备根入鼠洞"和"气动绞车操作规程"等内容，严格执行牵引绳的使用规定。同时，加大监管巡查力度，及时纠正违章作业行为。

（2）采取防滑落措施。现场在无钻杆架一侧的跑道边缘，插好挡销并放置一根钻杆避免其余钻杆滑落，同时将现有 7 套类似钻杆架和跑道更换为 0.3m 的低跑道。

（3）强化风险辨识。针对作业环境和设备设施变更后的新增风险进行识别，开展作业前工作安全分析，如人员站位、设备工具使用等，制定防范措施，提高员工风险识别能力。

（4）完善操作规程和作业指南。针对 $5\frac{1}{2}$in 加重钻杆的安全使用短板，制订《使用加重钻杆安全作业程序》，识别可能存在的安全风险，细化作业步骤，规范加重钻杆使用过程的安全管理。

（二）车辆伤害事故

1.事故经过

2018 年 5 月 4 日 8：22，××公司驾驶员谭某驾驶五十铃皮卡车，从奉节送 3 人到某井场出差，9：55 行驶至溪奉路（S010）梅子中学弯道时，遇对面弯道处驶出的东风牌货车，皮卡车辆紧急制动时发生侧滑撞向东风牌货车左侧面，两车不同程度受损，双方无人员受伤。刹车前皮卡车辆行车速度 37km/h 左右。

2.事故原因分析

围绕顶上事件，调查分析基本原因事件，逐层展开分析，创建事故树（图 4-77）。
事故原因解析：

（1）车速过快。皮卡车弯道行驶车速过快，发现对面来车采取紧急制动，车辆侧滑与对方车辆相撞。

（2）驾驶员安全意识淡薄，风险识别不足。在车辆进入转弯道路前，未提前减速，防御性驾驶经验不足，且临危操作不当。

（3）雨天道路湿滑，紧急刹车致使车辆侧滑。

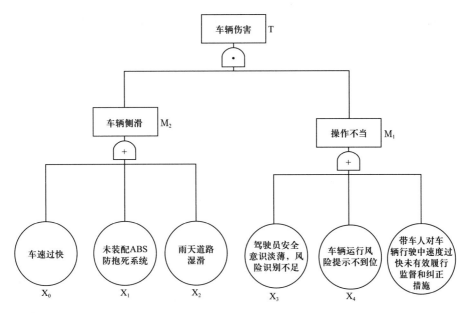

图 4-77　事故树（案例二）

（4）该皮卡车未装配防抱死制动系统（ABS），采取紧急刹车时易造成侧滑。

（5）车辆运行风险提示不到位。车队管理人员未履行对外派值班车辆运行过程中的监督、跟踪和动态风险提示。

（6）带车人对车辆行驶中速度过快未有效履行监督和纠正措施。

3. 预防措施

（1）全面开展安全经验分享。将"5·4"道路交通事故在 ×× 公司全面开展安全经验分享，认真吸取事故教训，将事故转化为资源。

（2）强化驾驶员交通安全意识。切实抓好对驾驶员安全意识、风险识别及防御性驾驶技能的提升培训，车辆驶入弯道前，应提前减速、鸣号、靠右不占道；对于未配置 ABS 系统的车辆应采取针对性的防侧滑措施和操作方法，提高驾驶员应急处置能力。

（3）严格遵守道路交通法规。严格控制机动车雨天、雾天、夜间、冰雪天、沙尘暴、高温气候等恶劣环境下行驶，严格执行安全行车"十不准"的规定和 GPS 有效监控。

（4）加强车队管理人员对长期值班车辆及驾驶员的监管责任和日常动态风险预警预报监控，切实执行公司车队 HSE 管理相关规定。

（5）有效落实带车人在任务过程中对驾驶员的监督和违章纠正。

（三）机械伤害事故

1. 事故经过

2018 年 5 月 24 日 15：58，××× 钻井队在 ×× 井拆卸人字梁左侧炮台与底座连接销子时，司钻姜某负责指挥 55T 吊车提住炮台，工程三班井架工尉某带领外钳工张某和学徒工李某负责砸销子，砸第二个销子时，井架工尉某负责托扶顶杠，外钳工张某和学徒工李某负责用力向外顶，在销子顶出瞬间，炮台和顶杠同时下移，将井架工尉某左手小拇指手夹在顶杠与销孔底边缘处。

2. 事故原因分析

围绕顶上事件，调查分析基本原因事件，逐层展开分析，创建事故树（图4-78）。

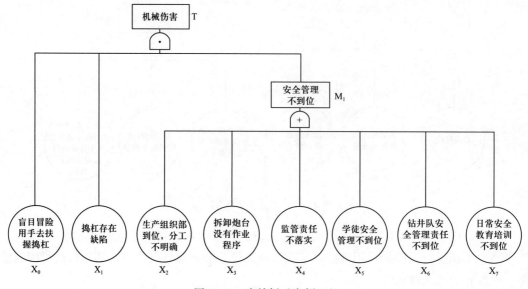

图4-78　事故树（案例三）

事故原因解析：

（1）尉某安全意识淡薄、风险辨识能力欠缺，在捣杠不能准确捣正销子时，盲目冒险用手去扶握捣杠。

（2）捣杠存在缺陷。一是捣杠总长146cm，从91cm处后端的55cm长捣杠弯曲成15°，在捣销子过程中不能准确把握捣杠找准销孔位置，用力不易集中在轴向；二是长期使用直径5cm的实心捣杠敲击，捣杠端部砸毛形成直径7cm的卷边，操作过程中影响捣杠找准销孔位置；三是捣杠长度不符合人机工程，146cm的捣杠，插入内侧销孔到外侧销孔处外部剩余77cm，长度过短，两人操作不便，用力不足，移动不平稳。

（3）生产组织不到位，分工不明确。拆卸炮台前没有明确安排由谁使用捣杠捣销子，而是随意轮流倒换人员，使无操作经验的新员工参与操作。

（4）拆卸炮台没有作业程序。作业现场用捣杠砸销子按照惯例和经验操作，没有规范的作业步骤和操作规程，操作过程无风险防控措施。

（5）监管责任不落实。副队长杨某作为监管人员，看见尉某盲目冒险扶握捣杠砸销子，只是上前拉开尉某扶在销孔耳板的右手，而没有制止其扶握捣杠砸销子的不安全行为。

（6）学徒安全管理不到位。用捣杠捣销子的张某是2017年3月参加工作的员工，李某是2018年3月6日到队的新员工，在学徒期内的员工参与捣杠捣销子拆卸炮台的高危作业，缺乏作业能力和工作经验。

（7）钻井队安全管理责任不到位。拆卸炮台作业工具存在缺陷，学徒参与高风险作业，跟班干部责任不落实等违章隐患得不到有效治理。

（8）日常安全教育培训不到位。安全教育培训无实施方案、无效果评价，干部员工对安全警示内容及岗位职责不完全清楚。

3. 预防措施

（1）加强操作行为监督。加大对高处作业、临边作业、下套管、检维修、吊装作业、绷钻具等易造成人员伤亡的重点工序的监督旁站和巡查，在作业前梳理施工风险，并在作业过程中对岗位员工遵守作业程序情况进行现场验证。

（2）对干部跟班制度进行再学习，对于要求干部大班需要到现场旁站的，严格监督落实，对于不落实的严格按照条款进行处罚。

（3）监督检查干部大班跟班作业。一是重点对干部大班跟班指导作业情况进行督查，二是加大对干部、大班违章指挥、违章作业的行为查处力度。

（4）坚持在拆搬迁作业前协调会上与钻井队干部协商，对重点监督区域和环节进行分工，监督员优先选择大吨位吊车的作业进行旁站，避免出现监管缺位，同时要加大吊装作业违章行为的查处力度。

（四）起重伤害事故

1. 事故经过

4月25日上午8：00，钻二班人员一行8人从老井场到达新井场，负责当天卸设备和部分设备的安装工作。大约8：10时，队长王某组织召开作业前工作会，并对当班任务、注意事项及卸车要求进行了提示；遂宁项目部搬安负责人谭某，对设备卸车后如何摆放及安全通道等提出了要求；安监院驻井监督林某明也在会上对吊装作业许可、高处作业和临边作业等进行了提示。8：20，班前会后，司钻邹某申请办理作业许可，队长王某现场查看确认后，签字审批同意作业。8：29，司钻邹某带领4人准备卸运输车上的底座斜支架，钻工段某和邹某上车挂吊绳，钻工罗某和刘某拉牵引绳，挂好吊绳下车后，段某到运输车上拿垫木，邹某则退到吊车旋转范围外指挥起吊作业。8：37，当吊车司机操作将斜支架向右旋转至距钻机底座约1.5m，在下放斜支架时，前部下方销子耳板（高约20cm）先接触地面，吊车继续下放，悬吊在斜支架中部下方的起升大绳绳头（40cm）上端，被卡在斜支架与下方拉筋呈40°处。因此处属于盲区，作业人员和吊车司机均不能发现此状况，吊车仍继续下放，重量部分释放在大绳绳头上面，当大绳绳头支撑不住时，斜支架尾部迅速向左边滑动，此时，距吊物约1.2m正上前准备扶吊物的司钻邹某因躲闪不及，被瞬间滑过来的吊物尾部压住右脚背，现场人员见状立即指挥吊车司机迅速上起吊物，随后将邹某送威远县人民医院检查。

2. 事故原因分析

围绕顶上事件，调查分析基本原因事件，逐层展开分析，创建事故树（图4-79）。

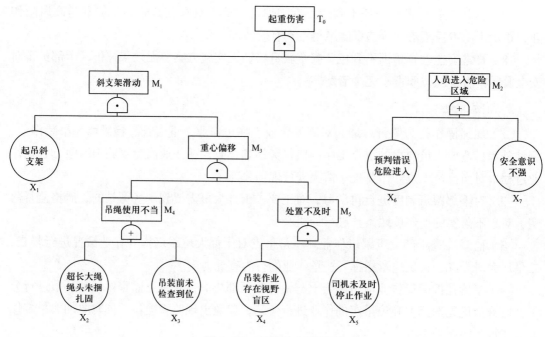

图 4-79 事故树（案例四）

事故原因解析：

（1）作业人员违反"十不吊"。作业人员在拆卸设备时，未对吊装斜支架上附着物起升大绳绳头前端进行捆绑固定，在卸车过程中，起升大绳绳头前端掉至斜支架下方提前接触地面，其上端支撑住斜支架使斜支架处于不稳定状态重心发生偏离，向左下侧瞬间滑移。

（2）吊车司机和指挥人违反"十不吊"。吊装指挥邹某在吊物未停稳的情况下，进入吊装物危险区范围内；吊车司机在吊物落地面前处于不稳定状态和人员处于危险区域内未及时采取措施停止作业。

（3）对超大尺寸异形吊件吊装未制定合理方式或配置地面支撑工装承载，使其吊件保持稳定。

（4）现场监管人员履职不到位。现场负责人未认真履行好监护职责，没有对作业现场存在的物的不安全状态、作业人员、指挥人员违章作业纠正和制止。

3. 预防措施

（1）开展经验分享。对此次事故深刻剖析事故原因，实施纠正和预防措施，重温吊装作业"十不吊"释疑，强化对吊装作业人员操作规程的培训。

（2）强化风险辨识。吊装搬迁安装作业前，队干部认真组织召开作业前安全分析会，针对大件异形吊件，全面辨识作业风险并制订针对性作业方案和具体措施。

（3）严格执行吊装作业"十不吊"规定。一是拆卸吊装设备时，应仔细检查设备附属件，对吊物各附属件，应收捡并捆绑牢固，禁止附着超长、超宽、超高和不稳固的物件；

二是吊装作业时，吊装指挥和相关作业人员应首先处于安全区域，保持足够距离；接近吊物及吊物就位时，应仔细观察吊物处于稳定状态，及时发现异常情况。

（4）强化作业过程管控。搬迁安装作业期间，队干部和现场监管人员加强巡查，认真履行职责，尤其注重关键作业、关键时段和关键部位，防止发生意外情况。

（五）触电事故

1. 事故经过

2017年4月19日，电力公司所属检修分公司负责对新世纪110kV变电站的1#站用变、3013开关和3015开关进行检修。当天站内值班员为正值班员张某华、副值班员张某某。按照当天检修计划，检修人员完成1#站用变和3013开关检修任务后，进行3015开关检修。10：44，完成3015开关检修工作，办理完工作终结手续后，检修人员离开检修现场。10：54，值班员张某华接到电力调度命令进行"新中联线3015开关由检修转运行"操作。11：00，张某华与张某某在高压室完成新中联线3015-1刀闸和3015-2刀闸的合闸操作，两人回到主控室后，发现后台计算机监控系统显示3015-2刀闸仍为分闸状态，初步判断为刀闸没有完全处于合闸状态。两人再次来到3015开关柜前，用力将3015-2刀闸手柄向上推动。11：03，张某华左手向左搬动开关柜柜门闭锁手柄，右手用力将开关柜门打开，观察柜内设备。11：06，张某华身体探入已带电的3015开关柜内进行观察，柜内6kV带电体对身体放电，引发弧光短路，造成全身瞬间起火燃烧，当场死亡。

2. 事故原因分析

围绕顶上事件，调查分析基本原因事件，逐层展开分析，创建事故树（图4-80）。

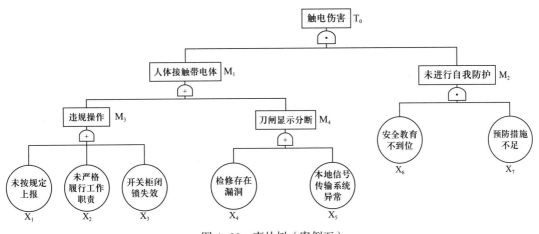

图4-80　事故树（案例五）

事故原因解析：

（1）值班员张某华违规进入高压开关柜，遭受6kV高压电击。

（2）本地信号传输系统异常，刀闸位置信号显示有误。同时采集信号的电力公司生产调度中心、港中变电分公司监控中心显示3015-2刀闸为合入状态，而变电站主控室监控屏显示分断状态。

（3）超出岗位职责，违章进行故障处理。变电站两名值班人员发现3015-2刀闸没有变位指示后，没有执行报告制度，也没有向电力公司生产调度中心进行核实，而是蛮力操纵刀闸，强力扭开柜门，探头、探身进柜内。违反了大港油田公司企业标准Q/SYDG 1407—2014《变电站运行规程》中的4.2.6"操作过程中遇有故障或异常时，应停止操作，报告调度；遇有疑问时，应询问清楚；待发令人再行许可后再进行操作"的规定。

（4）3015开关柜型号老旧，闭锁机构磨损，防护性能下降。在当事人违规强行操作下闭锁失效，柜门被打开。

（5）《变电站运行规程》条款不完善。《变电站运行规程》"4.2倒闸操作人员工作的基本要求"中，缺少运行人员"针对信号异常情况的确认"规定。该起事故中，当事人在合闸操作后到主控室监控屏确认刀闸的分合指示时，二次信号系统传输出现异常，现场刀闸状态与主控室监控屏显示不符，导致运行人员误判断。

（6）未严格履行工作职责，正值违章操作。正值在进行3015开关操作过程中代替副值操作，违反了Q/SYDG 1407—2014《变电站运行规程》4.1.1"……正值班员为监护人，副值班员为操作人……"的规定。

（7）现场管理存在欠缺。检修现场没有安排人员实施现场安全监督，非检修人员进入现场，现场人员安全护具佩戴不合规。

（8）检修工作组织协调有漏洞。电力公司应在电力例检时，同步开展二次系统检查；检修人员应在送电操作正常完成后，办理验收交接。

（9）安全教育不到位、员工安全意识淡薄。值班人员对高压带电作业危险认识不足，两名当事人在倒闸送电过程，强行打开开关柜柜门，进入开关柜观察处理问题，共同违章。

3. 预防措施

（1）完善规章制度。修订《变电站运行规程》相应条款，增加刀闸操作后，确认刀闸分合信号状态，并与调度核实是否同步。

（2）全面排查治理习惯性违章。依据相关管理办法、标准和《电力安全工作规程》中的要求，在岗位员工中全方面开展习惯性违章的自查自改和治理工作，要求岗位员工必须深刻剖析习惯性违章行为，做到自身排查与相互监督相结合。同时，各级领导干部要认真履行岗位职责，严格落实、执行安全工作规程的有关要求，强化检查指导，集中力量治理和消除习惯性违章行为。

（3）强化电力制度执行情况的监督考核。加强员工对《电力安全工作规程》《变电站倒闸操作规程》《变电站运行规程》等规章制度的掌握，要求岗位人员在工作中必须严格落实各项制度规定，一旦发现员工在工作中存在违反规定的情况，严格处理。继续排查仍未按相关制度落实执行的环节，立即组织整改，加大执行情况的监督力度，加强运行操作和检修作业的现场监督、检查，加大"两票"及倒闸操作执行情况的考核，确保各项电力制度得到严格执行。

（4）深入开展作业风险排查防控工作。立即组织员工再次对工作所涉及的作业风险进行全面排查，将以往遗漏或未重视的作业风险查找出来，组织骨干人员开展风险评价，制订出可操作性强、切实有效的风险削减控制措施，在工作中严加落实。

（5）组织员工开展事故反思活动。组织各级员工开展此次事故的大反思活动，详细通报事故的经过，以安全经验分享的形式来警示员工，使员工深刻认识到严格执行《倒闸操作规程》的重要性和必要性，时刻绷紧安全这根弦。同时，要举一反三，深刻吸取此次事故的深刻教训，还要加强员工专业知识和安全技能的培养锻炼，杜绝各类安全事故的发生。

（六）淹溺事故

1. 事故经过

2021 年 8 月 7 日 8：00，某公司储运车间北山罐区四班白班的缪某某、文某某、林某某等人到达班组，按照正常工作安排到罐区巡检。因茂名地区连降暴雨，安全环保部环保管理室副主任戴某某根据公司关于防范和应对极端天气加强现场隐患排查的要求，到北山原油罐区进行防洪防水体污染检查。10：00，戴某某到达炼油分部北山原油罐区开展检查。10：53，戴某某从储运车间南边进入 129# 罐区域，与在 129# 罐东面改流程的缪某某相隔十余米，缪某某发现有人进入罐区，便上前询问，得知其是公司安环部的戴某某。随后缪某某跟着戴某某绕 129# 罐检查了一圈，戴某某发现 129# 罐西南边的废弃隔油回收池缺少了一块盖板，存在安全风险，因此提醒当班操作工缪某某回去向车间汇报，由车间安排人做好该池周边安全警戒线围蔽，以防人员误入坠落。12：00，缪某某在吃中午饭时向副班长赵某某汇报了上述情况，向副班长赵某某拿到了警戒绳。12：30，缪某某携带警戒绳独自一人按规定路线前往 129# 原油罐区进行巡检。12：32，缪某某到达 129# 原油罐区附近。12：36，缪某某用班组防爆手机传 129# 罐旁废弃隔油回收池现场照片到车间内部钉钉群，并写上 "公司安环部领导要求在此处拉警戒线"。14：00 至 17：00 之间，当班员工之间多次用对讲机进行沟通联系，缪某某的对讲机一直保持静默，当班员工基于缪某某之前经常出现无应答的情况，就没有引起警觉。17：10，当班职工林某某发现缪某某没有回外操室吃晚饭，便用对讲机呼叫缪某某，但没有得到其回应，于是将情况向班长文某某进行了汇报。17：15，文某某、林某某到北山原油罐区搜寻缪某某。17：50，林某某围着储罐周边巡检路线到达 129# 罐西南角废弃隔油回收池搜寻，发现该废弃隔油回收池缺少了一块盖板，观察池周边情况时，发现有巡检包、工作服痕迹，于是探头往池内仔细观察，发现池内有人，就呼叫班长文某某和内操邓某某联系救援，班长文某某，班员杨某、吴某、江某某、柯某某、温某某等人知悉后陆续赶到现场展开救援，几名班员在身后拉住文某某，用雨伞勾住缪某某的巡检包带，把泡在水里的缪某某拉过来，众人合力将缪某某从池内抬出来，放到 129# 罐旁的水泥地面。18：13，当班内操邓某某将事故情况上报茂名石化应急救援中心，同时，茂名石化消防支队接报北山原油罐区 129# 罐旁有一人晕倒跌入水池的事故信息报告。18：14，茂名石化炼油中队出动两辆车搭载 8 人前往处置，并于 18：18 到达事发现场。18：30 左右，茂名市中医院的 120 救护车赶到现场，经医护人员现场检查确认缪某某已经死亡。

2. 事故原因分析

围绕顶上事件，调查分析基本原因事件，逐层展开分析，创建事故树（图 4-81）。

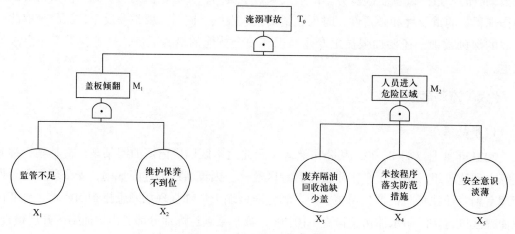

图 4-81　事故树（案例六）

事故原因解析：

（1）操作工缪某某在设置围蔽警戒线的过程中，冒险踩上废弃隔油回收池上面，因盖板松动不慎踩翻扶手右边第二块盖板，身体失控连同盖板跌入池中，导致溺亡。

（2）落实安全生产责任中存在不足，对从业人员开展安全生产教育和培训不到位，员工缺乏基本的安全常识。

（3）对已经被排查出来的安全隐患，未能按照《茂名石化 HSE 风险分级管控和隐患排查治理双重预防机制管理程序》及时落实整改防范措施。

（4）未严格落实《茂名石化 HSE 责任制》，对员工管理存在薄弱环节，未及时跟进当班员工去向。

3. 预防措施

（1）强化安全教育培训，提升员工安全风险意识。结合本单位生产作业实际情况，采取有效措施加强对从业人员进行安全教育培训，确保岗位员工安全、素质等培训工作取得实质性成效；加强对干部职工的事故警示教育，引导他们树立"风险无处不在"的意识，在日常作业过程中严格遵守操作规程；加强对员工应急预案知识的培训，使干部职工熟悉事故预防措施有关知识，熟练掌握事故报告流程、不同事故应急处置方法及流程，提高自我保护意识和危机意识，做到自我防范、自我保护。

（2）深入开展隐患排查，及时落实整改防范措施。为杜绝同类事故发生，要全面落实"一线三排"工作要求，对事故暴露出的同类隐患进行彻查彻改，全面开展"四有四必"

（有洞必有盖、有台必有栏、有轮必有罩、有轴必有套）的隐患排查行动，针对井涵、阀井、水池、油池等存在敞口或有可拆卸盖板的情况进行排查。全面加强对边远地区、辅助生产设施的管理，采取分片区"网格化"方式对厂区生产设施进行全面排查，特别关注辅助生产装置、设备设施的排查。对排查出的安全隐患，要及时按照《HSE 风险分级管控和隐患排查治理双重预防机制管理程序》进行治理，未能及时治理的，需要做好相应的防范措施。

（3）加强员工作业安全管理，严格落实安全生产责任制。督促全员遵守《HSE 责任制》，认真落实全员、全过程、全方位、全天候的安全管理责任，加强专业管理工作，加强基层建设、基础工作和基本功训练，确保各项制度在基层得到有效执行。提升企业、车间、班组的管理能力，加强对员工的日常管理，对员工离开岗位外出作业或从事其他作业，出现长时间不归、长时间联系不上等异常情况时，应及时采取寻找、扩大联系范围等措施，弄清异常情况，避免事态影响扩大。

（4）各级应急管理部门要完善事故信息报告内部协调机制，提升应对突发事件的处置能力。为及时、全面、准确掌握事故信息，提高对生产安全事故信息的收集、研判、应对、处置能力，各级应急管理部门应按照《生产安全事故信息报告和处置办法》的规定，结合本单位实际，进一步完善事故信息报告内部协调机制，明确各机构和岗位的职责，并加强对本单位领导干部职工的培训，确保事故信息报告岗位人员熟练掌握信息报送流程，做到不漏报、不迟报；确保遇到紧急情况和突发事件时，与企业对接及时、沟通顺畅、处置得当，部门内部上下衔接流畅。

（七）喷灯烧伤事故

1. 事故经过

2005 年 10 月 28 日，某钻井队进行下钻作业。司机李某启动 3# 柴油机跑温，副司钻刘某准备挂 2 号泵循环钻井液，发现继气器冻结，于是李某就和井架工潘某一起，在未履行动火作业许可的情况下用喷灯烤继气器，李某打开喷油头阀门发现喷嘴间歇性喷出火苗，判断喷油嘴堵塞，潘某用手钳子从钢丝刷上拔下一根钢丝，蹲下身子捅喷油嘴，李某在给喷灯打气的过程中压翻了喷灯，喷灯正好倒向蹲在右边捅喷油嘴的潘某，喷油嘴喷出油雾射在潘某颈部衣领上并着火，导致潘某手部、颈部烧伤。

2. 事故原因分析

围绕顶上事件，调查分析基本原因事件，逐层展开分析，创建事故树（图 4-82）。
事故原因解析：
（1）人员冒险作业，通喷油嘴前未确认喷灯熄火。
（2）未按程序操作，边通喷油嘴边进行打压作业。
（3）工具选择不当，用钢丝通喷灯，未使用专用通针。
（4）人员操作鲁莽，打气过程中压翻喷灯。

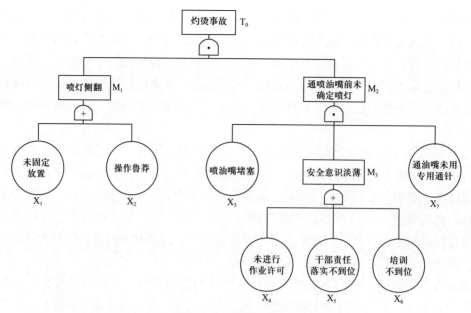

图 4-82　事故树（案例七）

（5）员工未按要求进行作业许可，作业过程无人监护。

（6）干部大班跟班责任落实不到位，未发现并制止本起违章行为。

（7）培训不到位，员工安全意识淡薄，未识别到违章作业风险。

3. 预防措施

（1）加强培训提高员工思想认识。项目部及各钻井队持续加强冬季操作规程、冬季事故案例的培训学习，提升员工的思想认识，提高操作技能，从而实现标准化操作、安全作业。

（2）抓实风险控制工具的日常应用。各级管理人员加强风险控制工具的日常应用，加强现场的验证，确保风险控制工具切实发挥管控风险的作用，督促员工养成主动应用风险控制工具控制风险的习惯。

（3）加强全员安全生产责任落实。冬季施工受季节性影响，新增风险较多，要求各级管理人员严格履行监管责任，严格落实跟班制度，各岗位操作人员加强岗位检查及标准化操作，同时，积极发挥现场监管和远程监控的双重管理作用。

（4）加强安全执行力建设。严格落实冬季"八防一禁止"管理要求，严格执行冬季操作规程及相关管理要求，以"防"为主，加强过程性管控，严格落实放气、放水及吹扫制度，杜绝油气水路的冻结。

（5）加强冬季施工的应急管理。各队结合本队实际，编制可操作的冬季施工应急处置程序，组织全员培训、加强日常演练，确保在控制系统发生异常时能够正确处置，杜绝发生伤害。

（八）火灾事故

1. 事故经过

2019 年 4 月下旬，作业区结合 ×× 井动态分析认为该井具有复产潜力，决定复产。4 月 28 日，×× 公司维护七队接到作业区对 ×× 井复产工作通知。8：00 左右，×× 公司维护七队到达 ×× 扩井场布置现场。9：40 左右，作业区修井监督（以下简称监督）李某在扩井场对 ×× 公司维护七队开工验收，随即开具了开工验收整改通知单。现场存在放喷管线固定卡子松动、工具摆放不整齐、土工膜三脚架铺设不规范等三个问题。10：00 左右，监督李某再次对维护七队验收，问题已全部整改，通过验收，随即签发开工令。18：20 左右，×× 公司维护七队队长张某在 ×× 井起到第 39 根油管时，按照 18：30 以后不得作业的规定，决定停止作业，收拾工具，待次日继续作业。18：30 左右，监督李某检查手动单闸板防喷器及油管旋塞完全关闭后返回队部。维护七队雷某留守现场值班，技术员王某带领其他人员离开现场返回驻地。18：45 左右，值班人员雷某离开现场，寻找商店购买食物和水。19：20 左右，值班人员雷某在返回井场途中发现现场有浓烟，快跑到井场附近，发现井口着火，立即将现场情况打电话上报作业区井下管理岗李某，并联系 ×× 公司维护七队技术员王某请求支援。19：25 左右，作业区副经理王某接到李某上报的险情，立即向作业区经理杨某电话汇报，杨某结合情况下达了作业区级火灾应急救援指令，并上报厂部请求消防车支援。19：35 左右，井区相关人员到达现场。19：45 左右，作业区经理杨某、副经理刘某到达现场，现场成立应急抢险小组，组织开展应急抢险工作。20：25 左右，消防车到达现场。21：00 左右，火被扑灭，无人员受伤。

2. 事故原因分析

围绕顶上事件，调查分析基本原因事件，逐层展开分析，创建事故树（图 4-83）。

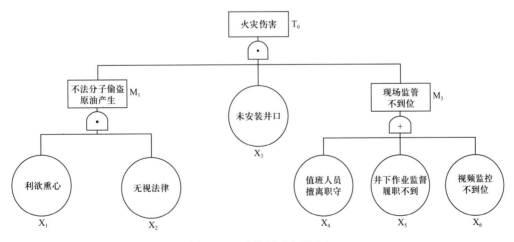

图 4-83　事故树（案例八）

事故原因解析：

（1）现场勘察发现油管旋塞掉落在井口旁，判断为不法分子强行拆卸井口偷盗原油过程中产生火花引发着火事件。已于当日报县公安局，正立案调查。

（2）××公司维护七队在作业等停期间，未按照要求安装井口，认为单闸板防喷器完好、油管旋塞完全关闭即可，井下作业暂停时段值班人员擅离职守，现场安全管理不到位，为不法分子打开油管旋塞偷盗原油提供了可乘之机。

（3）作业等停期间，作业区未采取相关措施监督跟踪承包商人员全时段值班值守，值班人员擅离职守未能及时发现。

（4）作业区日常井下作业监督管理不到位，各级岗位职责履行不到位，管理松懈。

（5）作业区、井区日常生产管理不到位，站点、作业区均设立视频监控岗，但职责履行不到位，未能及时对生产现场进行巡检监控，未第一时间发现起火。

（6）作业区修井监督工作责任心不强，井下作业暂停时段未督促维护队伍安装井口。

3. 预防措施

（1）强化制度学习。厂级：组织井下作业科、井下作业监督站、质量安全环保科、作业区、承包商负责人等相关管理人员共计85人进行井下作业相关制度学习；作业区级：各作业区组织作业区技术员、修井监督、安全管理人员、井区干部、井区监督、各作业队伍队长、技术员等相关操作人员共计300余人进行井下作业相关制度学习。

（2）强化制度落实。严格执行油田公司相关制度要求，通过组织厂级、作业区级制度学习，使管理人员、操作人员都能够从程序上进行规范，确保作业受控。

（3）强化现场管理。严格落实公司及厂部相关管理要求，等停过程严格执行现场全时段值班值守，通过视频、电话等方式严格监控值守人员全时段在岗，严禁擅离职守。

（4）提高特殊井监督管理等级。对长停井、套返井、水淹井等特殊井的作业，要求作业区、井区执行两级监督，提高监督等级，确保安全受控。

（5）加大应急处置培训演练力度。组织召开厂级、作业区级应急处置演练，通过培训和演练提高作业人员的业务素质和安全意识，确保队伍在第一时间能发现问题，正确解决问题，做到处变不惊。

（九）高处坠落事故

1. 事故经过

2021年11月5日，某单位劳务派遣至甲方提供技术服务的员工李某，在甲方某试油机组上2号储液罐（罐面距地面约5.35m）查看备水情况、拍摄井场施工布局图时，从2号储液罐通过过桥（长约2.0m）走向3号储液罐途中，过桥2号罐端滑脱，李某手扶的3号罐栏杆断裂，身体失稳后坠落地面，致人员轻伤。

2. 事故原因分析

围绕顶上事件，调查分析基本原因事件，逐层展开分析，创建事故树（图4-84）。

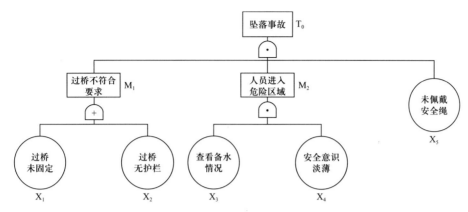

图 4-84 事故树（案例九）

事故原因解析：

（1）李某违章作业，使用搭设不合理、未固定、无护栏不符合安全条件的过桥由 2 号储液罐走向 3 号储液罐途中，过桥滑脱，导致其高处坠落。

（2）甲方施工队伍安装过桥设置不合理，且两端未固定、无护栏，不具备安全生产条件。

（3）甲方施工队伍 2 号储液罐位置调整后，未识别储液罐位置变更后的安全风险，设置过桥变更管理不到位。

（4）甲方监管人员监督检查不到位，未发现过桥存在的隐患。

（5）对劳务派遣员工安全教育与培训不到位。

3. 预防措施

（1）分层级组织召开专题讨论会，深刻反思，汲取事故教训，举一反三，坚决杜绝类似事故发生，使监督人员真正认识到保障自身安全的重要性。

（2）开展现场设备设施完整性可靠性专项排查，治理设备设施设置不合理、安装不到位、安全通道不畅、防护措施不规范等本质安全问题，堵塞事故隐患漏洞。

（3）各监督部要强化员工行为安全管理，强化员工履职过程安全管控，及时纠正不安全行为。扎实开展员工行为规范教育培训，提升员工行为安全意识。

（4）各施工现场要加强作业许可、变更管理等风险控制工具使用管理，严格高风险作业施工过程管控，特别是对现场涉及的调整设备安装方式等作业，要严格落实事前风险辨识，严格执行变更管理程序，落实管理措施，规避变更作业风险。

（5）凡向外借出、外派、劳务派遣人员的，应签订聘用合同或 HSE 合同，与被派遣单位明确双方的权利、责任和义务，特别要明晰发生生产安全事故后的事故报告单位和双方应承担的管理责任等内容。

（十）坍塌事故

1. 事故经过

4 月 19 日 6：10，万××公司工长孙某组织力工邱某、杨某、孙某 1、马某 1、马某

2、李某和铲车司机范某等人召开了班前安全分析会后进入现场，办理了27#、28#砂滤罐的受限空间作业许可证，开始对27#砂滤罐进行清理作业。邱某、杨某站在砂滤罐顶部进行板结滤料破碎作业，孙某1、马某1、马某2、李某分两组，轮流在罐底裙座内铲出滤料装到铲车上，范某运送至站内的存放处，孙某负责现场监护。石油石化设备二厂项目部负责人进行现场监督。14：30，完成27#砂滤罐清理后，开始对28#砂滤罐进行清理，孙某1、马某1、马某2、李某从砂滤罐下方卸料口清出10m³左右滤料。15：25，因砂滤罐下方卸料口无法继续排出滤料，邱某、杨某穿戴安全带后从罐顶人孔进入28#砂滤罐，到达作业层，邱某将安全带系挂在进水分支管上，杨某将安全带系挂在上部横梁附近后，进行板结滤料破碎作业。15：40，邱某、杨某脚下板结滤料突然垮塌，罐内及罐壁周围的金刚砂滤料随之坍塌下落，两人随板结滤料下坠，杨某被金刚砂掩埋至腿部，邱某被掩埋。杨某看到此情况后立即呼救，罐外的孙某、孙某1听到后立即上罐，此时邱某已被滤料掩埋，孙某、孙某1手工清理滤料进行救援，因缺乏有效救援手段，三人从砂滤罐中爬出。4月20日4：00左右，邱某被救出，120确认死亡。

2. 事故原因分析

围绕顶上事件，调查分析基本原因事件，逐层展开分析，创建事故树（图4-85）。

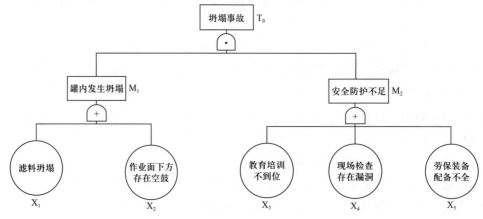

图4-85　事故树（案例十）

事故原因解析：

（1）作业人员邱某脚下滤料坍塌，邱某随滤料一起下落，滤料将其掩埋，造成窒息死亡。

（2）安全带未起到防坠落作用。安全带腰带缝线断开，造成作业人员下坠过程未起到防坠落作用。造成安全带腰带缝线断开的原因可能是安全带质量问题或者缝线老化、磨损。

（3）作业面下方存在空鼓砂滤罐内部滤料表面板结，从下部排出10m³左右滤料后，造成作业面下方存在空鼓，经敲击震动坍塌，内壁及周围的滤料急速下落，将作业人员掩埋。

（4）风险辨识和防控措施不到位。2019年4月8日，××装卸公司编写、审批《作业计划书》，4月9日，石油石化设备二厂编写、审批《施工方案》，4月16日，石油石化设备二厂对万盛装卸公司作业人员安全技术交底中，均未识别出作业可能存在的罐内滤料坍塌风险，未制订相应的防控措施。操作过程中，砂滤罐内部滤料表面板结且从下部排出10m³左右滤料，作业人员、现场监护、现场负责人均未认识到作业面下方已经存在空鼓，进行板结滤料破碎作业存在坍塌风险。

（5）教育培训不到位。××装卸公司对作业人员培训不到位，经现场勘查，邱某安全带佩戴不规范，系挂点偏低。石油石化设备二厂编写的《中514站滤灌滤料清除人工培训方案》中滤罐拆除班组施工规程部分内容与现场实际不符，如要求搭设脚手架后从侧人孔进入，实际砂滤罐没有侧人孔，也不需要搭设脚手架。第一采油厂未对作业许可相关人员开展针对性的培训，作业许可证中涉及的属地监督、属地负责人、作业批准人等相关人员，对自己的职责及作业许可相关要求不熟悉，属地监督、属地负责人对此次进入受限空间作业需要检测的气体和检测要求不清楚，作业批准人对作业过程中存在的风险及防范措施不了解。

（6）现场监督检查存在漏洞。××装卸公司2名作业人员从罐顶进入罐内进行受限空间作业时，安全监护未在罐顶实施旁站监督，无法对进罐及罐内清砂作业实施全过程监护，不能及时发现作业过程中的违章行为，出现问题时也无法第一时间救援，不符合油田公司《进一步加强承包商施工作业安全准入管理实施方案》中"施工单位工程监督和安全监督人员对关键作业、危险作业要实施旁站监督"的要求；石油石化设备二厂项目负责人在万盛装卸公司作业期间未全程在场，采用巡查的方式进行监督，未能及时发现现场的违章行为，不符合大庆油田公司《进一步加强承包商施工作业安全准入管理实施方案》"项目主要负责人在项目施工现场时间不得低于70%，且关键作业、危险作业必须在场"的要求。

（7）作业许可管理不严格。进入受限空间措施落实不到位。现场配备了保护绳、软梯，供作业人员进出罐时使用，而邱某、杨某进出罐时均未使用，破碎作业期间也未系带保护绳。

（8）设备入场检查不认真。现场监督人员和监护人员在作业前没有严格检查作业人员的劳保用品完好情况。

3.预防措施

（1）停止砂滤罐滤料清除相关作业，深入组织研究策划三元污水"一级序批/连续流沉降＋一级连续自动砂滤过滤工艺"，在保证水质处理达标的前提下，改进罐内工艺结构，确保滤料在重力作用下能够自行排出；针对此类砂滤罐无侧人孔、清理难、风险高的清罐及改造作业，研究整体切割、罐顶高压水冲洗等方式，避免人员进罐作业，确保本质安全。

（2）组织建设方、施工方、监理方有关人员，以作业许可、劳保用品、检测仪器为重点，开展相关技能培训，使其清晰掌握自身在高风险作业中的职责及作业许可相关要求，杜绝作业风险识别不全面、防控措施制订不合理、劳保用品使用不规范、检测仪器功能不了解、气体检测要求不掌握等情况再次发生，避免人员能力不足带来的风险。

（3）强化"新工艺"安全评估和审查。组织对新工艺全周期的各个阶段进行深入分析，系统辨识、评估，控制新工艺在设计、施工、生产和维修等各个环节可能带来的风险，将风险控制环节前移，通过采用低危害性工艺条件、低危害性物料形态，降低释放能量影响和误操作可能性，实现工艺本质安全。

（4）提升施工方案编制的科学性。生产作业前，严格组织前期踏勘，充分掌握施工内容、作业人员、作业环境及设备设施状况，合理安排作业环节，逐个环节进行风险识别，逐个步骤制订控制措施，特别是对新工艺、新技术、新材料等施工内容，全面辨识出各类风险，切实强化施工方案编制的合理性、针对性和可操作性。

（5）进一步加强承包商安全管理。认真落实集团公司关于分、承包商安全监督、风险作业公示等管理制度，严格开展承包商准入能力评估、施工作业过程监管、安全绩效评估等基础工作，按照"谁发包、谁监管，谁用工、谁负责"的原则，强化监管责任落实。项目主要负责人在项目施工关键作业及危险作业不在场的坚决予以停工；严格承包商及劳务人员入场前安全培训教育，充分结合现场实际风险、作业内容、操作规程、应急处置措施，强化能力评估，严肃培训考核，对安全技能不达标和安全培训不合格的作业人员，严禁入场作业。

（6）进一步加强作业许可管理。切实强化高风险作业全过程监管，严格落实作业许可管理规定。建设方、施工方作业前必须对施工设计、施工方案、施工组织等严格确认，消除管理隐患；严格工作前安全分析，确保危害因素辨识清晰、全面，控制措施合理、有效。高风险作业必须派驻小队级以上干部盯在现场，实施全过程监督监护；强化施工过程监督检查，对未严格执行施工方案和作业许可的情况坚决叫停进行整改，确保各项风险防控和保障措施有效落实。

（7）进一步加强劳动防护用品管理。强化劳动防护用品的采购、验收、发放、使用、更换、报废等管理制度的执行，建立管理台账，加强个人劳动防护用品的可追溯性。采购与在用的安全带、安全帽及其他个人劳动防护用品，必须严格执行国家相关标准规范。

（8）修订完善 HSE 检查细则，明确劳动防护用品采购渠道、质量合格证明、适用范围、有效期限、穿戴方法等检查内容和周期，并严格进行现场监督检查，筑牢安全最后一道防线。

（十一）天然气爆炸事故

1. 事故经过

2014 年 2 月 28 日，××公司××厂××作业区机关食堂突然猛烈爆炸。爆炸后，食堂北侧大餐厅、大厅南侧会计室、休息室等墙体及屋顶预制板整体坍塌，屋顶彩钢板落下。食堂东侧、南侧靠东的外墙坍塌，南侧靠西的豆腐坊外墙基本完好，房门基本完好；

豆腐坊西侧外墙完好，5 处玻璃窗全部震碎，边缘 2 扇破坏较轻，东侧内墙倒塌，北侧外墙完好；与外墙相隔的更衣室、男女厕所外墙倒塌。其中，食堂东南侧副食加工、冷荤加工区等上方彩钢全部掀开，主要翻向北侧餐厅顶端，呈撕裂状。食堂内当时有 3 人，1 人当场死亡，2 人送医院抢救无效死亡。

2. 事故原因分析

围绕顶上事件，调查分析基本原因事件，逐层展开分析，创建事故树（图 4-86）。

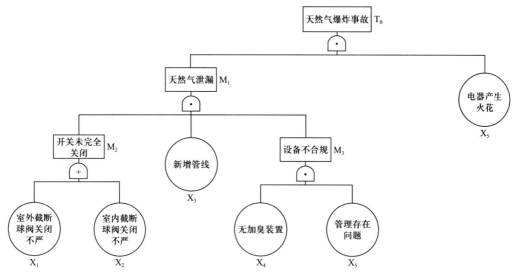

图 4-86　事故树（案例十一）

事故原因解析：

（1）天然气泄漏，在操作间和与其相连通的空间内达到爆炸浓度，疑遇使用电器或其他原因产生的火花发生剧烈爆炸。

（2）室外截断球阀虽处于关闭状态，但经现场水密试验漏水，关闭不严。

（3）室内截断球阀处于半关状态。

（4）天然气管线变更管理不严格。因冬季冻堵，原管线供气不足，增加了一条 $\phi60\times4$ 的新线，未经调压阀直接跨接至室外截止阀前管线，造成炉前压力（0.2MPa）高于设计值（0.002MPa）。作业区擅自更改管线走向和管径，未经设计审验和安全风险评估，无施工、竣工验收等资料。

（5）原供气系统无加臭装置。未按图纸设计要求对使用天然气进行加臭处理，竣工验收也未提出异议。

（6）特殊设备设施管理存在问题。每年只对可燃气体报警探头进行检测，确认其正常，未对连锁系统的电磁阀切断功能和阀门内漏情况进行检测。

3. 预防措施

（1）立即开展生活用气安全隐患全面排查，严格按相关规范抓好落实整改。

（2）对炉灶组织调研，对炉灶熄火自动保护装置的使用可行性进行论证。

（3）对炉灶连接软管等部件的密封性定期检查确认。

（4）食堂操作间增加监控设施，可燃气体报警器应设在昼夜有人值守处。

（5）进一步完善有关制度，加强非生产区域日常管理，做好对外来用工相关安全知识培训，告知风险。

（6）对相关未确认事项进一步跟踪，深入分析导致事故发生的管理原因，严肃追究相关人员的责任。

（十二）储能气瓶爆炸事故

1. 事故经过

2018年6月4日9：00左右，在某国某项目，××服公司分包商HH公司钻井队作业现场，中方机械师与机械师助理（当地人）对远控台储能器检测、充装氮气过程中，发生储能器钢瓶爆炸事故，导致2人当场死亡、重伤1人。

2. 事故原因分析

围绕顶上事件，调查分析基本原因事件，逐层展开分析，创建事故树（图4-87）。

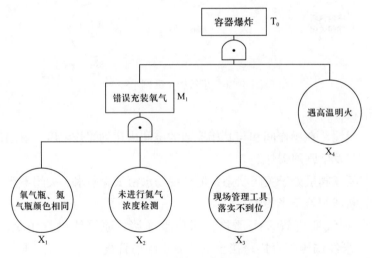

图4-87　事故树（案例十二）

事故原因解析：

（1）向储能器气瓶中错误充装了氧气，钢瓶中胶囊发生氧化反应，液压油汽化遇氧气导致发生燃爆事故。

（2）设备维护人员在充装氮气前，未使用专业检测仪器对氮气瓶 N_2 纯度进行认真检测，现场安全风险识别不到位。

（3）现场危险气体管理混乱，存在安全隐患。据了解，当地供货商提供的氮气瓶、氧气瓶颜色均为黑色，两种气瓶颜色相同，若气瓶管理不严，现场很难区分，极易造成氧气瓶和氮气瓶混用。

（4）氮气本身不燃烧，但盛装氮气的钢瓶遇明火高温可使容器内压力急剧升高直至爆炸。

（5）现场工作前安全分析等管理工具落实不到位，有待进一步完善。

3. 预防措施

（1）组织伊拉克项目为现场配备氮气检测装置。

（2）加强现场气瓶管理。气瓶分开存放，安全标志清楚，空瓶满瓶标注好并区分开，安全阀及护罩要完好，对氮气瓶、氧气瓶、乙炔瓶和液化气瓶严加管理。

（3）完善作业许可清单，将氮气充装作业列入许可审批范围，并制订预防措施，要求严格落实作业许可制度（将带压相关作业列入许可审批范围）。

（4）对远控台储能器钢瓶、泥浆空气包等充装氮气前严格进行 N_2 纯度检测。

（5）加强对现场气瓶、压力容器及安全阀的安全检测。

（6）推广等离子切割机，取代电气焊切割，有效降低切割作业存在的安全风险。

（7）加强现场安全监管，严格落实危险气体控制管理办法要求。

（十三）其他爆炸事故

1. 事故经过

2022 年 3 月 6 日，××井开始下筛管作业，井口压力 26MPa；09：01：00，完成前六根油管的下钻作业；09：02：00，开始下第七根油管作业；09：04：03，关固定防顶卡瓦载荷转移；09：04：05，第七根油管缓慢上移约 10cm；09：04：06，第七根油管开始加速上窜，并伴有雾状天然气泄漏；09：04：08，入井油管串 70.6m 全部飞出；09：04：09，1 名副操作手实施应急操作（紧急关闭安全半封和工作半封）；09：04：11，平台着火（油管上窜 5s 后）；09：04：19，1 名主操作手从逃生滑索滑下逃生；09：04：27，作业经理快速跑至远控房；09：04：31，作业经理实施紧急关井操作（先关闭剪切闸板、再关闭全封闸板）（油管上窜 15s 后）；3 月 6 日 09：04：32，1 名副操作手从笼梯处头部朝下坠落；09：04：38，1 名主操作手从笼梯处滑落逃生；09：04：42，平台着火基本熄灭，事故得到控制（油管上窜 36s 后）。事故最终造成 2 人死亡、2 人受伤。

2. 事故原因分析

围绕顶上事件，调查分析基本原因事件，逐层展开分析，创建事故树（图 4-88）。

事故原因解析：

（1）作业过程中固定防顶卡瓦关闭在第 6 根与第 7 根油管之间的接箍上，因卡瓦牙与接箍不匹配（卡瓦牙 73mm，接箍 88.9mm），无法卡紧油管，在井压上顶力（10.92t）作业下，导致油管高速上窜，油管接箍撞坏工作半封闸板芯子，天然气大量泄漏，撞击产生火花引起爆燃，是事故发生的直接原因。

（2）对气井带压作业风险认识不足。一是未能正确识别卡瓦关在油管接箍上不能卡紧油管串作业风险；二是对紧急逃生装置适用性认识不到位，未考虑到带压作业油气泄漏着火快，人员迅速逃生的需求。

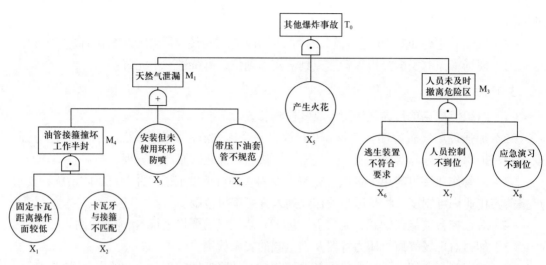

图 4-88　事故树（案例十三）

（3）安装了环形防喷器，但作业时未使用，管柱全部飞出后不能及时封井，导致天然气大量泄漏（分析是为了节约成本原因）。

（4）逃生装置不能满足操作台应急逃生的要求，作业人员对紧急逃生通道和设施不熟悉操作台上有 4 名作业人员，事故发生时只有 1 名主操作手通过逃生滑索顺利逃生。

（5）固定卡瓦距离操作台面距离远，主操作手无法观察到油管接箍过卡瓦情况。

（6）操作人员未严格执行操作规程。主操作手在载荷转移操作过程中转移载荷不足，轻管柱状态应使用三组卡瓦（移动承重、移动防顶、固定防顶），实际只使用两组卡瓦（移动防顶、固定防顶）。

（7）对带压作业关键作业环节风险识别、控制措施不到位。各级管理人员未辨识卡瓦夹油管接箍风险，作业计划书、任务书、班前会未对卡瓦夹油管接箍进行安全风险提示。

（8）应急处置培训及逃生演练不到位。未制定逃生装置操作规程或指南，该平台（已完成一口井带压作业）未开展逃生演练，记录显示 2021 年在上一个作业平台进行逃生演练。

（9）人员培训及评估不到位。低岗位到高岗位无有效的培训考核和能力评估记录，如副操作手岗位到主操作手岗位、场地工岗位到技术员岗位无相关培训及评估记录。

（10）执行带压下油管安全技术交底和带压规范不到位。在轻管柱状态下，规范要求前 50 根不超过 20 根 /h（3min/ 根），技术交底要求前 50 根不超过 15 根 /h（4min/ 根），实际第 3 根至第 6 根平均每根用时 2min28s（其中第 6 根下钻时间为 1min50s），下钻速度过快，增加作业风险。

3. 预防措施

（1）强化风险识别及管控。加强风险识别，制订针对性防范措施，并进行常态化安全技术交底、培训和演练。

（2）加强应急处置培训及逃生演练。制定逃生装置操作规程或指南，定期开展逃生演练。

（3）安装视频监控。带压作业现场安装正对作业机的全景视频监控，在操作平台安装正对主操作手和副操作手的操控视频监控，在无法直接观察到固定防顶卡瓦和固定承重卡瓦开关状态的设备安装视频监控，视频监控具有实时监控、存储功能，并不定期开展回放检查。

（4）安装数据采集系统。对带压作业过程中的卡瓦关闭压力、储能器压力、上下闸板压力、液缸举升和下压压力、转盘扭矩、液压钳压力、圈闭压力、套管压力等关键参数进行采集，并融入 EISC 中心。

（5）优化操作平台逃生装置。一是清理操作平台上的工具、杂物，杜绝堵塞逃生通道；二是不同方向配置安装不少于 2 套逃生装置，至少一套为斜拉式滑道逃生装置；三是每口井开工前开展操作平台逃生演练。

（6）加强设备维护保养。一是对带压作业机卡瓦、举升机等承载承压部件进行维护保养和定期检测；二是设备安装完毕后进行调试和功能试验。

（7）加快带压作业机远程控制配套技术研究。一是控制装置和系统下移至地面操作，实现操作平台无人化操作；二是提升带压作业机远程自动化程度；三是开展数字化智能化研究，努力实现"一键式"智能化操作。

（8）做好带压作业设备冬防保温工作。对环形防喷器、上/下工作闸板防喷器、安全防喷器组的双闸板防喷器、大通径平板阀及各种管汇等设备采取相应的保温措施，防止设备失灵或管线冻堵。

（十四）硫化氢中毒事故

1. 事故经过

2005 年 10 月 12 日当日下午，×× 井下作业公司 306 队在小 6-3 井进行除垢作业前的配液作业过程中，该队接到设计后，按设计要求清理储液罐内井下返出物，由技术员进行技术交底，副队长带领其他 3 名员工站在平台上向罐内倒除垢剂。19：50，当倒至第 24 袋（每袋 25kg）时，4 人突然晕倒，其中 3 人掉入罐内，1 人倒在平台上，最终导致 3 人死亡，1 人受伤。

2. 事故原因分析

围绕顶上事件，调查分析基本原因事件，逐层展开分析，创建事故树（图 4-89）。

事故原因解析：

（1）除垢剂的主要成分氨基磺酸与储液罐内残泥中的硫化亚铁发生化学反应，产生硫化氢气体，导致人员中毒。

（2）配液罐底未清理干净。罐底存有洗井作业时的返出物，其中含有大量硫化亚铁。

（3）配液罐结构不合理。罐底有三道高 5cm 左右的加强筋，仅有一个排放口，罐内残泥不便于清除干净；罐顶工作面小，未安装防护格栅。

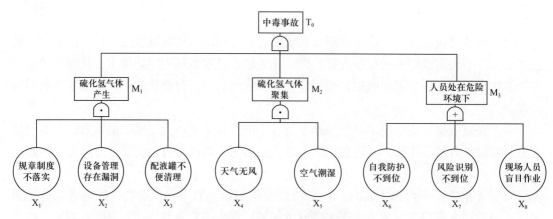

图 4-89　事故树（案例十四）

（4）现场人员对异常气味没有警觉，继续盲目作业。

（5）现场环境不利于有毒气体扩散。当日天气无风、空气潮湿，硫化氢气体不易扩散，导致浓度急剧增高，人员在短时间内中毒晕倒。

（6）风险识别不全面。没有对成熟工艺在特定环境条件下的风险引起足够重视，没有识别出配液作业会产生硫化氢风险。

（7）规章制度不落实。制度和设计明确要求配液前必须将罐清理干净，但作业人员没有认真执行。

（8）设备管理存在漏洞。现场储液罐和配液罐混用问题已存在多年，没有制定具体安全要求。

（9）基层干部带头违章。副队长带领作业人员向未清理干净的罐内倒除垢剂。

（10）培训教育不到位。员工对硫化氢的相关知识掌握不够，对配液过程中产生的异味，没有引起足够的警觉。

3. 预防措施

（1）进入受限空间的基本要求：

有限空间作业前，组织开展工作前安全分析，重点识别新增风险，完善风险削减控制措施及应急措施，办理作业许可，向员工交底。

指定专人监护，监护人员不得离开现场或做与监护无关的事情。任何人不得在没有监护的情况下进行有限空间作业。

作业前 30min 内，应进行氧气、可燃气体和有毒有害气体浓度检测和分析。氧浓度应保持在 19.5%～23.5%，无硫化氢、一氧化碳和甲烷气体等有毒有害、易燃易爆气体。任何人不得在未进行气体浓度检测、分析，以及未具备强制排风、通风的情况下从事有限空间作业。

作业前，断开有限空间内设备的动力源及电源，并上锁挂签。

作业中，连续气体监测，每次连续作业时间不超过 30min，停工后再次进行有限空间作业前，应重新进行气体检测与分析。

（2）进入受限空间其他要求：

应将泥浆罐、计量罐的进人制成 100cm×80cm 大小的人孔，上面加装盖板。

人工挖掘钻井圆井口、鼠洞等深度超过 1.2m 时，应确保通风；同时，采取固壁措施，设置专用爬梯，严禁在土壁上挖洞，严禁在周边停放重型机具。

发现作业人员中毒或窒息，救援人员应正确穿戴正压呼吸器，系安全绳进入有限空间对中毒或窒息人员进行施救，严禁不采取防护措施盲目施救。

（3）开展危害因素辨识：

应对每个装置或作业进行辨识，确定有限空间的数量、位置，建立受限空间清单，并根据作业环境、工艺设备变更等情况适时更新；分析作业过程中可能存在的风险，全员参与工作前安全分析，根据作业步骤制订切实可行的防范控制措施，杜绝作业许可流于形式与现场作业脱节的现象出现。

（4）开展安全技能培训：

组织岗位员工认真学习违章行为清单、作业许可清单等制度，提高安全意识，提升安全技能，杜绝违章操作。

（十五）井喷事故案例

1. 事故经过

2018 年 12 月 21 日 8：15—11：28，下套管准备，期间吊灌 7 次，每次 0.5m³，分别于 8：50、10：00 先后两次监测液面，分别在 410m、386m。其间套管服务队维修液压站、套管钳 108min。11：28，开始下尾管作业（计划下入 724.76m），之后于 11：55 开始约半小时监测一次液面，先后 6 次分别测得液面距井口 370m、240m、221m、220m、221m、232m。14：46，下至第 23 根时（入井管柱结构：5in 引鞋 ×1 支 +5in 割缝筛管 ×6 根 +5in 套管 ×17 根，管柱长 260m），泥浆工发现高架槽泥浆返出，立即跑上钻台向司钻汇报，其间井内钻井液涌出井口，司钻立即发出报警信号，下放管柱至转盘面（平台经理从罐区、工程师从前场跑上钻台），钻台人员立即将大门坡道旁的防喷单根吊至钻台。14：50—14：52，防喷单根入小鼠洞后，井口人员将 5in 套管吊卡更换为 3½in 钻杆吊卡，扣好防喷单根后，司钻上提防喷单根至井口对扣，此时钻井液上涌至转盘面以上 1m 左右，抢接 6 次不成功，其间钻井液涌至转盘面以上 3m 左右。14：53，工程师随即操作司控台关环形防喷器，钻台上其他人员撤离，环形防喷器关到位后，钻井液依然涌出，管柱开始上顶喷出 4 根套管，钻井监督下令关剪切防喷器。14：55，工程师跑下钻台到远控房，打开限位，关闭剪切闸板，打开旁通阀。其间又分两次喷出 13 根套管，平台经理到远控台又关闭了 3½in 和 4in 两个半封闸板，钻井液上涌高度回落至转盘面，1min 左右又再次喷出，喷高近 50m，现场立即停车停电，人员撤离。15：05，清点人数，设置隔离区，按要求检测气体（未检测到硫化氢）。发现少一名清洁化生产员工，经搜索，发现该员工卡在挖掘机驾驶室无法逃生。16：38，打开主放喷管线，气体喷出约 50m。18：40，打开副放喷管线，井口喷势未明显减弱。19：00，×× 油田井控装备技服人员用原远程控制台开关剪切闸板两次，喷势无变化。

2. 事故原因分析

围绕顶上事件，调查分析基本原因事件，逐层展开分析，创建事故树（图4-90）。

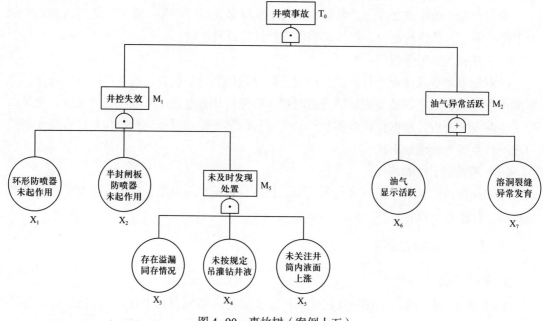

图4-90　事故树（案例十五）

事故原因解析：

（1）下尾管筛管作业过程中吊灌钻井液不足，井内压力失衡造成溢流井涌，关井不成功导致井喷。关井不成功的原因：下尾管作业时发生溢流，由于尾管管柱没有内防喷措施，关闭环形防喷器未形成有效密封，环形防喷器关井失败，导致井喷；关闭剪切闸板未能剪断井内管柱，剪切防喷器关井失败，导致井喷。

（2）溢流发生原因。一是油气活跃，溢漏同层。本井储集体较大（130×10⁴m³）、气油比高（18000m³/t），油气显示活跃，全烃值高达99.84%。溶洞裂缝异常发育，完井作业在漏溢同层复杂情况下进行，油气置换快，漏喷转换快。二是未按规定吊灌钻井液。该井三开以来一直处于溢漏同存的复杂状态，在下尾管协调会上，钻井监督要求每30min吊灌1次，而钻井队从11：28—14：46的3h18min内未吊灌钻井液，钻井监督也没有发现和纠正，造成井筒压力失衡，引发溢流、井涌。

（3）未及时发现溢流原因。下套管期间，11：55—12：25井筒液面从370m上涨到240m（对应容积3.9m³），在未灌浆的情况下，液面不降反涨，说明已发生井筒内溢流，但钻井队和液面监测队未意识到，未采取有效措施，失去溢流预警和处置有利时机。

（4）半封闸板防喷器未起作用原因。由于钻井液上涌、钻台湿滑、视线不良等原因，6次对扣抢接防喷单根未成功，3$\frac{1}{2}$in半封闸板防喷器无法封井。

（5）套管上窜原因。关闭环形防喷器后喷出口径变小，油气喷速和上顶力快速上升，井内套管少重量轻，在上顶力作用下管柱上窜喷出。

（6）未能有效实施剪切的原因。关闭剪切闸板期间，井内尾管在上顶力作用下处于快速上窜状态，影响剪切效果。关闭剪切闸板程序不符合细则要求，工程师在没有打开旁通阀的情况下，关闭剪切闸板，储能器高压未及时进入控制管路，导致剪切压力不足。管柱未剪断，未按要求启动气动泵增压进行剪切。

（7）设计及技术措施针对性不强，该井从钻至井深 5578.93m 直到下套管时均处于井漏失返状态，属于典型的溢漏同存储层。下套管前刮壁、通井两趟起钻作业仅采取井筒吊灌措施，均未反推一个井筒容积钻井液，也未打入凝胶滞气塞，致使井筒内受污染钻井液未能得到彻底处理，为溢流埋下隐患。

（8）设计及技术措施均未明确提出针对性要求。完井管柱变更后未充分评估井控风险本井原设计为裸眼完井方式，下 $3\frac{1}{2}$in 一体化投产管柱完井，后改为加挂一层 5in 筛管 + 尾管，设计变更后未识别完井管柱无内防喷措施、无对应半封闸板等带来的井控风险，也未制订相应控制措施。

（9）外部承包商井控职责未履行到位。一是套管服务队生产组织不力延误下套管。维修套管钳用时 108min，下套管作业效率低，6.5h 仅下入套管 260m，导致溢流发生时 $3\frac{1}{2}$in 钻杆尚未入井，不能关闭半封闸板，同时下入管柱少、重量轻，在关闭环形防喷器后，井内套管易上顶喷出。二是液面监测形同虚设。液面检测队未按规定将监测数据告知甲方监督和钻井队，对环空液面上涨的异常情况未做出任何分析和提示预警，也没有按照实施细则要求加密测量（进入目的层或发现异常情况加密监测间隔不超过 10min）。

（10）现场监管职责不落实。井队干部和盯井工程师，以及甲方工程监督没有尽到监管责任，对溢漏同层复杂情况下的井控风险麻痹大意，对溢流征兆和危险操作不重视、不干预、不纠正。一是下套管要求每 30min 吊灌 1 次，而钻井队 3h18min 内未吊灌钻井液，无人发现和制止。二是下套管期间，在未灌浆的情况下环空液面从 370m 上涨到 240m，明显的溢流征兆无人过问，也未采取措施。

（11）应急演练培训不足。含硫地区未按防硫要求佩戴正压式呼吸器；紧急状态下，井控操作人员不能正确操作剪切闸板关井；钻井队班组应急演练记录中未见录井、清洁化、套管和液面监测队伍的参演记录；井喷发生后，钻井队发出长鸣警报，井场抓管机仍在作业，清洁化作业人员未及时撤离作业现场，导致被喷出管柱卡住在工程车内，反映清洁化专业队伍紧急撤离的应急意识不足。

（12）对井控高风险区域的新进队伍风险评估不到位。该钻井队自组建以来长期在台盆区作业，×× 井是在 ×× 地区施工的第一口井，该地区储层多为溶洞型地层，是塔里木井控风险最高的地区。油气田企业和钻探企业对该队首次进入塔中施工未严格开展井控风险评估，未重点指导和管理。

3. 预防措施

（1）全面落实井控管理领导小组会议精神，将井控作为天字号工程，进一步加强管理。举办以"汲取教训、强化意识"为主题的冬季井控警示周活动。

（2）开展碳酸盐岩井控技术研究，形成缝洞型碳酸盐岩地层井控技术标准。

（3）总结塔里木、川渝地区的应急处置经验，建立集团公司井控应急处置标准模式。

（4）开展高风险油气田井控实施细则审核诊断，制定塔中地区专项井控实施细则。

（5）加强远程开关平板阀研究，推广一键关井装置，推广井筒液面连续监测仪。

（6）认真落实井控属地主体责任，钻探企业严格履行施工过程井控管理主体责任，建立覆盖各级、各部门和各岗位井控责任清单。加强高风险油区新进队伍的管理，第一口井必须由机关部门到现场交底，派管理人员驻井指导。

（7）加强设计管理，针对不同地层和复杂情况，制订明确的技术措施。强化设计变更管理，重大工艺变更组织开展评审。下筛管作业必须采取内防喷措施。

（8）进一步完善井漏处置技术措施，明确溢漏同层情况下的灌浆方式、吊灌量、井筒液面监测形式、液面允许变化范围等技术要求，井筒液面变化必须及时判断和处置。

（9）强化外部承包商管理。开展井控履职能力评估，明确在钻井现场作业的承包商井控工作要统一接受钻井队管理，驻井工程监督加强协调，避免承包商施工延误、行为不当造成新的井控风险。

（10）加大高风险地区井控管理力度，企业井控专家要重点加强高风险地区井控技术支持。

（11）将液面监测数据纳入录井信息平台，运用 RTOC 系统实施现场和远程双监控。

（12）大力推广气动重粉罐。油气田企业建设重晶石粉储存和分装场地和设施；钻探企业配套现场气动重粉罐和拉运车辆，并推广运用。

（13）进一步优选井控装备供应商，同一口井防喷器组尽量使用一个生产企业的产品，提高系统可靠性。

（14）鼓励油气田企业扩大钻探企业钻修井一体化总包范围，以专业化管理进一步降低集团公司井控风险。

第六节　安全监督信息化

为了推动企业现代化发展，实现国家经济迅速发展，国家相关部门颁布了一系列的政策和文件来促进企业安全生产信息化建设。2020 年 10 月工信部和应急管理部联合印发了《"工业互联网 + 安全生产"行动计划（2021—2023 年）》，当年 12 月工信部印发了《工业互联网创新发展行动计划（2021—2023 年）》，这都为企业安全生产信息化建设提供了良好支持。提倡"工业互联网 + 安全生产"示范园区的打造和"工业互联网 + 安全生产"平台的建设，此背景下，安全监督的信息化也随之推进发展。

一、信息化的优势

（一）提高工作效率

安全生产信息化管理系统可以对生产环境中的各种数据进行高效率的收集和整理，通过云端存储实现数据共享，无论是对设备状态、作业事故还是对安全培训等方面，管理人员都能够及时了解和掌握，从而能够针对问题进行快速的处理和决策。

（二）强化监管能力

信息化管理系统可以通过与各种监测装置相连，实时监控整个生产环境中的安全状态，以及预警设备故障等，及时报警，并能够根据历史数据分析提前预测风险。管理人员可以借助这些数据制定更加有效的安全生产管理方案，提高对生产环境的监管能力。

（三）减少人为因素

人为因素是安全生产事故的重要原因之一。信息化管理系统的应用可以将一些重复性、繁琐的工作交由系统来处理，减少了人为操作的机会，降低了人为因素对安全生产的影响。

（四）提升应急反应能力

在发生事故时，通过信息化管理系统能够迅速获取相关信息，识别事故原因，并及时采取措施，提升应急反应的能力，减少了事故扩大化的风险。

二、信息化建设原则

信息化是现代化企业安全生产发展的主要方向，越来越多的企业投入安全生产的信息化建设中，但想要确保信息化建设达到预期的目标，在建设中还需要遵循以下相关原则。

（一）资源整合和经济合理

在安全生产的信息化建设中，需要涉及基础设施、应急管理和在线监控等诸多方面，它是一项具有系统性的工程项目，因此需要遵循"统筹规划和分步实施"的原则。

（二）资源整合和经济合理

信息化建设需要结合企业实情和建设目标，对企业现有的资源及设备充分利用，避免重复建设的基础上尽可能实现经济建设的效果，因此需要遵循"资源整合和经济合理"的原则。

（三）技术先进和安全可靠

信息化建设具有显著的特殊性，由于其借助信息化技术和设备达到信息化的功能，而信息化的环境存在较多的安全风险，要注重信息化建设的实用性和可靠性，因此需要遵循

"技术先进和安全可靠"的原则。

（四）立足当前和着眼长远

信息化技术作为一种高新技术，其技术更新换代比较快，且随着发展企业对安全生产的要求越来越高，这就需要企业在信息化建设中把握好需求导向，遵循"立足当前和着眼长远"的原则，让信息化建设不仅满足现阶段工作的需求，而且还能够为未来发展奠定基础。

三、企业信息化建设现状

尽管企业参与安全生产信息化建设的积极性很好，也取得了不错的成绩，但综合分析其建设情况仍然还存在诸多的不足。

首先，信息化建设中普遍缺乏统一的规划和标准，很多企业在信息化系统的建设中并没有从需求和长远出发进行考虑，信息化系统的建设呈现出"边开发、边建设"的情况，这也导致可能建成的信息化系统不能够满足日益变化的安全生产需求，且一些企业在信息化系统建设中缺乏统一的标准，没有考虑各个系统间的衔接和适配问题，导致系统间的数据往往不能实现有效共享。

其次，信息化建设的支持力度不足，一些企业在信息化建设中，并没有投入足够的资金和人力进行建设，信息化系统的软硬件功能性不足，进而导致信息化系统的使用效果不能满足要求，且一些企业比较注重系统硬件建设，并没有结合安全生产需求进行软件升级、维护和功能开发，影响其系统的使用效果。

再次，信息化功能应用不足，信息化系统具有显著的优势，对企业安全生产工作的开展也产生了一定推动作用，但很多企业在完成信息化系统建设后，不能对其功能深入使用，一些企业主要通过信息化系统进行日常简单事务的处理，并没有深入挖掘和拓展其功能。

四、信息化建设策略

（一）把控整体规划，建立统一标准

为了确保安全生产的信息化建设满足工作需求，企业在建设前需要结合工作实情作好对信息化系统的综合考虑和整体规划，从功能要求和长远发展角度分析，实现对信息化建设各个模块、各方面技术的组织规划和科学设计，以此来确保信息化建设能够为安全生产提供有力支持，并为企业战略发展提供保障。

信息化建设中的数据融合和工作协调至关重要，其直接关系到信息化系统的应用效果，因此企业还需要建立统一标准，来保证信息系统内的数据信息能够有效共享。为了对各个部门间的不同系统信息融合问题进行解决，企业要建立"统一指挥和数据共享"的机制，结合信息数据常用格式，建立信息采集和数据输入规范标准，基于企业全局出发，以

"全流程的管控"为手段，将生产、调度、财务等各个方面的信息数据实现有效整合与共享，改变各个职能部门管理工作"独立"的状态，让各方面信息得到高度的集成，使它们都能够有效服务于企业安全生产中。

（二）加大支持力度，完善功能建设

信息化建设需要投入大量的人力和物力，想要确保信息化建设达到预期目标，需要其加大建设的支持力度。企业要为信息化建设提供充足的资金，结合安全生产的需求制订资金支持方案和计划，完善信息化功能设施的建设，同时企业还要为信息化建设提供人才支持，因为信息化建设对复合型人才有着很高的需求，企业需要培养或者引进相关人才，让他们能够为信息化建设的规划、分析、运行、管理和运维等提供保障。

企业在信息化建设中，为了确保信息化系统实现对安全生产的有效管控，企业需要从信息化系统的软硬件方面综合考虑，做好其功能的完善和建设。在保证硬件建设的基础上，企业要特别关注软件平台的建立，要结合安全生产实际需求，综合分析和制定信息化系统平台方案，确保信息化系统功能模块符合工作要求，如某企业安全生产信息化系统中，结合工作需求建立了系统结构功能方案，从重大危险源监测预警、安全风险分区管理、生产人员在岗管理、全流程生产管理四个模块入手，对其安全生产工作实施细化，达到了全方位的安全生产监管效果。

（三）挖掘系统功能，深化系统应用

为了更好发挥信息化系统的功能和作用，企业在信息化建设中要考虑其功能的拓展，积极探索信息化系统和其他业务系统的有效对接，使用中也需要创新功能的联合应用，提高功能应用的深度。在信息化建设中，企业还要做好对信息资源范围的拓展，以大数据技术实现信息资源的丰富与完善，促进自身信息的实时采集和共享能力提升，且后续做好信息化系统及平台的维护和保养，确保安全生产的信息化系统能够良性运转。另外，企业还要充分发挥新媒体的技术优势，基于此积极探索网络化处理平台和软件，实现多设备的连接和使用，从而实现其功能的不断拓展。

五、安全监督信息化的发展

信息化技术在石油钻探行业安全监督工作中已应用多年，当前一些企业已建立安全生产监督管理系统，实现监督管理线上运行，目前已实现以下模块运行。

（一）监督人员管理

（1）监督人员信息。将监督人员信息导入系统，关联其持证情况，赋予管理人员调整权限。

（2）监督人员证件管理。对于监督人员所需证件进行线上集中管理，包括井控证、HSE证、安全监督或安全管理资格证等，证件到期提醒，及时复审。

（3）监督人员培训管理。运用线上培训、现场考试功能，定期对监督人员进行培训和理论测试，促进业务技能提升。

（4）监督人员考核管理。根据监督驻巡井天数、隐患查纠、日常学习等工作自定义时间段对监督人员的工作进行量化评分。

（5）监督人员能力评估。通过线上测试、考核情况，分阶段对监督人员能力进行评估划级，为项目选派监督人员、优化监督队伍素质提供数据支撑。

（二）监督人员选派

结合施工作业项目安全生产风险及管控情况，将监督人员按照能力评估结果选派到适合的项目，实现能力互补。

（三）监督信息管理

（1）监督工作动态。能够随时查看施工作业项目的监督人员。

（2）旁站监督记录。对现场监督旁站过程进行记录，目前以现场监督人员录入为准。后期将向智能识别和自动记录方面发展。

（3）不符合整改通知单。通过与检查表比对，自动生成常见不符合项描述，并通过系统提交至施工作业单位负责人。同时，不符合及隐患信息同步录入到系统中。

（4）日常监督履职记录。依据安全监督人员工作内容，记录重点履职环节，如参加会议、作业许可、安全风险提示等相关内容。

（5）专项检查记录。除日常巡检，完成企业安排的专项检查工作，形成的检查记录。

（6）工作交接记录。项目监督进行交接时，对现场隐患风险、监督工作相关信息进行交接，并形成记录。

（四）安全监督数据分析

（1）隐患统计分析。根据监督人员日常工作中记录和上报的隐患信息（包括人的不安全行为、物的不安全状态），进行数据的查询和数据统计管理。

（2）停工停产信息。根据基层监督人员日常工作中记录和上报的叫停信息，进行数据的统计管理。

（3）事故事件信息。根据基层监督人员日常工作中记录和上报的事故事件信息，进行数据的查询和统计管理。

（4）监督数据分析。至少包含年度同期对比和趋势分析，由企业根据实际安全管理需求，设置数据分析项目。

六、信息化发展的重要价值

安全生产信息化建设对企业的现代化发展有着重要价值，为了确保安全生产信息化建设满足需求，企业需要把握好信息化建设的原则，正视其信息化建设的现状，掌握自身信息化建设存在的不足，进而结合实情和需求持续探索信息化建设，进一步将大数据、智能化技术融入到信息化建设中，真正实现全方位、全时段、全过程风险管控，从而促进本质安全水平提升，这也是目前乃至将来发展需要重视的内容。